T0190422

Das Buch der Gene und Genome

Susanne B. Haga

Das Buch der Gene und Genome

Susanne B. Haga
Duke University Precision Medicine Program
Durham, NC, USA

ISBN 978-1-0716-3530-8 ISBN 978-1-0716-3531-5 (eBook)
https://doi.org/10.1007/978-1-0716-3531-5

Die Deutsche Nationalbibliothek verzeichnet diese Publikation in der Deutschen Nationalbibliografie; detaillierte bibliografische Daten sind im Internet über http://dnb.d-nb.de abrufbar.

Planung/Lektorat: Merry Stuber
Springer ist ein Imprint der eingetragenen Gesellschaft Springer Science+Business Media, LLC und ist ein Teil von Springer Nature.
Die Anschrift der Gesellschaft ist: 1 New York Plaza, New York, NY 10004, U.S.A.

Das Papier dieses Produkts ist recyclebar.

Vorwort

Im Kern unserer Zellen und denen jedes lebenden Wesens wirbelt ein verdrehtes Kunstwerk. Physikalisch verdreht, meine ich. In all seiner Einfachheit ist die DNA der gemeinsame Nenner aller Lebensformen, großen wie kleinen. Wenn wir genau genug hinschauen, können wir Spuren unserer Vergangenheit und unseres gegenwärtigen Lebens sowie Hinweise auf unsere Zukunft finden. Eine Art persönlicher Barcode, die DNA einer jeden Person wird oft als unbestreitbarer Beweis der Identifikation angesehen. Was bedeutet das alles und warum sollte es mich interessieren? Wie wirkt es sich auf mich, meine Familie, die Umwelt und die Gesellschaft aus?

Beim Überfliegen der täglichen Schlagzeilen auf Ihrem Handy oder Computer werden Sie mit Sicherheit eine Meldung sehen, in der eine neue Entdeckung über ein Gen verkündet wird, die mit einer Krankheit, einem Virus, einem Verhalten, einer politischen Präferenz oder irgendetwas, was Sie sich sonst vorstellen können, zusammenhängt. Oder vielleicht handelt es sich um eine Meldung über Neandertaler und ihre Beziehung zu modernen Menschen, wie sie aus der genomischen Sequenzierung abgeleitet wurde. Oder vielleicht schlägt jemand vor, eine ausgestorbene Art wiederzuerwecken, sagen wir das Wollhaarmammut (denken Sie an Manny aus Ice Age!). Wenn Sie die Nachrichten nicht lesen, schauen Sie sich Literatur, Fernsehen und Filme an, und Sie werden feststellen, dass in Fiktionen gern DNA und Genetik in Handlungsstränge eingebaut werden: in *Jurassic Park* werden Dinosaurier wiedererschaffen, *CSI* und *Law and Order* (und all ihre Ableger) verlassen sich auf DNA-Analysen zur Identifizierung von Verbrechern und Actionfilme mit Genmanipulationen (zufällige oder absichtliche; z. B. *Minority Report*, *Wolverine*, *Jupiter Ascending*, *Spiderman*). Es könnte als „Science-Fiction“

bezeichnet werden, aber so richtig passt diese Kategorie nicht, weil Fiktion und Fakten verwoben werden, um Geschichten zu schaffen, die uns mit der Präzision und der Macht der Genetik und nun der Genomik beeindrucken sollen.

Es ist fast unmöglich, sich dem zu entziehen, selbst wenn Sie es versucht haben – Genetik und Genomik sind buchstäblich überall. Es ist sogar möglich, dass Sie gegenüber all den Nachrichten unempfindlich geworden sind. Kann denn alles mit DNA in Verbindung gebracht werden, werden Sie sich vielleicht fragen. Ich würde sagen, wahrscheinlich ja, denn DNA ist in fast jedem lebenden Organismus auf der Erde vorhanden (und wir suchen jetzt auch jenseits der Erde danach). Aber trotz der Allgegenwart von DNA in Geschichten und Berichten sind die Wissenschaftler immer noch dabei, die Geheimnisse der DNA zu lüften. Erst in den letzten 100 Jahren haben Wissenschaftler wirklich verstanden, was genau von Generation zu Generation weitergegeben wird (DNA), wie DNA aussieht (eine Doppelhelix) und schließlich wie sich der einzigartige Code zusammensetzt (die Reihenfolge bzw. Sequenz des vierbuchstabigen Alphabets). Was die meisten Menschen nicht wissen, ist, dass Wissenschaftler versuchen, ein Buch zu lesen, das in einer Sprache geschrieben ist, die keiner anderen gleicht. Jede Spezies hat ihr eigenes genetisches „Codebuch", auch wenn es gemeinsame Anweisungen für alle lebenden Organismen gibt. Um die Dinge noch komplizierter zu machen, enthält das Codebuch jedes Mitglieds einer gegebenen Gruppe leichte Abweichungen. Und darüber hinaus kann das genetische Codebuch (oder Teile davon) unterschiedliche Bedeutungen haben, abhängig von der Umgebung, in der es „gelesen" wird. Verwirrt? Willkommen in der Welt der Genetik (und der Wissenschaft überhaupt).

Ironischerweise wurde mein Interesse an der Genetik durch ihre scheinbare Einfachheit und Präzision (wie sie mir in der neunten Klasse präsentiert wurde) geweckt. Als ich meine Ausbildung in Humangenetik während einer Zeit rasanter wissenschaftlicher und technologischer Fortschritte fortsetzte, wurde mir klar, dass Genetik alles andere als einfach und präzise ist. Ich glaube, dass dies auch meine Leidenschaft in der Lehre inspiriert hat, um anderen zu helfen, Genetik zu verstehen, entweder sehr breit, wie dieses Buch es versucht, oder spezifisch, wenn es um genetische Tests oder Anwendungen geht. DNA ist eine Chemikalie, aber keine Sorge – dies ist kein Chemiebuch. Um jedoch einige der medizinischen und nichtmedizinischen Anwendungen zu beschreiben, wage ich mich ein wenig in diejenigen Bereiche der Genetik vor, die Sie vielleicht in der Schule vermieden haben. Indem ich in diesem Buch die breite Palette von Anwendungen, die auf der Wissenschaft von DNA und der Medizin basieren, mit ein paar wissenschaftlichen Erklärungen zusammenbringe, erhoffe ich mir, Ihnen ein wenig Wissen zu vermitteln, das Sie zu einem kritischeren Leser über Genetik und Genomik werden lässt und Sie bei Bedarf in die Lage versetzt, fundierte Entscheidungen über Ihre Gesundheit oder die Ihrer Familienmitglieder zu treffen.

Neben den wissenschaftlichen Entdeckungen und den bisher entwickelten aufregenden Anwendungen müssen wir auch die ethischen und rechtlichen Bedenken und die potenziellen negativen Folgen berücksichtigen, die durch dieses neu entdeckte Wissen und diese Technologie aufgeworfen werden. Die Genetik hat von der intensiven Aufmerksamkeit der letzten Jahrzehnte profitiert, jedoch auch unter der mit der Eugenik verbundenen negativen Historie gelitten. Daher überrascht es nicht, dass sie in der Öffentlichkeit eine Vielfalt an Reaktionen hervorruft, die von Faszination bis zu Befürchtungen und Angst reicht. Mit den raschen Fortschritten in der Genetik und dem neuen Feld, der Genomik, sind sowohl praktische Fragen (wer hat Zugang zu neuen Anwendungen, wer bezahlt dafür) als auch ethische Fragen (sollten wir das wirklich tun) einhergegangen, manchmal mit unklaren Antworten. Wir alle müssen uns weiterhin diesen wichtigen Fragen stellen. Ein besseres Verständnis der Wissenschaft und der damit verbundenen Anwendungen sollte eine informiertere und größere öffentliche Beteiligung fördern.

Aufgewachsen in der Prä-Genomik-Ära, bevor ausgeklügelte Sequenziermaschinen DNA-Codes ausspuckten, war ich von der Macht der DNA fasziniert. Meine Begeisterung wächst weiter, seit ich miterleben durfte, wie das Wissen über Genetik und Genomik Medizin und Gesellschaft in so kurzer Zeit verändert hat. Mein Ziel ist es, die Leser dieses Buchs an dieser Begeisterung teilhaben zu lassen und mit der Vermittlung von ein wenig Wissen möglicherweise lebenslange Anhänger des Felds zu gewinnen. Nachdem ich mit dem Schreiben fertig war, wurde mit Sicherheit etwas entdeckt oder entwickelt – das ist der schwierige Teil beim Schreiben eines solchen Buchs. Es gibt noch immer so viel zu lernen, und ich hoffe, dass dies für Sie nur der Anfang ist.

Ich bin all den wunderbaren Lehrern, Mentoren und Mitarbeitern zu Dank verpflichtet, von denen ich gelernt habe und die mich inspirierten. Möge auch mir das gelingen.

Durham, NC, USA Susanne B. Haga

Inhaltsverzeichnis

1

Von Genen zu Genomen in allem Lebendigen

Obwohl dieses Buch darauf abzielt, verschiedene Anwendungen der Genetik und Genomik vorzustellen, müsste ich immer wieder anhalten, um die Wissenschaft ein wenig zu erklären. Dieses erste Kapitel soll den Lesern einen kurzen Überblick über die Geschichte der Genetik und Genomik geben, beginnend mit der Zeit, als es die Begriffe Genetik und Genomik noch nicht gab, bis zur Gegenwart.

Die meisten von uns sind wahrscheinlich mit den Wörtern Gen oder Genetik ziemlich vertraut. Ein Wortassoziationsspiel würde Wörter wie Familie, Gesundheit/Krankheit und Identifikation (zum Beispiel Vaterschaft, Forensik) hervorbringen. Im Gegensatz dazu ist das Wort Genom (englisch „genome", ausgesprochen jee´nōme) in unserem Lexikon viel neuer und daher wahrscheinlich vielen ziemlich unbekannt. Der Begriff Genom verweist auf den gesamten DNA-Gehalt, der in einer bestimmten Zelle gefunden wird (im Gegensatz zu einem Gen, das ein sehr kleiner Teil des Genoms ist). Obwohl der Begriff Genom 1920 aus den Wörtern Gen und Chromosom (eine kondensierte Form von DNA) zusammengesetzt wurde, erregte er erst recht spät, beginnend in den 1980er- und 1990er-Jahren, die Aufmerksamkeit der wissenschaftlichen oder medizinischen Gemeinschaft. Aber dazu später.

Zu Beginn des Jahrhunderts standen das Wissen und die Technologie nicht zur Verfügung, um Wissenschaftlern ein vollständiges Verständnis des menschlichen Genoms, geschweige denn eines einzelnen Gens, zu ermöglichen. Der schrittweise Prozess der wissenschaftlichen Forschung kann schmerzhaft langsam erscheinen, aber es wurden viele Informationen

S. B. Haga, *Das Buch der Gene und Genome,* https://doi.org/10.1007/978-1-0716-3531-5_1

über grundlegende zelluläre Vorgänge gewonnen, die heute als selbstverständlich angesehen werden. Heute sind wir in der Lage, eine unbekannte DNA-Probe extrem schnell zu analysieren und zu bestimmen, von welcher Spezies die DNA stammt, und möglicherweise sogar das menschliche oder tierische Individuum zu identifizieren, von dem sie stammt. Aber trotz der enormen Fortschritte, die durch neue wissenschaftliche Technologien und die Generierung einer Menge von Daten ermöglicht wurden, suchen Wissenschaftler immer noch nach Antworten auf Fragen bezüglich menschlicher Gesundheit, Umwelt und anderen Bereichen, die im genetischen Material (oder DNA) liegen könnten. Stellen Sie sich vor, Sie müssten ein Drei-Milliarden-Teile-Raumschiff zusammenbauen, für das Sie keine Bedienungsanleitung haben, und dann versuchen herauszufinden, wie es funktionieren soll. Jetzt werden Sie beginnen, die Herausforderungen zu erahnen, denen sich Genetiker und Genomwissenschaftler gegenübersehen, wenn sie versuchen, die in einem Genom gespeicherten Geheimnisse zu lüften und herauszufinden, was jedes Teil tut.

Das 19. Jahrhundert

Blicken wir zurück auf eine Zeit der intellektuellen Neugier, des relativen Friedens und Wohlstands und der stillen Heiligkeit eines Augustinerklosters. Mitte des 19. Jahrhunderts war die Stadt Brünn (heute Brno, Tschechien) Teil des österreichischen Kaiserreichs und später der österreichisch-ungarischen Monarchie. Brünn war ein Zentrum für Textilindustrie und Landwirtschaft – insbesondere für Wolle und Obst. Im Jahr 1850 zählte die Stadt etwa 47.000 Einwohner. Vermutlich ist es ein unwahrscheinlicher Ort, um ein Kapitel über Genetik und Genomik zu beginnen, aber er wurde als der Ursprung der Theorien zu Vererbung und Genetik bezeichnet.

Im Jahr 1822 wurde Johann Mendel als eines von fünf Kindern in eine Bauernfamilie geboren. Sein Vater war Landwirt und bewirtschaftete seine eigenen Obstbäume und die Felder des Feudalherren, für den er drei Tage pro Woche arbeitete. Mendel war sehr gut in der Schule, aber von Natur aus schüchtern und musste oft wegen stressbedingter Erkrankung nach Hause gehen. Während seiner voruniversitären Ausbildung konzentrierte sich Mendel auf Physik und Mathematik. Aufgrund fehlender finanzieller Mittel setzte er seine Ausbildung auf Universitätsebene jedoch nicht sofort fort. Sein Physiklehrer empfahl Mendel dem Abt des Brünner Klosters für das

Noviziat (eine Art Mentorenprogramm für potenzielle Kandidaten eines religiösen Ordens, die noch nicht aufgenommen wurden).

Im Jahr 1843 wurde er in das Augustinerkloster aufgenommen und 1848 ordiniert. Obwohl Mendel nicht tief religiös war, war der Eintritt in das Kloster ein Weg, seine wissenschaftliche Ausbildung fortzusetzen. Er nahm den Namen Gregor an, nachdem er in das Kloster eingetreten war. Er diente zunächst in einer dem Kloster angeschlossenen Pfarrei in einer einem Pfarrer ähnlichen Funktion, wozu auch die Pflege der Kranken in einem nahegelegenen Krankenhaus gehörte. Der ständige Anblick von Leiden und Schmerz belastete ihn jedoch emotional und er wurde selbst krank und depressiv.

Als der Abt erkannte, dass es Mendel schwer fiel, den Kranken Trost zu spenden, übertrug er ihm die Aufgabe, Siebtklässler in Mathematik und Naturwissenschaften zu unterrichten. Im Jahr 1850 ließ er sich, wie gesetzlich vorgeschrieben, zum Lehrer für Naturgeschichte und Physik prüfen, scheiterte jedoch. Um sein offensichtliches Wissensdefizit in den Naturwissenschaften zu beheben, besuchte er 1852 die Universität Wien und lernte von mehreren bekannten Gelehrten der damaligen Zeit. Er erinnerte sich an eine Bemerkung des Abts, dass das Rätsel der Vererbung nur durch strenge Experimente gelöst werden würde. Nach seiner Rückkehr ins Kloster im Jahr 1853 begann Mendel mit der Untersuchung von Erbsenpflanzen. Er war vertraut mit den Techniken der künstlichen Befruchtung, die er während seiner Kindheit an Obstbäumen erlernt hatte.

Im Jahr 1855 begann er mit den Experimenten, die zur Grundlage seiner heute berühmten Arbeit zu den Theorien der Vererbung wurden, die er elf Jahre später in den *Verhandlungen des Naturforschenden Verein zu Brünn* veröffentlicht. Was genau hat Mendel mit seinen einfachen Erbsenpflanzenexperimenten herausgefunden? Er präsentierte seine Ergebnisse im Jahr 1865, beginnend mit der folgenden einleitenden Feststellung:

> Künstliche Befruchtungen, welche an Zierpflanzen deshalb vorgenommen wurden, um neue Farben-Varianten zu erzielen, waren die Veranlassung zu den Versuchen, die hier besprochen werden sollen. Die auffallende Regelmäßigkeit, mit welcher dieselben Hybridformen immer wiederkehrten, so oft die Befruchtung zwischen gleichen Arten geschah, gab die Anregung zu weiteren Experimenten, deren Aufgabe es war, die Entwicklung der Hybriden in ihren Nachkommen zu verfolgen.

Um die Bedeutung seiner Arbeit zu verstehen, ist es hilfreich, einen Moment innezuhalten und Mendels Arbeit in Kontext zu stellen. Jahrhunderte vor Mendel war es insbesondere Bauern bekannt, dass die Merkmale der nächsten Generation zum Teil von den Eltern bestimmt wurden. Zwei Eltern mit bestimmten wünschenswerten Merkmalen wurden gepaart, um die nächste Generation mit denselben wünschenswerten Eigenschaften zu erzeugen, was zu „reinrassigen" Stämmen führte. Experimente im 18. Jahrhundert mit Pflanzenhybriden begannen, Licht auf die Vererbung von Eigenschaften zu werfen und von denen angenommen wird, dass sie Mendels Denken beeinflussten. Oftmals (wie erwartet) stellten die Pflanzenhybriden eine Mischung (Verschmelzung) der elterlichen Eigenschaften dar, aber gelegentlich glichen einige eher einem Elternteil als dem anderen. Die Frage, ob sich Pflanzen sich sexuell fortpflanzen (wie es bei Tieren offensichtlich der Fall ist), war noch nicht geklärt.

Mehr als 100 Jahre vor Mendel hatten mehrere Gelehrte vorhersagbare Übertragungsmuster menschlicher Erkrankungen beobachtet und aufgezeichnet, insbesondere solcher, die nur ein Geschlecht betrafen. Im Jahr 1794 stellte der englische Chemiker John Dalton fest, dass er und mehrere seiner männlichen Verwandten von Farbenblindheit betroffen waren, eine Erkrankung, von der man heute weiß, dass sie überwiegend Männer betrifft.

Mendels Erfolg war zum Teil auf seine Wahl der Organismen (die Erbsenpflanze) und seine selektive Untersuchung von Merkmalen (mit nur zwei möglichen Ergebnissen) anstelle von komplexeren Merkmalen mit mehreren möglichen Ergebnissen zurückzuführen. Merkmale wie die Farbe (gelb oder grün) und Textur (glatt oder runzlig) der Erbsen lieferten eindeutige Ergebnisse (Abb. 1.1). Aus wiederholten Beobachtungen und der Nachverfolgung mehrerer Generationen von Erbsen für ausgewählte Merkmale schloss Mendel, dass jede Eigenschaft auf die Kombination von zwei Versionen (später als Allel definiert) eines Gens in jeder Pflanze zurückzuführen ist. Er benutzte nicht den Begriff Gen, da dieser erst Anfang des 20. Jahrhunderts geprägt wurde. Stattdessen verwendete Mendel tatsächlich das Wort Faktor zur Beschreibung einer vererbten Einheit und folgerte, dass ein Faktor von jedem Elternteil abgeleitet (oder vererbt) wird. Bei der Fortpflanzung trennen sich die beiden Kopien und jedes Elternteil gibt die eine oder die andere Kopie an den Nachwuchs weiter (Abb. 1.2).

Die Zucht von Erbsen für bestimmte Merkmale über mehrere Generationen hinweg zeigte, dass einige Merkmale im Vergleich zu anderen dominant waren. Mit anderen Worten, einige Merkmale, die in der ersten Generation der Nachkommen auftraten, wurden als dominant bezeichnet, und solche, die in der zweiten Generation auftraten, als rezessiv. Wenn zum Beispiel eine runde Erbse mit einer runzligen Erbse gekreuzt wurde, stellte man fest, dass alle Nachkommen in der nächsten Generation rund waren

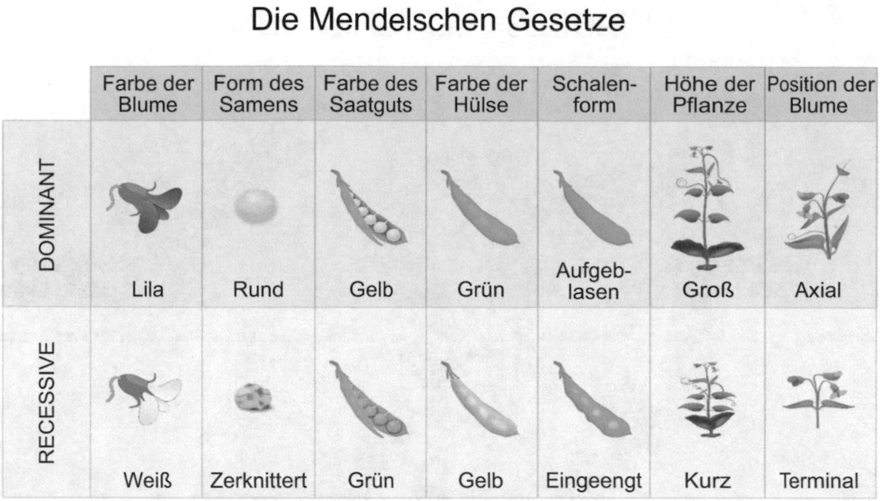

Die Mendelschen Gesetze

	Farbe der Blume	Form des Samens	Farbe des Saatguts	Farbe der Hülse	Schalenform	Höhe der Pflanze	Position der Blume
DOMINANT	Lila	Rund	Gelb	Grün	Aufgeblasen	Groß	Axial
RECESSIVE	Weiß	Zerknittert	Grün	Gelb	Eingeengt	Kurz	Terminal

Abb. 1.1 Erbsen waren ein idealer Organismus zur Untersuchung der Weitergabe von Merkmalen von Generation zu Generation, da sie eine Vielzahl unterschiedlicher Merkmalen und möglicher Kombinationen aufweisen, zum Beispiel Samenform und Blütenfarbe. (Quelle: Adobe Stock)

(und somit wurde das Merkmal rund als dominant bestimmt). Wenn jedoch zwei runde Erbsen aus dieser ersten Generation gekreuzt wurden, waren die Nachkommen eine Mischung aus rund und runzlig (als rezessiv definiert). Obwohl Mendel nicht die erste Person war, die die Idee von dominanten und rezessiven Merkmalen beschrieb, bewiesen seine Experimente dieses Konzept eindeutig.

Heute wissen wir, dass Gene diese Faktoren waren, die Mendel beschrieb, und dass sie die Anweisungen zur Herstellung von Proteinen enthalten, denjenigen Molekülen, die tatsächlich die für unsere Zellen und Körper erforderliche Arbeit leisten und bestimmte Merkmale oder Eigenschaften hervorbringen. Wenn zufällig eines der Gene mutiert oder verändert wird, funktioniert das aus diesem Gen produzierte Protein möglicherweise nicht richtig, korrekt und/oder effizient. Wenn die Körperfunktion, an der dieses Gen beteiligt ist, die normale Dosis von zwei Kopien des Gens benötigt, um ihre Aufgabe auszuführen, kann das Fehlen einer Kopie aufgrund einer Mutation (Veränderung im Gen) zu einer Krankheit führen. In dieser Situation wird die Krankheit als dominant bezeichnet, da nur eine einzige mutierte Kopie eines Gens zu ihr führen wird. Andererseits, wenn beide Kopien mutiert sein müssen, um eine Krankheit hervorzurufen, wird sie als rezessiv bezeichnet. In dieser Situation wären beide Elternteile wahrschein-

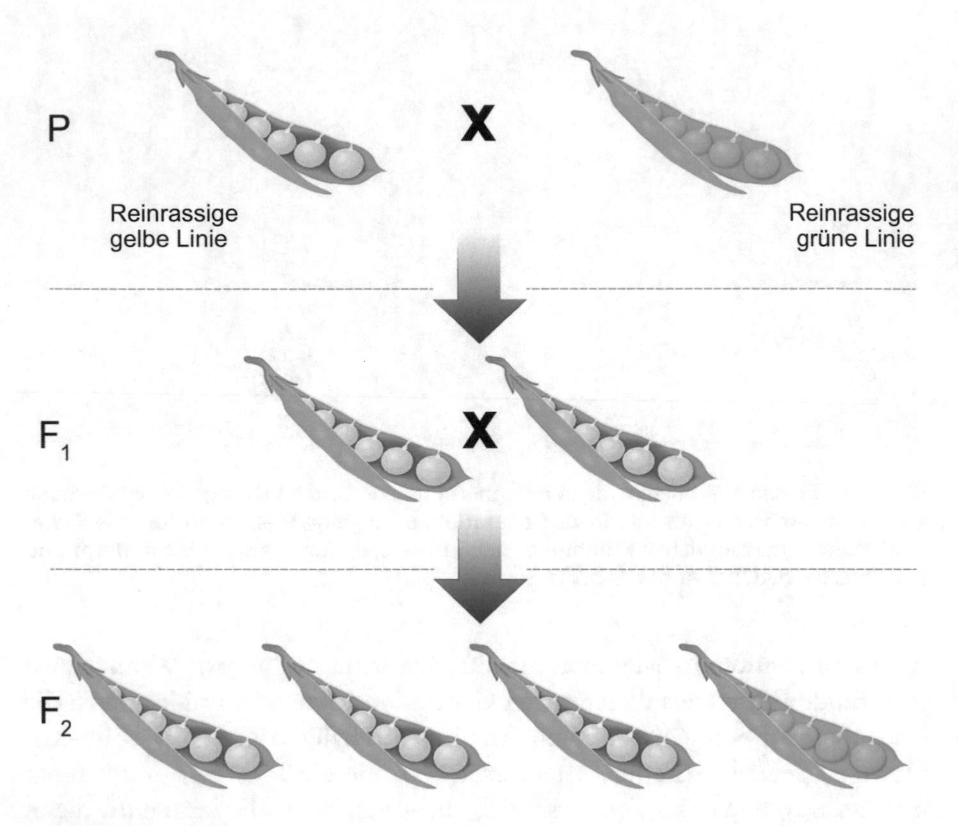

Abb. 1.2 Illustration der Weitergabe von Merkmalen von den Eltern an die Nachkommen. P = Eltern; F1 = erste Generation; F2 = zweite Generation. (Quelle: Adobe Stock)

lich Träger eines mutierten Gens, aber keiner wäre betroffen. Jeder Elternteil hätte eine 50%ige Chance, das mutierte Gen an den Nachwuchs weiterzugeben, sodass die Chance, dass ein Nachkomme die rezessive Krankheit erbt (zwei Kopien des mutierten Gens), bei 1 zu 4 liegt.

Als Mendel zwei oder mehr Merkmale gemeinsam studierte (zum Beispiel runde und gelbe Erbsen versus grüne und runzlige Erbsen), stellte er auch fest, dass jedes einzelne Merkmal unabhängig vom anderen Merkmal weitergegeben wurde und das Ergebnis eines Merkmals nicht mit dem Ergebnis der anderen Merkmale verknüpft war. Alle Kombinationen waren möglich (rund/gelb, rund/grün, runzlig/gelb, runzlig/grün), obwohl wie bei den einzelnen Merkmalen jede Kombination in jeder Generation mit unterschiedlichen Häufigkeiten auftraten. Nachdem er Daten von Tausenden von Erbsenpflanzen gesammelt und seine Annahmen über dominante und rezessive Allele, genetische Segregation und unabhängige Sortierung getroffen hatte, konnte Mendel schließlich präzise berechnen, welche Verhältnisse in einer gegebenen Generation für ein gegebenes Merkmal zu erwarten waren.

Kurz nach seiner Veröffentlichung im Jahr 1868, wurde Mendel zum sechsten Abt des Brünner Klosters ernannt. Da er nun einen Großteil seiner Zeit für administrative Aufgaben aufwenden musste, hatte er weit weniger Zeit für wissenschaftliche Experimente und Beobachtungen, die 1871 offenbar eingestellt wurden. Im Jahr 1884 starb Mendel im Alter von 61 Jahren, ohne dass seine Fachkollegen die Bedeutung seines Arbeit wahrnahmen.

Mehr als drei Jahrzehnte vergingen, bis die Bedeutung von Mendels Arbeit erkannt wurde. Warum hat es so lange gedauert? Ein Grund war, dass die Wissenschaftler sich auf andere dringende Themen der Zeit konzentrierten – vor allem auf Charles Darwin und seine Theorien zur Evolution. Es war, gelinde gesagt, eine Herausforderung zu verstehen, wie Darwins Theorien zur natürlichen Variation und Mendels Theorien der Vererbung zusammenpassten, zumal jede für sich noch unklar war. Zwischen Mendels Veröffentlichung und ihrer Entdeckung in den frühen 1900er-Jahren wurden weitere Theorien über die Vererbung entwickelt, die stark von den Fortschritten in der Laborforschung, der Mikroskopie und dem Nachweis profitierten, dass bestimmte Merkmale oder Krankheiten in Familien auftreten; dass also mehrere Familienmitglieder über mehrere Familiengenerationen von der gleichen Erkrankung betroffen waren. Schließlich wurden Mendels Faktoren und Theorien wiederentdeckt, was das junge Feld der Genetik und das Verständnis der Vererbung weiter vorantrieb (Abb. 1.3).

Die 1900er-Jahre

Wie in jedem Wissenschaftsbereich führt die Beantwortung einer Frage nur zu weiteren Fragen. Das Verständnis des Vererbungsprozesses war nur ein Teil des zu lösenden Rätsels. Die 1900er-Jahre waren eine Zeit der schnellen Entdeckung (und Wiederentdeckung), als die Teile des Puzzles endlich Stück für Stück an ihren Platz zu fallen schienen.

Das Jahr 1900 markierte die Anerkennung von Mendels Arbeit, als drei Wissenschaftler unabhängig voneinander die Bedeutung von Mendels Arbeit bemerkten. In diesem Jahr verwies der britische Zoologe William

Abb. 1.3 Gedenkmarke in der Tschechoslowakei für Gregor Mendel. (Quelle: Adobe Stock)

Bateson auf Mendels Arbeit während einer wissenschaftlichen Präsentation in London. Im Jahr 1904 besuchte Bateson sogar Brno, um mehr über Mendel zu erfahren, aber niemand konnte ihm viel über den stillen Mann und seine wissenschaftlichen Experimente erzählen. Zwei Jahre früher, 1902, veröffentlichte der britische Arzt Archibald Garrod seine Arbeit über die Stoffwechselkrankheit Alkaptonurie und stellte fest, dass diese Krankheit auf mendelsche rezessive Weise vererbt wurde. Im Jahr 1906 prägte Bateson den Begriff Genetik, um die Erforschung der Vererbung zu beschreiben und 1909 führte Wilhelm Johannsen das Wort Gen ein, um den Faktor (den von Mendel zuvor verwendeten mehrdeutigen Begriff) zu bezeichnen, der von den Eltern an die Nachkommen weitergegeben wurde.

In der Gewissheit, dass etwas von Generation zu Generation in vorhersehbaren Mustern weitergegeben wird, stellte sich den Wissenschaftlern die nächste große Frage: Was wird von den Eltern an die Nachkommen weitergegeben – das heißt: woraus besteht ein Gen? Während die europäischen und britischen Wissenschaftler große Beiträge zur Schaffung der Grundlagen der Genetik geleistet hatten, begannen US-Wissenschaftler mit einer Reihe von Experimenten, die bestätigten, dass Gene aus DNA bestanden. In den Jahren 1901 bis 1902 bewiesen unabhängige Experimente, dass die Hälfte der Chromosomen von der Mutter und die andere Hälfte vom Vater weitergegeben wurden. Nachfolgende Experimente, die von US-Wissenschaftlern an Bakterien und Viren durchgeführt wurden, bewiesen, dass das Erbmaterial tatsächlich DNA war.

Die nächste Frage war: Wie sieht DNA genau aus – oder was ist ihre Struktur? Dies war wichtig zu erfahren, denn durch das Verständnis ihrer Struktur könnten Wissenschaftler vielleicht ableiten, wie sie tatsächlich funktioniert, sich repliziert und von den Eltern an die Nachkommen weitergegeben wird. Es war bekannt, dass DNA aus vier chemischen Einheiten besteht, abgekürzt A, T, C und G. Und es war auch bekannt, dass die Anzahl von A und T gleich der Anzahl an C und G in einer gegebenen DNA-Probe war. Allerdings unterschied sich das AT/CG-Verhältnis zwischen den Arten. Aber wie diese chemischen Einheiten zusammengesetzt waren, war unbekannt.

Im Jahr 1953 wurde die verblüffend einfache Struktur der DNA von dem amerikanischen Wissenschaftler James Watson und dem britischen Wissenschaftler Francis Crick, die zusammen in Cambridge, England, arbeiteten, enthüllt. Hinweise aus einer speziellen Art von Röntgenfotografie der DNA führten sie zu der Hypothese, dass die Struktur der DNA eine Art Helix ist. Nach mehreren Versuchen, die A, T, C und G in chemischen Modelle anzuordnen, erkannten sie, dass die DNA einer verdrehten Leiter ähnelt, wobei die chemischen Einheiten auf den Sprossen liegen. Basierend auf der früheren Beobachtung über das Verhältnis von A und T und C und G, sagten Watson und Crick voraus, dass A nur mit T (A–T) und die C nur mit G (C–G) gepaart sind (Abb. 1.4). Wenn Zellen sich teilen, muss die DNA eine genaue Kopie von sich selbst erstellen, um sich an die nächste Generation oder Tochterzellen weiterzugeben. Basierend auf dieser Doppelhelixstruktur wurde vorgeschlagen, dass die DNA-Stränge sich wie ein Reißverschluss trennen.

Diese elterlichen Einzelstränge dienen dann als Vorlage für zwei neue Stränge. So besteht die Hälfte jedes neuen DNA-Moleküls aus dem ursprünglichen Elternstrang und einem neuen Strang. Da sich A nur mit

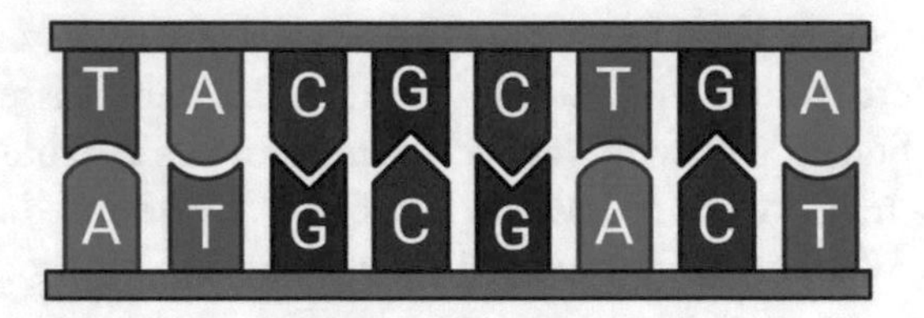

Abb. 1.4 Die Paarung von DNA-Untereinheiten. (Quelle: BioRender)

T und G nur mit C auf den Sprossen der DNA-Leiter verbinden, entspricht die neu gebildete DNA genau dem Code (oder der Sequenz) von chemischen Einheiten, der in der elterlichen DNA vorhanden war.

In den Jahren nach der Entdeckung der DNA-Struktur wurde viel geforscht, um zu verstehen, wie der DNA-Code von der Zellmaschinerie ausgelesen, also in Proteine, nämlich die Moleküle, die die „Arbeitstiere“ der Zelle sind, übertragen wird. Die chemischen Einheiten der DNA selbst sind nicht funktional. Es wurde schließlich festgestellt, dass die Sequenz oder Reihenfolge der DNA-Einheiten (A, T, C und G) als drei Buchstaben auf einmal gelesen wird – jeder Dreier-Code kodiert eine Aminosäure, den Baustein von Proteinen.

Können wir DNA eigentlich „sehen“?

Wie studieren Wissenschaftler eigentlich DNA – ist es etwas, das sichtbar ist? Ja und nein – DNA ist unter bestimmten Umständen sichtbar, aber die tatsächliche Reihenfolge der DNA-Einheiten oder Basen (A, T, C und G) ist nicht sichtbar. Als das Konzept für ein Mikroskop Ende des 16. Jahrhunderts beschrieben und Mitte der 1660er-Jahre von Antonie van Leeuwenhoek tatsächlich ein Mikroskop gebaut wurde, war dies ein Werkzeug, das Wissenschaftlern schließlich ermöglichte, die Struktur von Zellen und Organellen (die „Organe“ einer Zelle) zum ersten Mal zu sehen und die Veränderungen zu beobachten, die auftreten, wenn Zellen wachsen und sich teilen. Im Jahr 1882 visualisierten Wissenschaftler erstmals zelluläre Strukturen, die Chromosomen genannt werden (kro-mo-somen), die kondensierte DNA in spulenartigen Strukturen sind (ausführlich besprochen in Kap. 2). Chromosomen ähneln schnörkeligen, wurmartigen Strukturen, die sich im Zentrum von Zellen befinden. Man konnte tatsächlich sehen, dass es mehrere Chromosomen innerhalb von Zellen gibt, und stellte später fest, dass verschiedene Organismen unterschiedliche

Anzahlen an Chromosomen aufweisen. Anschließend fand man heraus, dass Spermien und Eier nur halb so viele Chromosomen haben wie andere Zelltypen (sodass ihre Vereinigung die volle Anzahl von Chromosomen wiederherstellen wird). Im Jahr 1889 wurde vorgeschlagen, dass das Erbmaterial in Form dieser Chromosomen weitergegeben wird, aber diese Theorie war noch nicht experimentell bewiesen. Die DNA-Stränge waren also nicht sichtbar, aber die in den Chromosomen gespeicherte DNA half den Wissenschaftlern, mehr über die Replikation und Bewegung der DNA bei jeder Zellteilung zu lernen.

Außerdem brauchen Wissenschaftler die DNA nicht zu „sehen", um sie zu untersuchen oder Rückschlüsse über die Folgen genetischer Veränderungen abzuleiten.

Aber wie findet man tatsächlich eine Mutation? Es stellt sich heraus, dass das menschliche Genom aus drei Milliarden Einheiten besteht und etwa 20.000 Gene enthält. Daher kann die Suche nach nur einer mutierten chemischen Einheit einige Zeit in Anspruch nehmen. Noch heute beschreibt die Analogie „Suche nach der Nadel im Heuhaufen" treffend den unglaublich schwierigen Prozess, ein Gen zu finden, das mit einer bestimmten Krankheit verbunden ist.

In der ersten Hälfte des zwanzigsten Jahrhunderts gelang es Wissenschaftlern, ein Gen, von dem man annahm, dass es für ein bestimmtes Merkmal (zum Beispiel die Augenfarbe) verantwortlich ist, auf einem bestimmten Teil eines Chromosoms abzubilden (oder seine Position zu bestimmen). Jedes Chromosom enthält viele Gene, sodass die Eingrenzung des Bereichs, in dem das mutmaßliche Verursachergen lokalisiert ist, ein sehr wichtiger erster Schritt ist. Diese Art der Kartierung ist in gewisser Weise vergleichbar mit der Feststellung, dass ein Haus von Interesse in der Stadt Baltimore liegt, mit der möglichen Eingrenzung auf einen bestimmten Stadtteil (zum Beispiel Nord). Es gab jedoch weder detaillierte Karten der einzelnen Chromosom, die bei der Navigation hätten helfen können (ein Chromosom ist linear), noch Wissen darüber, wie die Region aussah oder wie weit sich die Wissenschaftler „entlanghangeln" müssten, um das Verursachergen zu finden.

In den 1970er-Jahren wurde erstmals eine Methode zur Sequenzierung von DNA entwickelt. Wissenschaftler konnten die A, T, C und G für ein gegebenes Stück DNA entschlüsseln (Abb. 1.5). Sobald also ein Verursachergen auf einem Chromosom lokalisiert und dort auf eine bestimmte Nachbarschaft eingegrenzt ist, können Wissenschaftler die Regionen der DNA sequenzieren, um herauszufinden, welche Gene dort lokalisiert sind und ob eine Mutation in einem davon vorliegt. Mehrere Gene für Mendelsche

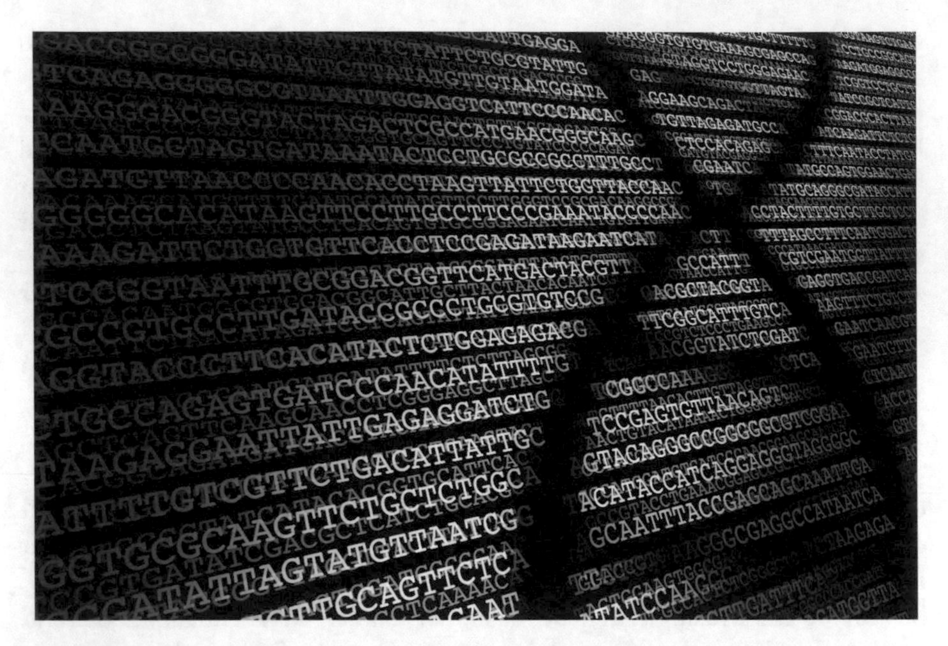

Abb. 1.5 Abschnitt einer DNA-Sequenz. (Quelle: Adobe Stock)

Erkrankungen wurden mit diesem Ansatz identifiziert, obwohl es Jahre dauern konnte, sie zu entdecken, da Wissenschaftler zu dieser Zeit nur kleine Segmente von DNA sequenzieren konnten.

In den 1980er-Jahren wurde die Idee vorgestellt, das gesamte menschliche Genom zu sequenzieren oder zu entschlüsseln – also die Reihenfolge der A, T, C und G des gesamten DNA-Gehalts einer menschlichen Zelle aufzuklären. Viele hielten das für das ehrgeizigste wissenschaftliche Unterfangen überhaupt, doch Machbarkeit und Nutzen eines solch beispiellosen Vorhabens waren ungewiss. Ein großer Teil des Genoms wurde als Müll-DNA („junk") oder als DNA unbekannter Bedeutung betrachtet. Gene machen tatsächlich nur einen sehr kleinen Teil des Genoms aus, aber sie sind das Ziel für das Verständnis der genetischen Ursachen von Krankheiten.

In den 1990er-Jahren ermöglichten technologische Fortschritte Wissenschaftlern, ein umfangreiches Projekt zur Bestimmung der vollständigen Sequenz des menschlichen Genoms (alle drei Milliarden Buchstaben) in Angriff zu nehmen. Vor allem die Entwicklung von automatisierten Sequenziermaschinen und die für die Analyse und die Speicherung der DNA-Daten erforderlichen rechnergestützter Wissenschaften ermöglichten die Fertigstellung des Projekts. So konnte die Sequenz des Genoms Chromosom für Chromosom vervollständigt werden, einschließlich der

Lage der bekannten Gene, die jeweils mit einer spezifischen Koordinate versehen sind (ähnlich wie Längen- und Breitengrad, die einem eindeutigen Ort entsprechen). Die vollständige Sequenz des menschlichen Genoms wurde 2003, 50 Jahre nach der Entdeckung der Struktur der DNA, finalisiert.

Was haben wir aus der Sequenzierung des menschlichen Genoms gelernt?

In den 1980er-Jahren wurde in der wissenschaftlichen Gemeinschaft die Idee diskutiert, das menschliche Genom zu sequenzieren. Nach vielen Debatten und der Sicherung von Kongressfinanzierungen wurde 1990 das Human Genome Project mit dem einzigen, aber gewaltigen Ziel gestartet, das menschliche Genom zu sequenzieren und eine Art Nachschlagewerk für die wissenschaftliche Gemeinschaft zu erstellen. Der erste Entwurf des Genoms wurde im Jahr 2000 fertiggestellt und 2003, 50 Jahre nach der Entdeckung der Struktur der DNA, finalisiert. Zu Beginn des Sequenzierungsprojekts war unklar, wie viele Gene der Mensch besitzt. Einige schätzten, dass das menschliche Genom bis zu 100.000 Gene enthält. Aber zur Überraschung vieler wurde in der ersten Analyse des Entwurfs der Sequenz geschätzt, dass das menschliche Genom nur zwischen 30.000 und 40.000 Gene umfasst. Einige Jahre später zeigte eine Analyse der nahezu vollständigen Sequenz des menschlichen Genoms, dass die Anzahl der Gene sogar noch geringer ist: zwischen 20.000 und 25.000 Gene. Im Vergleich dazu enthält das Genom des gewöhnlichen Darmbakteriums *E. coli* 4,6 Millionen Buchstaben und 3200 Gene, das Mausgenom 2,5 Milliarden Buchstaben und 28.000 Gene, das Hundegenom 2,5 Milliarden Buchstaben und 19.000 Gene, das Fruchtfliegengenom 122 Millionen Buchstaben und 13.600 Genen und das Genom des Fadenwurms 97 Millionen Buchstaben und 19.000 Gene.

Eine zweite wichtige Erkenntnis aus der Sequenzierung des menschlichen Genoms ist, wie genetisch ähnlich wir alle sind. Trotz unserer offensichtlichen physischen und persönlichen Unterschiede unterscheidet sich die DNA-Sequenz zwischen zwei Personen nur um 0,1 % – das heißt, wir sind zu 99,9 % genetisch identisch. Multipliziert man das mit der Gesamtzahl der DNA-Einheiten (drei Milliarden) ergeben sich drei Millionen Stellen im Genom, die uns unterscheiden und die für die Vielfalt der menschlichen Bevölkerung verantwortlich sind. Somit hat jede Person tatsächlich ihr eigenes einzigartiges Genom oder ihren einzigartigen genetischen Fingerabdruck. Viele dieser Unterschiede werden als Einzelnukleotidpolymorphismen (poly-morf-ismen) oder abgekürzt als SNPs (ausgesprochen als „snips") bezeichnet – mehr als 10 Mio. SNPs wurden bereits identifiziert. Diese SNPs können bei einer Person oder einer Handvoll von Menschen auftreten (ein seltener SNP gilt als in weniger als 1 % der Bevölkerung vorkommend) oder bei einem signifikanten Anteil der Bevölkerung (zum Beispiel 30 % der Bevölkerung). Diese Unterschiede in der DNA-Sequenz können, müssen jedoch nicht, die Funktion eines durch das Gen kodierten Proteins verändern und somit potenziell zur Entwicklung einer Krankheit beitragen.

Warum die Genome anderer Arten sequenzieren?

Das menschliche Genom war tatsächlich nicht das erste, das sequenziert wurde. Im Jahr 1995 wurde das Genom des grippeverursachenenden Vi rus *Haemophilus influenza* sequenziert (ein viel kleinerer und durchführbarer erster Versuch einer Sequenzierung). Tatsächlich wurden mehr als 40 Genome sequenziert, bevor der erste Entwurf des menschlichen Genoms veröffentlicht wurde. Aber welchen Nutzen hat es, die Genome anderer Arten zu sequenzieren? Zunächst verwenden fast alle Organismen einen ähnlichen genetischen Code wie Menschen, was es einfach macht, DNA-Regionen ähnlicher Sequenz zu identifizieren. Viele Arten teilen oder haben eine ähnliche Version von Genen, die für grundlegende zelluläre Mechanismen wichtig sind. Zum Beispiel haben etwa 99 % der menschlichen Gene ein Gegenstück im Mausgenom. Es stellt sich heraus, dass etwa 60 % der Gene zwischen Fruchtfliege und Mensch konserviert sind. Es wird vermutet, dass konservierte Gene an wesentlichen physiologischen Funktionen beteiligt sind, die von beiden Arten geteilt werden, während ein einzigartiges Gen (das nur in einer Art gefunden wird) auf ein neuartiges Merkmal dieser Art hinweist. Daher trägt die Bestimmung der Genomsequenzen anderer Arten, insbesondere von Arten, die häufig im Labor untersucht werden (sogenannte Modellorganismen wie Hefe und Mäuse), erheblich dazu bei, unser eigenes Genom zu interpretieren und zu verstehen.

Da wir offensichtlich in Experimenten, die an menschlichen Forschungssubjekten durchgeführt werden können, eingeschränkt sind, werden Experimente mit Modellorganismen wie der Maus oder der Fruchtfliege durchgeführt, die ein mit Menschen gemeinsames Gen tragen. Dies hilft uns, die Funktion dieses Gens besser zu verstehen. Insbesondere können Wissenschaftler sorgfältig analysieren, was passiert, wenn dieses Gen mutiert ist, und ob eine bestimmte Behandlung erfolgreich ist, um die Folgen des mutierten Gens zu verhindern oder zu verbessern.

Der Vergleich der Genome verschiedener Arten ermöglicht es Wissenschaftlern, die Evolution zu studieren. Zum Beispiel hat die Sequenz des Hundegenoms Wissenschaftlern geholfen, den Stammbaum der vielen verschiedenen Hunderrassen (zum Beispiel Pudel, Mops, Deutscher Schäferhund) zusammenzusetzen und sie in den größeren evolutionären Stammbaum mit Wölfen, Kojoten, Hyänen und anderen ähnlichen Säugetieren einzuordnen. Darüber hinaus haben einige Hunde bestimmte Leiden wie Hüftdysplasie bei Deutschen Schäferhunden. Das Verständnis der Rolle der Gene hinter diesen Krankheiten wird die Entwicklung von Diagnosetests, Behandlungen und präventiven Maßnahmen auch für Menschen vorantreiben. Neben Tieren und Mikroben wurden auch die Genome von Bäumen und Pflanzen, insbesondere solchen, die für den menschlichen Verzehr verwendet werden, wie Reis, sequenziert. Wie jeder andere Organismus sind Pflanzen anfällig für Krankheiten und gedeihen nur unter bestimmten Bedingungen. Das Verständnis der Rolle der Gene, die für Krankheiten und Wachstum wichtig sind, könnte Wissenschaftlern ermöglichen, wirksamere Pestizide zu entwickeln oder die Anbaubedingungen anzupassen, um den Ertrag zu maximieren.

Gene und Krankheit

Wenn der DNA-Code verändert oder geändert wird, bedeutet das, dass die Buchstaben geändert werden (oft als Mutation oder Variation bezeichnet – der Unterschied in den Begriffen wird später diskutiert). Dies kann den Triplet-Code für eine spezifische Aminosäure ändern und damit möglicherweise die Gesamtstruktur oder Funktion des vorgesehenen Proteins. Man kann eine Analogie mit dem englischen Alphabet ziehen – ein einziger Tippfehler kann die Bedeutung eines Wortes ändern (zum Beispiel „hot" vs. „hat"). In einer Zelle kann infolge einer Veränderung der DNA das entsprechende Protein, das von diesem Gen kodiert wird, möglicherweise nicht richtig funktionieren (oder es wird tatsächlich je nach Art der Mutation nicht einmal hergestellt). Dadurch werden die normalen Operationen der Zelle gestört, was möglicherweise zu einer Krankheit führt. Eine solche Veränderung kann durch Schädigung der DNA, vielleicht durch Exposition gegenüber ultraviolettem Licht, oder zufällige Fehler während der Zellteilung, wenn die DNA repliziert wird, verursacht werden.

Nicht alle genetischen Veränderungen führen zu einer Störung des Codes, sodass das entsprechende Protein betroffen und funktionsbeeinträchtigt ist. Es hängt wirklich davon ab, wo genau die Veränderung stattgefunden hat und ob diese Stelle für das Protein wesentlich ist, ob es überhaupt gebildet wird oder wie es funktioniert. Bei Veränderungen, die die Quantität oder Qualität eines Proteins beeinträchtigen, stellt sich als nächstes die Frage nach der spezifischen Aufgabe des Proteins und seiner Bedeutung für die normalen Aktivitäten der Zelle. Denken Sie daran, wir tragen zwei Kopien jedes Gens – wenn also eine Kopie eine genetische Veränderung erleidet, die zu einer Veränderung des Proteins führt, bleibt die andere unverändert und sollte daher ein normal funktionierendes Protein codieren. Meist reicht die Hälfte der normalen Proteinmenge aus, damit die Zelle überlebt. Dass dies nicht immer der Fall ist, sondern Veränderungen in dominanter Weise auftreten, wurde zuvor beschrieben. In anderen Fällen kann auch eine mittelschwere oder moderate Erkrankung durch ein betroffenes Gen auftreten. Wenn jedoch beide Kopien des Gens eine genetische Veränderung tragen, wird dies höchstwahrscheinlich einen erheblichen Einfluss auf die Gesundheit der Zelle haben und letztendlich ein Symptom oder eine Krankheit verursachen (eine rezessive Erkrankung).

Obwohl Krankheiten, die durch einzelne Gene verursacht werden, entweder in dominanter oder in rezessiver Weise, relativ selten sind, machen sie insgesamt Tausende von Patienten aus. Bei Krankheiten wie Herzkrankheiten, Krebs und Diabetes handelt es sich um sogenannte komplexe Erkrankungen, da sie vermutlich durch mehrere genetische Veränderungen sowie Umweltfaktoren verursacht werden. Es ist äußerst schwierig, die Interaktionen zwischen mehreren Genen und Umweltfaktoren auseinander zu halten, aber neuere Technologien ermöglichen eine umfassende Momentaufnahme eine Gruppe von Molekülen zu einem bestimmten Zeitpunkt. Denken Sie an ein Bild: Wenn Sie in eine Ecke des Bildes hineinzoomen, sehen Sie vielleicht viel mehr Details der Objekte in dieser Ecke, aber Sie verpassen völlig Kontext und Wechselspiele im Rest des Bildes. Ebenso wird der Blick auf ein einzelnes Gen nur ein teilweises Verständnis dessen liefern, was in einer Zelle passiert. Die Sequenzierung von Genomen zusammen mit Technologien ermöglicht es Wissenschaftlern, das Gesamtbild in Bezug auf genetische Variationen zu beurteilen und zu bestimmen, welche Gene zu einem gegebenen Zeitpunkt aktiv sind. Einen Schritt weitergehend können Wissenschaftler bestimmen, welche Proteine und Substanzen vorhanden sind, die die Operationen der Zelle ausführen, möglicherweise mit verschiedenen „Teams“ von Proteinen, die unter verschiedenen Bedingungen arbeiten (zum Beispiel mit und ohne Medikament). In den folgenden Kapiteln werden einige dieser Technologien für spezifische Anwendungen genauer beschrieben.

Jenseits der Sequenz

Während sich dieses Buch und ein großer Teil der populären Presse über Genetik auf Veränderungen in der Sequenz von DNA und ihrer Verbindung zu Merkmalen und Erkrankungen konzentrieren, haben Zellen andere Mechanismen, um zu steuern, wann Gene an- und abgeschaltet werden. Wie bereits erwähnt, kodiert das menschliche Genom für etwa 20.000 Gene. Die Expression von Genen bezieht sich darauf, wann ein Gen ein Protein erzeugt; Proteine führen die spezifischen Funktionen oder Aktivitäten in der Zelle aus (Proteine führen die Aufgaben aus, Gene enthalten die Anweisungen zur Herstellung der Proteine). Zwei Analogien könnten hier hilfreich sein, um die Genexpression und die Bedeutung ihrer Kontrolle zu verstehen. In einem Haus gibt es viele Lichter und Geräte – es würde keinen Sinn machen, jedes Licht und jedes Gerät in jedem Raum im Haus einzuschalten und den ganzen Tag und die ganze Nacht eingeschaltet zu lassen. Tatsächlich wäre es eine enorme Verschwendung von Ressourcen und die meisten wären nicht notwendig, um die täglichen Aufgaben in einem Haushalt auszuführen (zumindest nicht alle gleichzeitig!). Stattdessen kann eine Person, wenn sie einen Raum betritt, das Licht und alle Geräte einschalten, die sie für eine bestimmte Aufgabe benötigt. Ebenso wäre es eine enorme Verschwendung von Ressourcen, jedes Gen in einer bestimmten Zelle anzuschalten oder zu exprimieren und es angeschaltet zu lassen. Darüber hinaus haben verschiedene Zellen (wie verschiedene Räume eines Hauses) unterschiedliche Bedürfnisse, sodass nur bestimmte Gene exprimiert werden.

Die DNA-Sequenz enthält zwar Anweisungen zum Anschalten eines Gens, doch kann die Sequenz auch modifiziert werden, oft vorübergehend, um zu signalisieren, ob das Gen exprimiert werden soll oder nicht. Die Untersuchung dieser chemischen Modifikationen wird als Epigenetik bezeichnet. Kleine chemische Gruppen können sich an die DNA anheften, um der Zelle ein Signal zur Expression eines Gens zu geben, ohne die Sequenz selbst zu verändern, quasi wie eine Flagge zur Markierung der Genposition. Über Epigenetik und die zusätzliche Komplexitätsebene, die sie der Kontrolle von Genen hinzufügt (oder außer Kontrolle gerät bei bestimmten Krankheiten) wird kontinuierlich dazugelernt. Epigenetische

Modifikationen werden von Generation zu Generation weitergegeben, können aber auch erworben werden.

Schlussfolgerung

Das Verständnis der Struktur und der in der DNA verborgenen Codes hat es Wissenschaftlern ermöglicht, eine ganz neue Dimension der Biologie zu betreten, eine, die fast täglich etwas Neues offenbart und dies noch viele Jahre lang tun wird. Nach der Fertigstellung eines menschlichen Referenzgenoms wurden weltweit Tausende weitere menschliche Genome und Genome unzähliger anderer Arten sequenziert. Es gibt öffentliche Datenbanken voller Genome! Weiterhin werden neue Technologien eingeführt, wodurch die Kosten der Sequenzierung gesenkt und die Genauigkeit verbessert werden. Es wird einige Zeit dauern, bis Wissenschaftler diese tiefe Schatzkammer an Daten durchforstet und ihre Bedeutung verstanden haben. Darüber hinaus beginnen wir zu lernen, dass die Sequenz nur ein Teil eines viel komplexeren Systems ist, das sowohl Gesundheit und Krankheit beeinflusst.

Literatur

US National Library of Medicine. Genetics. Available at https://medlineplus.gov/genetics/

Scitable. Gregor Mendel and the Principles of Inheritance. Available at https://www.nature.com/scitable/topicpage/gregor-mendel-and-the-principles-of-inheritance-593/

US National Human Genome Research Institute. A Brief Guide to Genomics. Available at https://www.genome.gov/about-genomics/fact-sheets/A-Brief-Guide-to-Genomics

Genomics England. What is a Genome? Available at https://www.genomicsengland.co.uk/understanding-genomics/what-is-a-genome/

Gregor Mendel. Experiments in Plant Hybridization (1865)

What is Epigenetics? Epigenetics: Fundamentals. Available at https://www.whatisepigenetics.com/fundamentals/

2

Die Gesundheitsgeschichte meiner Familie (und warum es wichtig für mich ist, sie zu kennen)

Die meisten Menschen haben schon einmal den Ausdruck Familiengeschichte oder das gängige Sprichwort „es liegt in der Familie“ gehört, aber was genau bedeutet das? Bezieht es sich auf ein Familienmitglied, ob früher oder heute? Bezieht es sich auf Familienmitglieder, die in einem Haushalt leben (vielleicht nur Eltern und Kinder), oder auch auf entferntere Verwandte? Beinhaltet es Stiefverwandte oder Halbgeschwister? Bezieht es sich auf die Ursprünge oder die Abstammung einer Familie? Eine Familiengeschichte kann tatsächlich ziemlich komplex sein, nicht nur in Bezug auf die Größe und Zusammensetzung einer Familie, sondern auch auf die verschiedenen Arten von Informationen, die mit einer Familiengeschichte in Verbindung gebracht werden können. Dieses Kapitel beantwortet viele dieser Fragen und hoffentlich inspiriert es einige Leser, mehr über ihre eigene Familiengeschichte zu erfahren.

Was ist Familien-(Gesundheits-)Geschichte?

Fast jeder Besuch bei einem Gesundheitsdienstleister wird Fragen zur Familiengeschichte bzw. -anamnese beinhalten. Unter den zahlreichen Formularen, die wir zu Beginn eines Besuchs bei fast jedem Gesundheitsdienstleister ausfüllen müssen, wird den Patienten eine Liste oder Tabelle von Zuständen vorgelegt und sie werden gebeten anzugeben, ob Familienmitglieder von einem dieser Zustände betroffen sind, indem sie ein Ja- oder Nein-Kästchen ankreuzen. Einige Gesundheitsdienstleister sind auf ein

S. B. Haga, *Das Buch der Gene und Genome,* https://doi.org/10.1007/978-1-0716-3531-5_2

elektronisches Format umgestiegen und diese Fragen können vor dem Besuch oder auf Tablets in der Praxis beantwortet werden. Darüber hinaus können diese Formulare Fragen zu Rauchen oder Alkoholkonsum, Schlaf, Bleiexposition, Ethnizität und Drogenkonsum enthalten. Einige Formulare enthalten detailliertere Fragen als andere. Die Bedeutung dieser Fragen ist möglicherweise unklar, insbesondere wenn der Gesundheitsversorger Ihre Antworten nicht überprüft oder um weitere Informationen bittet.

Die Sammlung und Dokumentation einer Familiengeschichte ist tatsächlich eine sehr alte Praxis und ihr Zweck hat sich im Lauf der Jahrhunderte verschoben (Abb. 2.1). Eine Familiengeschichte kann viele verschiedene Arten von Informationen enthalten, die unterschiedliche Zwecke erfüllen können. Im Mittelalter war die Dokumentation der Nachkommen einer Familie wichtig für die Bestimmung von Klasse und gesellschaftlichen Privilegien. Mitte des 16. Jahrhunderts verlangte die englische Monarchie von den Kirchen, die Herkunft und Beziehungen einer Familie zu dokumentieren und aufzubewahren, sowie Taufen, Hochzeiten und Beerdigungen zu dokumentieren. Landbesitz wurde ebenfalls in genealogische Aufzeichnungen aufgenommen und die Besteuerung wurde auf der Grundlage dieser Aufzeichnungen festgelegt. Daher besitzen Kirchen große

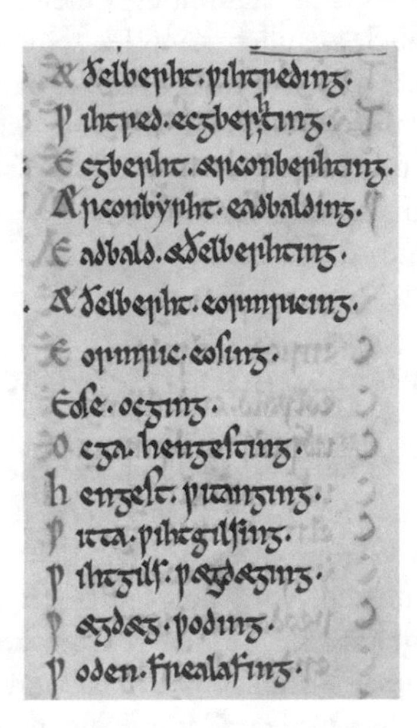

Abb. 2.1 Die Abstammung von König Æthelberht II von Kent im Textus Roffensis, zwölftes Jahrhundert. (Quelle: https://commons.wikimedia.org/wiki/File:Kentish_tally_(Textus_Roffensis).png)

Mengen an Informationen über wichtige Ereignisse und Familien, die Jahrhunderte zurückreichen.

In der heutigen medizinischen Praxis, die der Hauptfokus dieses Kapitels ist, bezieht sich die Familiengeschichte bzw. die Familienanamnese in der Regel auf gesundheitsbezogene Informationen des Patienten und seiner Familienmitglieder (daher kann der Ausdruck „Familiengesundheitsgeschichte" anstelle von „Familiengeschichte" verwendet werden). Die Sammlung von medizinischen Informationen über Familienmitglieder ist Standardpraxis für fast jede Art von Gesundheitsdienstleister, obwohl es keinen standardisierten Fragenkatalog gibt. Als wichtige Faktoren für unsere Gesundheit und unser Krankheitsrisiko werden von den Gesundheitsversorgern auch Informationen über soziale Faktoren wie Beruf, Bewegung/Aktivität, Bildung und häusliches Umfeld gesammelt. Die Informationen über unsere Umgebung und die Gesundheit unserer Familienmitglieder sind wahrscheinlich wertvoller, als viele Menschen erkennen. Sowohl Gene als auch Umwelt können zu Gesundheitsrisiken beitragen. Daher kann die Bereitstellung von Informationen zum familiären Hintergrund den Gesundheitsdienstleistern helfen, zukünftige Krankheitsrisiken besser einzuschätzen, geeignete Screenings zur frühzeitigen Erkennung von Krankheiten zu empfehlen und Ratschläge zur Risikominderung zu geben.

Wer genau zählt als Familie? Wir teilen unsere Gene mit all unseren Blutsverwandten. Je entfernter der Verwandte, desto geringer die genetische Ähnlichkeit (oder gemeinsame genetische Herkunft). Zum Beispiel teilen wir 50 % unserer genetischen Ausstattung mit unseren Eltern, Kindern und Geschwistern. Wir teilen 25 % unserer genetischen Ausstattung mit Großeltern, Enkelkindern, Tanten und Onkeln. Wir teilen 12,5 % unserer genetischen Ausstattung mit Cousins, Urgroßeltern, Urenkelkindern, Großtanten und -onkeln. Denken Sie daran – unsere genetische Ausstattung wird nur unter biologischen Verwandten geteilt. Also teilt die Frau, die den Bruder Ihres Vaters geheiratet hat, keine genetische Ausstattung mit Ihnen oder anderen Verwandten ihres Mannes.

Ein Haushalt kann sowohl biologische als auch nichtbiologische Familienmitglieder umfassen. Die Gesundheitsgeschichte von nichtbiologischen Mitgliedern eines Haushalts kann in Bezug auf die Genetik von geringerer Bedeutung sein, aber es kann einige wichtige Informationen über die Umwelt geben, die Sie Ihrem Gesundheitsdienstleister mitteilen sollten. Zum Beispiel, wenn Sie mit einem nichtbiologischen Familienmitglied (zum Beispiel Freund, Freundin, Mitbewohner etc.) zusammenleben und diese Person starker Raucher ist, könnte dies Ihre Gesundheit beeinflussen. Gemeinsame Umgebung und physische Räume sowie gemeinsame Kultur wie Lebensstil, körperliche Aktivität und Essgewohnheiten können alle die Gesundheit beeinflussen.

Erhebung einer Familiengeschichte

Wie bereits früher erwähnt, haben Sie Formulare zu Beginn eines Besuchs in einer Arztpraxis oder Klinik ausgefüllt, die Fragen zu Ihrer Gesundheit und der Ihrer Familienmitglieder enthielten. Manchmal handelt es sich um eine lange Liste von Zuständen, die Sie für sich selbst und andere Familienmitglieder mit Ja bzw. Nein markieren. Alternativ kann es eine Reihe von Fragen zur Gesundheit der Familienmitglieder sein. Der Gesundheitsversorger wird die von Ihnen auf den Formularen offengelegten Informationen überprüfen und die Details zum Zustand eines Familienmitglieds hinterfragen, wenn dies angekreuzt ist. Wenn die Familiengesundheitsgeschichte ein erhöhtes Risiko anzeigt, wird er eine intensivere Überwachung oder die Überweisung an einen Spezialisten empfehlen.

In manchen Fällen ist eine sehr detaillierte Familiengeschichte erforderlich. Diese wird oft von einem Spezialisten, wie einem medizinischen Onkologen (Krebs), einem medizinischen Genetiker oder einem genetischen Berater erfasst. Wurde ein Patient an einen Spezialisten überwiesen, kann der Verdacht auf eine erbliche Erkrankung oder ein hohes Risiko bestehen. Eine detaillierte Familiengesundheitsgeschichte beinhaltet die Überprüfung des Gesundheitszustands von drei Generationen von Familienmitgliedern, typischerweise der Generation davor (Großeltern) und der Generation danach (Kinder) bei erwachsenen Patienten. Geburtsdatum, aktueller Gesundheitszustand, Alter, Fehlgeburten, Ursache und/oder Datum des Todes und Abstammung werden erfasst. Je nach Größe der Familie und Gesundheitszustand kann eine Weile dauern, die Informationen zu sammeln und aufzuzeichnen. Häufig kennen die Patienten nicht sofort alle Informationen und müssen erst bei Familienmitgliedern nachfragen.

Kulturelle Sensibilität ist wichtig bei der Sammlung und der Besprechung von Informationen zur Gesundheit der Familie. Verschiedene Kulturen verwenden verschiedene Terminologien, um familiäre Beziehungen oder Verwandtschaften zu beschreiben. In einigen Gruppen wird möglicherweise nicht unterschieden, ob jemand biologisch verwandt ist oder nicht. Zum Beispiel kann eine Person, die eine sehr enge Freundin der Familie ist, als Tante bezeichnet werden, obwohl sie nicht biologisch oder durch Heirat verwandt ist. In anderen Kulturen werden Geschwister und Cousins möglicherweise nicht unterschieden. Daher muss darauf geachtet werden, dass gängige Terminologien nicht fehlinterpretiert und ungenaue Informationen gesammelt werden. Darüber hinaus wird in einigen Kulturen über bestimmte Gesundheitszustände (zum Beispiel psychische Erkrankungen) von Familienmitgliedern nicht gesprochen und diese werden daher möglicherweise dem Gesundheitsversorger nicht mitgeteilt.

Die Darstellung einer Familiengeschichte: Was ist ein Stammbaum?

Im Grunde genommen ist die Familiengeschichte eine Aufzeichnung von Verwandtschaftsbeziehungen (unabhängig davon, aus welchem Grund sie gesammelt wurden – aus medizinischen Gründen oder zu anderen Zwecken wie einer offiziellen Aufzeichnung für die Kirche oder königliche Familienaufzeichnungen). Wie oben beschrieben, ist der Grad der Verwandtschaft (oder der genetischen Ähnlichkeit) sehr wichtig, um das Gesundheitsrisiko eines Menschen einzuschätzen. Eine Diagnose eines nahen Familienmitglieds hat in der Regel mehr Bedeutung als die eines entfernten Familienmitglieds.

Familienaufzeichnungen wurden oft in Prosa geschrieben oder einfach auswendig gelernt oder in Liedern weitergegeben. Bei großen Familien, insbesondere solchen, die über mehrere Generationen nachvollzogen werden sollen, war es jedoch wahrscheinlich schwierig und ungenau, sich eine Liste von Namen oder Verwandtschaftsverhältnissen ohne irgendeine Art von Dokumentation zu merken. Daher wurden die Informationen in einem Format namens Stammbaum präsentiert. Das englische Wort „pedigree" für Stammbaum leitet sich vom lateinischen „ped" (Fuß) und dem französischen Wort „grue" (Kran) ab. Der Fuß des Krans stellte die Verbindungen zwischen dem Elternteil und jedem Nachkommen dar.

Historisch gesehen wurden Stammbäume verwendet, um die Abstammung oder Linie eines Menschen zu dokumentieren, indem sie mehrere Generationen einer Familie zeigten. Oft als Familienbaum bezeichnet, verbinden horizontale Linien Familienmitglieder derselben Generation und vertikale Linien verweisen auf die Nachkommen (Abb. 2.2). So konnte man die Beziehung (oder Verwandtschaft) zwischen zwei Familienmitgliedern bestimmen, indem man den Linien folgte (zum Beispiel Onkel-Nichte). Stammbäume sind nicht auf den Gebrauch für Menschen beschränkt und werden oft verwendet, um die Zuchtgeschichte von Nutztieren, Hunden und anderen wertvollen Tieren

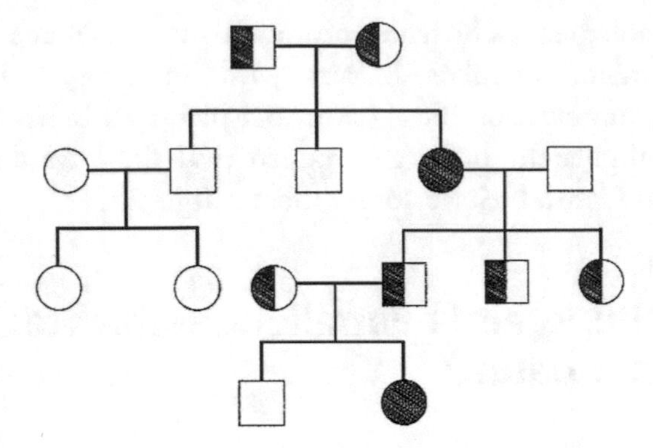

Abb. 2.2 Beispiel für einen Stammbaum. Kreise = weibliches Familienmitglied; Quadrat = männliches Familienmitglied; volle Schattierung = betroffen; teilweise Schattierung = Träger. (Quelle: Biorender)

zu dokumentieren. Im Mittelalter trugen Mitglieder bestimmter Familien ein Wappen als Nachweis ihrer Abstammung, das in der Regel in Stammbäumen festgehalten wurde.

Als begonnen wurde, Stammbäume zur Erfassung von Gesundheitsinformationen zu verwenden, wurden zusätzliche Symbole geschaffen. Zur Darstellung des Geschlechts wurden Formen verwendet (Quadrate für Männer und Kreise für Frauen; Abb. 2.2). Personen, die von einer Krankheit betroffen waren, wurden in der Regel schattiert (zum Beispiel ausgefüllter Kreis oder Quadrat) und bei verstorbenen Personen wurde eine diagonale Linie durch die Form gezogen. Mit der Verwendung eines standardisierten Symbolsatzes war weniger Text erforderlich, um die Gesundheitsinformationen zu erfassen, sodass Muster der Krankheitsvererbung schnell erkannt werden konnten. Zum Beispiel würde eine Familie mit einer genetischen Erkrankung wie der Huntington-Krankheit, einer dominant vererbten Krankheit, Personen in mehreren Generationen schattiert haben. Bei anderen Krankheiten würden nur Männer betroffen sein – es würden also nur Quadrate schattiert. Der Stammbaum ermöglicht es einem Gesundheitsdienstleister, ein Bild der Familiengeschichte zu überfliegen und sofort die Vererbungsmuster zu erkennen.

Interpretation einer Familiengeschichte

Gesundheitsversorger suchen nach Hinweisen in einer Familiengeschichte, die darauf hindeuten, dass eine Erkrankung vererbt oder innerhalb einer Familie weitergegeben wird und ein Patient daher möglicherweise ein erhöhtes Risiko hat. Wie bereits erwähnt, werden nicht alle Erkrankungen durch genetische Faktoren (und vererbt) verursacht. Einige Erkrankungen wie Infektionskrankheiten oder Lungen- oder Hautkrebs werden durch hohe Exposition gegenüber Rauchen oder ultraviolettem Licht (Umweltfaktoren) verursacht. Bei der Überprüfung der Familienanamnese eines Patienten werden Gesundheitsdienstleister nach mehreren Mitgliedern in mehreren Generationen suchen, die an derselben Erkrankung leiden, die möglicherweise in einem jüngeren als dem typischen Alter auftritt. Es ist möglich, dass mehrere Mitglieder einer Familie an derselben Erkrankung leiden, die durch nichtgenetische Faktoren wie schlechte Ernährung oder Rauchen, beispielsweise Diabetes oder Atemwegserkrankungen, verursacht wird, weshalb es wichtig ist, eine breite Palette von Informationen zu sammeln, um Ursachen und Patientenrisiko besser bestimmen zu können.

Sowohl medizinische als auch nichtmedizinische Merkmale, wie Intelligenz, Größe, Alkoholismus und Persönlichkeit, können in mehreren Generationen und Familienmitgliedern auftreten und somit einem vererbten Merkmal ähneln. Es wird jedoch davon ausgegangen, dass ein gemeinsames Umfeld die Entwicklung einer Vielzahl von Merkmalen stark beeinflussen kann und sich daraus eine höhere als die erwartete Anzahl von Familienmitgliedern mit diesem Merkmal ableiten lässt. Zum Beispiel kann eine Familie, in der Lesen und Schreiben einen hohen Stellenwert haben, dazu führen, dass mehrere Kinder dieser Familie berühmte Schriftsteller werden. Es mag zwar eine gewisse genetische Veranlagung für herausragende Lese- und Schreibfähigkeiten geben, aber die Einbeziehung von Lese- und Schreibaktivitäten während der Kindheit hat vermutlich die Entwicklung dieser Fähigkeiten immens beeinflusst.

Dennoch gab es in der Vergangenheit Diskussionen darüber, ob das Vorhandensein eines bestimmten Merkmals in einer Familie auf genetische (vererbtes Merkmal) oder Umweltfaktoren (erworbenes Merkmal) zurückzuführen ist. Wissenschaftliche Debatten sind zwar nichts Ungewöhnliches und bei der Interpretation gegebener Daten durchaus wertvoll, doch kann die Entwicklung einer Sozialpolitiken auf der Grundlage unzutreffender wissenschaftlicher Überzeugungen verheerende Folgen haben. Beispielsweise glaubten einige Wissenschaftler, dass nichtmedizinische Merkmale wie Intelligenz vererbt (nicht erworben) werden. Der britische Wissenschaftler Francis Galton war einer der führenden Vertreter dieser Überzeugung und sammelte viele Familienstammbäume mit sozial „erwünschten" Merkmalen bei mehreren Familienmitgliedern über Generationen hinweg als Beweise zur Rechtfertigung eugenischer Maßnahmen, um Familien mit wünschenswerten

Merkmalen zu ermutigen, große Familien zu gründen, und diejenigen mit unerwünschten Merkmalen davon abzuhalten, Kinder zu bekommen und die Weitergabe dieser Gene an die nächste Generation zu stoppen. In den 1930er-Jahren unterstützte der russische Wissenschaftler Trofim Lysenko ebenfalls die Überzeugung, dass Merkmale erworben und nicht vererbt werden. Seine Überzeugungen fanden politische Unterstützung in der Kommunistischen Partei der Union der Sozialistischen Sowjetrepubliken (UdSSR), was schließlich zu einem Verbot der Genetikforschung in diesem Land führte. Genetik wurde als „antinational" und nicht als legitimes Forschungsfeld betrachtet. Bis zum Aufstieg von Lysenko beteiligten sich russische Wissenschaftler aktiv an Genforschung und förderten das Gebiet der Genetik, insbesondere der Agrargenetik. Die von Lysenko geführte Bewegung schädigte den Ruf und die Glaubwürdigkeit sowjetischer Wissenschaftler erheblich, weil sie Ideen vertrat, die von der Wissenschaft nicht mitgetragen wurde, die Arbeit anderer Wissenschaftler verdrängte und Wissenschaft zur Förderung politischer Ideologien nutzte. Noch schockierender ist, dass einige sowjetische Genetiker verhaftet und umgebracht wurden. Nach dem Wechsel der Führung in den 1960er-Jahren kehrte die Genetik schließlich an ihren Platz in Universitäten und Forschung ein.

Digitale Familienanamnese

Dank elektronischer medizinischer Aufzeichnungen und den zahlreichen Gesundheitsversorgern, die auf eine digitale Datenerfassung umstellen (bei der Gesundheitsdaten zu Beginn Ihres Besuchs über ein Tablet oder im Voraus über ein Patientenportal gesammelt werden), ist das Ausfüllen, Aktualisieren und Speichern der eigenen Familiengeschichte für Patienten weniger belastend geworden. Anstatt nur Ja bzw. Nein für jede auf einem Formular aufgeführte Erkrankung anzukreuzen, ermöglicht das elektronische Ausfüllen einer Familiengesundheitsgeschichte tatsächlich die Erfassung einer genaueren und vollständigeren Anamnese. Pop-up-Fragen erinnern uns daran, über jedes Familienmitglied und die Erkrankungen, von denen sie betroffen sind, oder die Todesursachen nachzudenken. Informationen können auch nachträglich hinzugefügt werden. Es ist besonders wichtig, Informationen über Familienmitglieder mehrerer Generationen (zum Beispiel Großeltern, Urgroßeltern) bereitzustellen, um zu ermitteln, ob sich eine Erkrankung in Ihrer Familie „verbreitet". Wichtige Details wie das Alter, in dem die Person die Krankheit entwickelt hat, den

Erkrankungstyp, wenn es mehr als einen gibt (wie bei Diabetes), Raucherstatus und andere Faktoren können leichter erinnert oder später hinzugefügt werden, sobald Sie die Möglichkeit hatten, mit Familienmitgliedern zu sprechen.

Vor 30 Jahren wurden Daten zur Familiengesundheitsgeschichte noch mit Lineal und Formenvorlagen von Hand in den Stammbaum eingezeichnet. Heute gibt es mehrere Softwareprogramme, die die online gesammelten Daten in einen Stammbaum (oder jedes andere Format) umwandeln können. Zu jedem Familienmitglied können Geburtsort, Sterbedatum und Todesursache, Beruf, Bilder und andere Informationen erfasst werden. Bei einigen Online-Programmen können auch andere Dokumente gespeichert werden (zum Beispiel Geburtsurkunde, Wehrpass, Taufschein). Die Informationen werden so gespeichert, dass sie bei späteren Besuchen des Archivs leicht aktualisiert werden können.

Ebenso wichtig wie die Entwicklung eines einfach zu bedienenden Tools für Patienten zur Bereitstellung der Familiengeschichte sind Tools für Gesundheitsversorger, um die Daten schnell analysieren und Empfehlungen für Screenings, Tests, Überweisungen oder Lebensstiländerungen zur Reduzierung des Krankheitsrisikos geben zu können. Mehrere elektronische Anamnesetools stehen zur Verfügung, um die vom Patienten bereitgestellten Daten zu analysieren und Empfehlungen für den Gesundheitsversorger auf der Grundlage von Fachrichtlinien zu erstellen, die mit dem Patienten überprüft und besprochen werden können. Da sich Empfehlungen gelegentlich ändern, hilft dies den Gesundheitsversorgern, diese entsprechend der neuesten klinischen Leitlinien anzupassen.

Was, wenn Sie nicht viel über Ihre Familiengesundheitsgeschichte wissen?

In den USA werden jedes Jahr mehr als 100.000 Kinder adoptiert und Tausende weitere werden durch Ei- oder Spermienspender gezeugt. So seltsam es auch scheinen mag, diese Personen haben etwas gemeinsam – sie haben keine oder eine unvollständige Familiengesundheitsgeschichte. Dennoch ist nicht alles verloren – selbst wenig Wissen über die biologischen Verwandten kann in Kombination mit Umwelt- und Lebensstilinformationen über die Adoptivfamilie echte Einblicke in die eigene Gesundheit geben.

In einigen Fällen können Adoptierte oder Personen, die mit Spendersperma oder -ei gezeugt wurden, Kenntnisse über ihre biologischen Eltern oder Geschwister haben, die bei der Zeugung (zum Beispiel aus dem Antrag des Spermien- oder Eispenders) oder bei der Geburt (zum Beispiel während des Adoptionsprozesses) erlangt wurden. Wenn Sie solche Informationen mit einem Gesundheitsdienstleister teilen, ist es wichtig mitzuteilen, wann Sie diese Informationen bekamen, da Gesundheitsdaten sich ständig ändern und schnell veraltet sind. Insbesondere, weil viele Menschen, die Kinder zur Adoption freigeben, jung sind und wahrscheinlich noch keine Erkrankungen entwickelt haben.

Einige Patienten mit begrenztem Wissen über ihre Familiengeschichte könnten genetische Tests in Erwägung ziehen, um mehr über ihre persönlichen Gesundheitsrisiken zu erfahren (diskutiert in Kap. 17). Testergebnisse, kombiniert mit Daten ihrer Adoptivfamilie, können Wissenslücken schließen und dabei helfen, Entscheidungen zur Gesundheit zu treffen. Es gibt jedoch wichtige Einschränkungen zu berücksichtigen. Hinsichtlich der genetischen Ursachen von Erkrankungen ist noch vieles unverstanden – daher bedeutet ein negatives Ergebnis nicht unbedingt, dass eine Person kein erhöhtes Risiko für eine bestimmte Erkrankung hat, denn der Test untersucht nur Gene, von denen derzeit bekannt ist, dass mit bestimmten Erkrankungen assoziiert sind. In Ermangelung anderer Erkenntnisse ist solch ein Test jedoch eine potenzielle Quelle für zusätzliche Daten zum Erkrankungsrisiko.

Warum ist die Heirat unter Familienmitgliedern bedenklich?

Basierend auf dem Verwandtschaftsgrad, der früher in diesem Kapitel besprochen wurde, können wir abschätzen, welchen Prozentsatz unserer Gene wir mit anderen biologischen Verwandten teilen. Paare, die biologisch verwandt sind, haben eine erhöhte Chance, ein Kind zu bekommen, das von seltenen erblichen Störungen betroffen ist. Dies ist der Fall, weil jeder Elternteil wahrscheinlicher eine seltene Variante trägt, die unter Familienmitgliedern verteilt ist. Eine einzelne Version der Variante verursacht wahrscheinlich keine Symptome für eine rezessive Krankheit, während zwei Versionen der Variante zur Entwicklung der Erkrankung führen (denken Sie daran, dass wir zwei Kopien jedes Gens besitzen). In diesem Fall wird jeder

Elternteil als „Träger" betrachtet, weil sie eine abnormale Version tragen, die sie an ihre Kinder weitergeben können.

Wenn Sie jemanden heiraten, der nicht mit Ihnen verwandt ist, ist die Wahrscheinlichkeit, dass Sie und Ihr Partner beide Träger des gleichen abnormalen Gens sind, extrem gering, sodass die Wahrscheinlichkeit, dass Ihre Kinder die damit verbundene Krankheit entwickeln, sehr gering ist (selbst wenn einer von Ihnen ein Träger ist). Ist andererseits ist die Verwandtschaft zwischen den Eltern (zum Beispiel Bruder-Schwester im Vergleich zu Cousins zweiten Grades) enger, erhöht sich die Wahrscheinlichkeit, dass beide Träger eines abnormalen Gens sind, das von einem gemeinsamen Verwandten geerbt wurde. Daher sind ihre Kinder einem erhöhten Risiko ausgesetzt, zwei abnormale Versionen des Gens (eine von jedem Elternteil) zu erben und die damit verbundene genetische Erkrankung zu entwickeln.

Die Ehe zwischen Familienmitgliedern wird in verschiedenen Kulturen ganz unterschiedlich betrachtet. Während in einigen Kulturen die Ehe zwischen Familienmitgliedern als gesellschaftlich inakzeptabel betrachtet wird, gilt sie in anderen Kulturen als gebräuchlich oder gehört zur Tradition, einschließlich der Amish-Gemeinschaft in den USA und in mehreren Kulturen des Nahen Ostens und der arabischen Welt. In einigen Gemeinschaften werden Ehen zwischen Familienmitgliedern arrangiert. Die Ehe zwischen zwei Personen mit einem gemeinsamen Vorfahren, typischerweise zwischen Cousins zweiten Grades oder näher, wird als Blutsverwandtschaft (englisch „consanguinity", ausgesprochen con-san-gwin-it-ee) bezeichnet. Ein anderer oft verwendeter Begriff für diese Art von Verbindung ist Inzucht.

Die Amish-Gemeinschaft in Lancaster County, PA, hat eine hohen Anteil an blutsverwandten Ehen und im Ergebnis eine höhere als erwartete Prävalenz von seltenen genetischen Störungen. Die Amish-Gemeinschaft ist eine religiöse Gruppe („Anabaptist Christian denomination"), die 1693 in der Schweiz gegründet wurde. Sie wanderten im 18. Jahrhundert in die USA aus und ließen sich in Pennsylvania und Ohio nieder. Die Old Order Amish-Gemeinschaft in Lancaster zählt etwa 35.000 Mitglieder, die von nur wenigen Gründerfamilien abstammen. Sie nutzen keine moderne Technologie oder Elektrizität und praktizieren nachhaltiges Leben durch einfache Werkzeuge und Handarbeit. Die Amish heiraten nur innerhalb ihrer Gemeinschaft und Familien sind typischerweise viel größer als moderne amerikanische Familien mit sechs bis sieben Kindern.

Das Gespräch über blutsverwandte Beziehungen kann für Patienten und Gesundheitsversorger schwierig sein. Genetische Berater fragen routinemäßig bei pränatalen Untersuchungen danach, insbesondere wenn es eine Vorgeschichte von Fehlgeburten oder Verwandten gibt, die von einer seltenen Erkrankung betroffen sind. Manche Patienten zögern, darüber zu sprechen, aus Scham, aus Angst vor Stigmatisierung oder weil sie eine unerlaubte Beziehung zugeben müssen. In etwa 24 Bundesstaaten der USA gibt es Gesetze, die die Ehe zwischen Cousins ersten Grades verbieten. Eine Handvoll Bundesstaaten erlauben die Ehe zwischen Cousins; der Bundesstaat Maine verlangt vor der Ehe einen Besuch bei einem genetischen Berater, damit sich das Paar der Risiken bewusst ist.

Einen Schritt zurück: Von Familien zu ganzen Bevölkerungsgruppen

Veränderungen in Merkmalen entstehen im Laufe der Zeit über mehrere Generationen. Sind ausreichend detaillierte Daten über mehrere Familiengenerationen gesammelt und aufgezeichnet worden, können Veränderungen aus der Analyse von Stammbäumen oder Familienstrukturen ersichtlich werden. Da eine Familie oft recht klein ist (auch wenn Mitglieder mehrerer Generationen gezählt werden), sind einige der allmählichen Veränderung über einige Generationen hinweg möglicherweise nicht erkennbar. Dazu können allmähliche körperliche Veränderungen wie das Dunkelwerden der Haarfarbe über die Generationen hinweg oder eine erhöhte Anzahl von Familienmitgliedern mit Herzkrankheiten oder Diabetes gehören. Einiges davon kann auf genetische Variationen, neue Familienmitglieder (und neue genetische Variationen) und/oder Umweltfaktoren (zum Beispiel veränderte Ernährung) zurückzuführen sein.

Wissenschaftler können körperliche und andere Veränderungen auch in größerem Maßstab messen und aufzeichnen, wie zum Beispiel in einer gesamten Population an einem bestimmten Ort (zum Beispiel einer Vogelpopulation auf einer Insel). Werden solche Unterschiede zwischen den Generationen einer Population festgestellt, versuchen Wissenschaftler, die Ursache der Veränderung zu verstehen. Eine physische Veränderung in einer Population von Vögeln, zum Beispiel in der Schnabelgröße, kann durch eine Veränderung der Nahrungsquellen verursacht werden. Wenn sich die Nahrungsquellen von Pflanzen und weichen Tieren (zum Beispiel Würmern) zu härteren Samen oder Objekten verlagern, die mehr physische Stärke oder Größe erfordern, um sie zu erreichen, haben die Vögel mit den größeren Schnäbeln einen Überlebensvorteil und werden sich mit höherer Wahrscheinlichkeit fortpflanzen und den größeren Schnabel an die nächste

Generation weitergeben. In diesem Beispiel begünstigen Veränderungen in der Umwelt ein bestimmtes Merkmal, nämlich den größeren Schnabel (und die genetischen Variationen, die zur Entwicklung eines größeren Schnabels beitragen). Dieses Phänomen wird als natürliche Selektion bezeichnet oder als Darwinsche Evolution nach dem Wissenschaftler Charles Darwin, der diese Theorie zuerst beschrieben hat. Das Gleiche kann auch für menschliche Merkmale gelten, die im Laufe der Zeit allmählich zu verändern scheinen.

Schlussfolgerung

In gewisser Weise ist die Familiengesundheitsgeschichte eine Art Gentest, denn die Informationen geben Aufschluss über gemeinsame genetische Risiken und können zur Orientierung bei Vorsorgeuntersuchungen und Screening dienen. Der Wert der Daten hängt von ihrer Vollständigkeit ab, aber dennoch können unvollständige Daten Gesundheitsversorger auf potenzielle Gesundheitsrisiken aufmerksam machen. Niemand möchte als der neugierige Verwandte wahrgenommen werden und detaillierte Fragen zur Gesundheit der Familienmitglieder stellen, aber jede Information, die gesammelt und einem Gesundheitsdienstleister mitgeteilt wird, kann einen enormen Unterschied für Ihre eigene Gesundheit ausmachen. Mit dem Aufkommen digitaler Hilfsmittel ist es einfacher geworden, Daten zur Familiengesundheitsgeschichte zu sammeln, zu speichern und zu aktualisieren.

Literatur

Borinskaya et al. Lysenkoism Against Genetics: The Meeting of the Lenin All-Union Academy of Agricultural Sciences of August 1948, Its Background, Causes, and Aftermath. Available at https://www.genetics.org/content/212/1/1

Genes in Life. How do I collect my family history? Available at http://www.genesinlife.org/genes-your-health/how-do-i-collect-my-family-history

U.S. National Library of Medicine. Pedigree and Family History Taking (Chapter 3). Understanding Genetics: A New England Guide for Patients and Health Professionals. Available at https://www.ncbi.nlm.nih.gov/books/NBK132175/

U.S. Centers for Disease Control and Prevention. My Family Health Portrait. Available at https://phgkb.cdc.gov/FHH/html/index.html

U.S. Centers for Disease Control and Prevention. Knowing is not enough—act on your family health history. Available at https://www.cdc.gov/genomics/famhistory/knowing_not_enough.htm

3

Ein Rettergeschwister

Am 26. Juli 1978 wurde in England das erste „Reagenzglas-Baby" geboren. In „Laborglasware" gezeugt, wurde den Eltern Lesley und John Brown ein 5 Pfund 12 Unzen schweres Mädchen geboren. Sie wurde Louise Brown genannt. Die Schlagzeilen in der *New York Times* lauteten „Frau bringt Baby zur Welt, das außerhalb des Körpers gezeugt wurde". Ein paar Tage später verkündete ein weiterer Beitrag der *New York Times,* dass „[…] mit der Geburt eines normalen Babys außerhalb eines menschlichen Körpers ein Meilenstein erreicht wurde. Wahrscheinlich ist seit der Erfindung von Atomwaffen kein wissenschaftlicher Fortschritt mit so gemischten Gefühlen aufgenommen worden" (28. Juli 1978).

Nachdem sie mehr als zehn Jahre versucht hatten, ein Kind zu bekommen, war das Ereignis tatsächlich ein Segen für die Familie Brown. Allerdings war nicht jeder begeistert von dieser neuen Anwendung der Wissenschaft und ihrem Eingriff in einen sehr privaten und natürlichen Prozess. Das als In-vitro-Fertilisation (IVF) bezeichnete Verfahren wurde von all denen begrüßt, die lange darum gekämpft hatten, eine Familie zu gründen, aber von anderen als geradezu surreal und als Science-Fiction betrachtet.

Im Allgemeinen beinhaltet die IVF die chirurgische Entfernung eines Eis oder mehrerer Eier und deren Befruchtung mit einer Spermienprobe in einer Laborschale (anstatt in einem Reagenzglas, wie von der Presse berichtet). Eier und Spermien können von den natürlichen Eltern oder, falls nicht möglich, von Spendern gesammelt werden. Zwölf bis dreiundzwanzig Stunden später werden die Eier untersucht, um festzustellen, ob

S. B. Haga, *Das Buch der Gene und Genome,* https://doi.org/10.1007/978-1-0716-3531-5_3

die Befruchtung erfolgreich war. Wenn ja, wird das Embryo weitere zwei Tage inkubiert und dann in die Gebärmutter der Frau zur Schwangerschaft und Geburt implantiert. Drei Jahre nach der Geburt von Louise Brown in England wurde die IVF in den USA am Jones Institute an der Eastern Virginia Medical School in Norfolk, Virginia, Realität. Obwohl die Daten unvollständig sind, schätzen Forscher, dass im Herbst 2013 das fünfmillionste Baby mithilfe der IVF-Technologie geboren wurde. Heute sind verschiedene Arten von IVF-Dienstleistern verfügbar und die wachsende gesellschaftliche Akzeptanz hat dazu beigetragen, dass die Anzahl der durch IVF-Technologien geborenen Babys steigt und 1–2 % der Geburten in den USA ausmacht.

Inwiefern ist die IVF relevant für Genetik und Genomik? Wie weiter unten ausführlicher beschrieben wird, können befruchtete Eier, die durch IVF erzeugt wurden, vor der Implantation auf genetische Erkrankungen getestet werden, die von einem oder beiden Elternteilen weitergegeben werden könnten. Nach der genetischen Untersuchung werden nur die Eier, die negativ auf die genetische Erkrankung getestet wurden, in die Mutter implantiert.

Präimplantationsdiagnostik

Die Präimplantationsdiagnostik (PID) ist ein Test, der nach einem IVF-Verfahren durchgeführt wird, typischerweise nachdem eine befruchtete Eizelle sich mehrere Male geteilt hat. Speziell beinhaltet die PID die genetische Analyse einer einzigen Zelle, die aus einer durch IVF-Technologien gezeugten befruchteten Eizelle entnommen wird (Abb. 3.1). Der ursprüngliche Einsatz von PID diente zur Identifizierung von Embryonen mit vererbten genetischen Erkrankungen. Die ersten Nutzer der PID waren Familien mit einer Vorgeschichte von Erbkrankheiten, insbesondere solchen, die sich während der Kindheit entwickeln und für die es keine oder nur wenige Behandlungsmöglichkeiten gab. Nur die negativ getesteten Embryonen werden implantiert, um die Geburt eines Kindes zu gewährleisten, das nicht von der betreffenden Erkrankung betroffen ist. Bei einigen genetischen Erkrankungen, die nur ein Geschlecht betreffen, ist nur die Bestimmung des Geschlechts des Embryos notwendig (es werden nur Embryonen des nicht betroffenen Geschlechts implantiert). Tatsächlich diente der erste Einsatz von PID im Jahr 1990 der Bestimmung des Geschlechts von befruchteten Eiern einer Familie, die von einer überwiegend Männer betreffenden Störung belastet war.

Abb. 3.1 Präimplantationdiagnostik. (Quelle: Adobe Stock Photos)

Heute können mehr als 200 verschiedene genetische Bedingungen (chromosomale und Einzelgenstörungen) durch PID erkannt werden. Im Jahr 2012 schätzte die Society for Assisted Reproduction Technology, dass 5 % der IVF-Zyklen in den USA eine PID durchlaufen (etwa 8000). Vor der PID war die pränatale Diagnose (Testen von fötalen Zellen im ersten oder zweiten Trimester) die einzige verfügbare Option, einen betroffenen Fötus zu erkennen; Eltern standen vor der Entscheidung, die Schwangerschaft abzubrechen oder fortzusetzen. Die PID erspart den Paaren diese Entscheidung, obwohl sie immer noch mit dem Problem der Entsorgung von nichtimplantierten Embryonen konfrontiert sind.

Rettergeschwister

Die Knochenmarktransplantation ist eine lebensrettende Behandlungsoption bei Leukämien, Lymphomen, Immundefektstörungen und einigen soliden Tumorkrebsarten, die entweder zur Heilung oder zum Rückgang der Erkrankung führt. Im Jahr 2018 wurden fast 23.000 Knochenmark- und Nabelschnurbluttransplantationen in den USA durchgeführt. Bei der Knochenmarktransplantation wird Knochenmark, ein Zellbrei, aus dem Zentrum des Beckenknochens entnommen. Dieses Zellgemisch ist für das Immunsystem des Körpers und die normalen Funktionen des Blutes unentbehrlich. Insbesondere enthält das Knochenmark die Vorläuferzellen (oder Stammzellen), von denen alle anderen Zellen abstammen und die mehrere Zellgenerationen hervorbringen, die den Vorrat wieder auffüllen können. Stammzellen sind auch im Blut vorhanden, wie zum Beispiel im Nabelschnurblut von Neugeborenen, sodass in einigen Fällen Blut anstelle von Knochenmark transplantiert werden kann. Die gesunden Zellen aus dem Knochenmark des Spenders wachsen im Knochenmark des Patienten heran, ersetzen die fehlenden oder geschädigten Zellen und stellen die Gesundheit wieder her.

Damit eine Knochenmarktransplantation (oder jede andere Art von Transplantation) erfolgreich verläuft, muss der Körper des Patienten das Spenderorgan oder das Knochenmark akzeptieren oder, mit anderen Worten, es nicht als fremd betrachten und das Gewebe ablehnen. Unser Immunsystem ist ständig auf der Suche nach Eindringlingen – also allem, was nicht als „selbst" erkannt wird – und wird einen Angriff starten, wenn eine fremde Zelle erkannt wird. Bei einigen Krankheiten greift das Immunsystem fälschlicherweise Zellen an, die „selbst" sind – diese Krankheiten werden Autoimmunerkrankungen genannt. Daher müssen bei jeder Art von Organ- oder Knochenmarktransplantation der Organspender und der Empfänger in Bezug auf die Immunsystemgene (die körpereigene Abwehr) übereinstimmen. Wenn diese Gene (und damit auch die von diesen Genen codierten Proteinen) zwischen Spender und Patient sehr ähnlich sind, ist das Risiko einer Abstoßung wesentlich geringer.

Um Spender und Patienten abzugleichen, wird ein genetischer Test durchgeführt. Die engste Übereinstimmung besteht zwischen Familienmitgliedern, da sie bereits einen Teil ihrer genetischen Ausstattung teilen. Etwa 20 % der Knochenmarktransplantationen stammen von nichtverwandten Spendern. Der Test befasst sich mit einer Gruppe von Genen, den sogenannten humanen Leukozytenantigen(HLA)-Genen, die für die Immunabwehr des Körpers wichtig sind (diese Art von Test wird auch als Gewebe- oder HLA-Typisierung bezeichnet). Die HLA-Gene produzieren HLA-Proteine, die sich auf der Oberfläche von Zellen befinden und die unser Immunsystem als eigen (selbst) oder fremd (Eindringling) erkennt – man kann sich diese Proteine als eine Art Identifikationsetikett vorstellen. Wenn das Immunsystem die HLA-Proteine nicht erkennt, sendet es eine Reihe von Signalen an andere Zellen, um das Gewebe anzugreifen. Je ähnlicher die HLA-Gene zwischen Spender und Empfänger sind, desto unwahrscheinlicher ist es, dass der Körper des Empfängers das Gewebe abstößt. Da es mehrere HLA-Gene gibt, sind für jede Person viele verschiedene Kombinationen möglich, was erklärt, warum es so schwierig sein kann, einen passenden Organ- oder Gewebespender zu finden. Daher kann die Suche nach einem Spender ein langer und quälender Prozess sein, da das Angebot an gespendetem Gewebe begrenzt ist und man auf eine Übereinstimmung mit einem bestimmten Organ/Gewebe warten muss.

In einigen Fällen, in denen weder Familienmitglieder noch nichtverwandte Spender übereinstimmen, ist es möglich, dass die Eltern eine IVF durchführen, um explizit ein Kind zu zeugen, das für ein betroffenes Geschwisterkind, das eine Knochenmarktransplantation benötigt, passend wäre. Während dies auf natürlichem Weg geschehen kann, ermöglicht die IVF, dass ein genetischer Test durchgeführt wird, um zu bestimmen, welche befruchteten Eier eine perfekte Übereinstimmung zeigen und von der Erkrankung, unter der ihr Geschwister leidet, nicht betroffen sind. Diese Eier werden zur Implantation ausgewählt. Sobald das Kind alt genug ist, kann es Knochenmark für sein Geschwisterkind spenden.

Im Jahr 2001 wurde der erste PID-Fall gemeldet, bei dem ein passendes Embryo für ein betroffenes Geschwisterkind identifiziert wurde: Die sechsjährige Tochter der Familie, Molly, wurde mit einer Krankheit namens Fanconi-Anämie geboren, einer seltenen erblichen Erkrankung, die sich durch Knochenmarkversagen und eine erhöhte Anfälligkeit für Leukämie auszeichnet. Eine Knochenmarktransplantation ist die einzige Behandlungsmöglichkeit für Betroffene. Die Eltern, Lisa und Jack Nash, unterzogen sich im Jahr 2000 mehreren IVF-Zyklen. Insgesamt wurden zunächst 30 Embryonen getestet (von insgesamt 33) und 24 Embryonen wurden als nicht von Fanconi-Anämie betroffen identifiziert (die Eltern hatten ein 25%iges Risiko, ein weiteres Kind mit der Krankheit zu zeugen).

Die 24 nichtbetroffenen Embryonen wurden anschließend auf HLA-Gene getestet. Die HLA-Tests ergaben, dass 5 der 24 getesteten Embryonen Übereinstimmungen waren. Das Embryo, das aus dem vierten IVF-Zyklus implantiert wurde, war das einzige, das zu einer Schwangerschaft und zur Geburt eines gesunden Neugeborenen führte. Bei der Geburt wurde das Nabelschnurblut von Mollys neugeborenem Bruder Adam gesammelt und ihr transplantiert, was zu einer erfolgreichen Knochenmarktransplantation führte.

Diese erfolgreiche Demonstration der Verwendung von IVF und PID zur Identifizierung passender Spender für erkrankte Geschwister gab anderen Familien von Kindern mit nur durch eine Knochenmarktransplantation behandelbaren Krankheiten Hoffnung. In den USA ist keine Erlaubnis erforderlich, um diese Tests zur Identifizierung passender Embryonen zu verwenden, aber die Kosten für das Verfahren und die Tests müssen je nach Versicherungspolice möglicherweise von den Familien getragen werden. Im

Gegensatz dazu müssen in Großbritannien werdende Eltern, die sich einer PID unterziehen möchten, eine Genehmigung der staatlichen Aufsichtsbehörde, der Human Fertilization Embryology Authority (HFEA), einholen. Die Mehrheit der von der HFEA erteilten Lizenzen dienten der Verwendung von PID zur Identifizierung von Embryonen mit erblichen Krankheiten wie zystischer Fibrose. Als erstmals über die Verwendung von IVF-PID zur Identifizierung passender Embryonen berichtet wurde, beantragten auch andere Familien die Genehmigung, dieses Verfahren zur Erzeugung eines passenden Spendergeschwisters zu verwenden.

Allerdings war nicht jeder von der neuen, potenziell lebensrettenden Anwendung von IVF-PGD überzeugt. Ein Fall machte die Debatte darüber, ob diese Technologie zur „Erschaffung" eines Kindes mit dem primären Zweck der Behandlung einer anderen Person eingesetzt werden sollte, besonders deutlich. In Großbritannien wurde der Familie Hashmi zunächst die Erlaubnis erteilt, PID zur Testung von Embryonen auf der Suche nach einem passenden Spender für ihren kranken vierjährigen Sohn Zain zu verwenden. Zain Hashmi litt an einer seltenen Blutkrankheit namens Beta-Thalassämie major und es war kein passendes Knochenmark gefunden worden. Er wurde durch regelmäßige Bluttransfusionen am Leben erhalten. Die Hashmis hatten bereits fünf Kinder, eines nach Zain geboren, aber keines war für Zain passend. Nach zwei IVF-Zyklen wurden zwei Embryonen gefunden, die zu Zain passten, aber eines wurde nicht implantiert und das andere, das implantiert wurde, führte nicht zu einer Schwangerschaft. In dieser Zeit stellte die Gruppe „Comment on Reproductive Ethics" im Februar 2002 die ursprüngliche Genehmigung zur Verwendung von PID zu diesem Zweck infrage. Insbesondere war die Gruppe gegen das „Designen eines anderen Kindes als therapeutisches Gut, als Gewebebank". Im Dezember 2002 entschied das High Court, dass die HFEA nicht die Befugnis hatte, die Technik nach bestehender Gesetzgebung zu genehmigen.

Die HFEA ging vor Gericht, um die Entscheidung anzufechten. Im April 2003 entschied das High Court in Großbritannien zugunsten der HFEA und erlaubte den Hashmis somit, ihre Bemühungen fortzusetzen, PID zur Identifizierung eines passenden Spendergeschwisters zu verwenden. Zain war nun sechs Jahre alt und Mutter Shahana Hashmi war ebenfalls älter. Sie versuchten mehrmals erfolglos, ein Kind zu zeugen, und gaben schließlich bekannt, dass sie ihre Versuche eingestellt haben.

Heute werden Anträge zur Durchführung von PID-HLA-Typisierungen (in Großbritannien als Präimplantationsgewebetypisierung bezeichnet) von der HFEA auf Einzelfallbasis entschieden. Es gibt eine Liste von Erkrankungen, für die eine PID-HLA-Typisierung beantragt werden kann, aber jede Familie muss immer noch eine Genehmigung erhalten. Die Familie muss nachweisen, dass alle anderen möglichen Behandlungen versucht und ausgeschöpft wurden, sodass die Präimplantationsgewebetypisier ung die letzte Option darstellt. Im Juli 2005 waren Julie und Joe Fletcher das erste britische Paar, das ein Retterkind hatte – ihre neugeborene Tochter war eine perfekte Übereinstimmung für ihren dreijährigen Bruder, der an einer seltenen Blutkrankheit namens Diamond-Blackfan-Anämie litt. Im Jahr 2006 erhielten die Eltern von Charlotte Mariethoz aus Leicester, England, die ebenfalls an Diamond-Blackfan-Anämie litt, die Erlaubnis von der HFEA, PID zur Erzeugung eines Rettergeschwisters anzuwenden.

Viele Länder und professionelle medizinische Organisationen unterstützen die Verwendung von PID zur Identifizierung von Embryonen, die vor der Implantation von einer genetischen Störung betroffen sind. Der Einsatz von PID zur HLA-Typisierung, um einen passenden Spender für ein erkranktes Geschwisterkind zu finden, hat jedoch viele Diskussionen ausgelöst, da er weniger als heroischer Akt (wie der Begriff Retter suggeriert), sondern eher als Behandlung eines Lebens als Ware betrachtet wird. Der Bestseller-Roman *Beim Leben meiner Schwester*, der später verfilmt wurde, untersuchte die Erfahrungen einer Familie aus der Sicht der Eltern, des betroffenen Geschwisterkindes und des Rettergeschwisters (Abb. 3.2). Die komplexen psychologischen Erfahrungen jedes Familienmitglieds (das Rettergeschwister war sich seiner Rolle sehr bewusst) wurden untersucht und die Herausforderungen von Familien hervorgehoben, die sich um geliebte Menschen kümmern, die an Krankheiten leiden, für die bewährte Therapien fehlen. Insbesondere das Rettergeschwister hat möglicherweise mit dem Wissen zu kämpfen, dass es speziell dafür geschaffen wurde, seinem kranken Geschwister zu helfen, da dieses sonst wahrscheinlich sterben würde. Gleichzeitig könnte diese Person damit zu kämpfen haben, ihre eigene Identität zu finden, nicht nur als Mitglied der Familie, sondern auch ihre eigene Identität und ihr Leben jenseits der Rolle als Gewebespender zu definieren.

Andere umstrittene Anwendungen von Präimplantationsdiagnostik

Obwohl der ursprünglich beabsichtigte Einsatz von PID darin bestand, befruchtete Eier auf genetische Krankheiten zu untersuchen, die in einer bestimmten Familie bekannt sind, war er nicht ohne einige Kontroversen

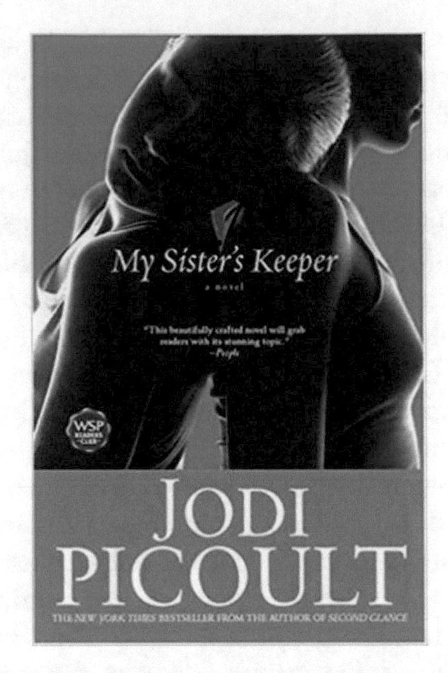

Abb. 3.2 *Beim Leben meiner Schwester* von Jodi Picoult – Die Geschichte einer Familie, die mit der Verwendung von Präimplantationsdiagnostik zur Behandlung eines betroffenen Geschwisterkindes konfrontiert ist. (Quelle: Amazon)

(zusätzlich zur unerwarteten Verwendung der Technologie zur Erzeugung von Rettergeschwistern). Zum Beispiel wurde 2002 ein PID-Fall berichtet, bei dem Embryonen auf Alzheimer-Krankheit untersucht wurden. Bei einer 30-jährigen Frau wurde die gleiche Mutation für eine seltene Form von früh einsetzender Alzheimer-Krankheit gefunden, die auch ihr Bruder und ihre Schwester trugen (anders als die häufigere Form, die im 60. bis 80. Lebensjahr auftritt). Daher war es fast sicher, dass sie die Krankheit in einigen Jahren entwickeln würde. Ihre Schwester konnte nicht mehr für ihre beiden kleinen Kinder sorgen und war in einem betreuten Wohnheim untergebracht. Die Frau und ihr Mann wünschten sich ein Kind, das nicht das gleiche verheerende Schicksal erleiden würde, wie sie. Daher unterzogen sie sich einer IVF-PGD, um auf die Mutation zu testen, die diese Form von früh einsetzender Alzheimer-Krankheit verursacht. Es wurden 9 von 15 Embryonen gefunden, die die Mutation trugen. Vier der nicht betroffenen Embryonen wurden implantiert, was zu einer Einlingsschwangerschaft führte. Die pränatale Diagnose bestätigte, dass der Fötus die Alzheimer-Mutation nicht trug. Das Paar brachte eine gesunde, nicht betroffene Tochter zur Welt. Nach der Veröffentlichung dieses Falls wurde die Vermutung geäußert, dass das Kind zwar kein Risiko für die seltene Frühform der Alzheimer-Krankheit hat, dass aber die Wahrscheinlichkeit hoch ist, die häufige Form von Alzheimer-Krankheit oder Demenz zu entwickeln. Darüber hinaus könnte es angesichts des Zeitrahmens möglich sein, dass eine Behandlung entwickelt wird, bevor das Kind das Alter erreicht, in dem Symptome auftreten würden. Schließlich äußerten einige die Sorge, dass die Mutter wahrscheinlich nicht mehr in der Lage sein wird, sich um das Kind zu kümmern, sobald bei ihr die ersten Symptome auftreten.

Im Jahr 2007 bot die gleiche Klinik einer Familie PID-Dienstleistungen an, die von Darmkrebs betroffen war. Eine bestimmte Form der Krankheit kann vererbt werden (während die meisten Darmkrebsfälle sporadisch sind) und früh im Leben auftreten. Vier Mitglieder der Familie Kingbury waren an der Krankheit gestorben, und der Vater des Paares, das sich einer PID unterzog, trug auch das fehlerhafte Darmkrebsgen. Um zu verhindern, dass dieses Gen an sein Kind weitergegeben wird, unterzog sich das Paar einer IVF und PID, um Embryonen zu untersuchen und nur diejenigen zu implantieren, die diese Mutation nicht trugen.

Eine weitere umstrittene Anwendung von PID ist die Geschlechtsauswahl, die nicht mit gesundheitlichen Gründen zusammenhängt, sondern der Herstellung von Familienbalance oder elterlichen Vorlieben dient. Verschiedene Kulturen haben Vorlieben für männliche Kinder, insbesondere Familien chinesischer, indischer und nahöstlicher Herkunft. Dies ist eine seit langem geführte Debatte, die nun durch diese Technologie, die eine Vorauswahl von Embryonen eines bestimmten Geschlechts ermöglicht, vereinfacht wird. In einigen Fällen treten genetische Krankheiten überwiegend bei einem Geschlecht auf, und daher ist die Geschlechtsauswahl in diesen Fällen akzeptabel. Viele betrachten die Geschlechtsauswahl in Abwesenheit eines Gesundheitsrisikos als unethisch. Eine Studie aus dem Jahr 2009 ergab, dass knapp die Hälfte der Eltern (~45 %), die sich einer PID zur Bestimmung des Geschlechts unterzogen hatten, die Implantation von Embryonen des nicht gewünschten Geschlechts ablehnten – eine Entscheidung, die mit dem Erbe der Eltern in Verbindung gebracht wurde.

Ethische Fragen

Wie Sie sich vorstellen können, wurden mehrere ethische Einwände gegen die Verwendung von PID erhoben, insbesondere da die Anzahl und die Bandbreite der Anwendungen, die diese Technologie nutzen, zugenommen haben. Um mit einer sehr allgemeinen Frage zu beginnen: Stört die Vorauswahl von Embryonen für medizinische Zustände oder andere Merkmale den natürlichen Prozess der menschlichen Vielfalt und des Lebens? Bei der Entscheidung, welche Embryonen zu untersuchen und zu implantieren sind, treffen wir Entscheidungen, die noch nie zuvor möglich waren. Das gilt auch für die frühere Technologie der Pränataldiagnostik und die Entscheidung, eine Schwangerschaft auf der Grundlage eines positiven Testergebnisses abzubrechen oder fortzusetzen. Diese Technologien und die Fähigkeit zur Vorauswahl erinnern an die Eugenikbewegung in den USA im frühen 20. Jahrhundert, die bestimmte Merkmale als minderwertig oder inakzeptabel ansah und Anstrengungen unternahm, um Personen mit diesen Merkmalen von der Fortpflanzung abzuhalten. Einige glauben, dass die Entscheidung, welche Embryonen implantiert werden und zu lebenden Wesen heranwachsen, nur einem Schöpfer oder Gott zusteht. Aus dieser Perspektive wäre es als unmoralisch, aus irgendeinem Grund ein Merkmal einem anderes vorzuziehen, da alles menschliche Leben Respekt verdient.

Die Behindertengemeinschaft hat ihre Besorgnis über die Verwendung von reproduktiven Technologien wie PID und Pränataldiagnostik und den freiwilligen Abbruch von Föten geäußert. Viele behinderte Menschen sind aktive Bürger unserer Gesellschaft und daher haben auch Embryonen mit einer vermeintlichen „Behinderung" ein Recht auf Leben. Ist ein beeinträchtigter Embryo weniger wert als ein nichtbeeinträchtigter Embryo? Die Wissenschaftler Erik Parens und Adrienne Asch stellen fest, dass, wenn Entscheidungen auf der Grundlage einer einzigen Diagnose getroffen werden, „ein einziges Merkmal für das Ganze steht, das Merkmal das Ganze auslöscht". Einige Mitglieder mit Beeinträchtigungen wie Taubheit betrachten die PID jedoch als nützliche Technologie. Gehörlose Eltern, die ein gehörloses Kind haben möchten, können Embryonen testen und vorauswählen, die dieses Merkmal aufweisen.

Ein verwandtes ethisches Problem betrifft die selektive Implantation oder Zerstörung von Embryonen. Durch eine frühe PID können Paare die schwierige Entscheidung eines freiwilligen Schwangerschaftsabbruchs nach einer abnormalen pränatalen Diagnose vermeiden. Paare, die jedoch eine IVF mit oder ohne PID durchlaufen, müssen immer noch über das Schicksal der nicht implantierten – sowohl betroffenen als auch nichtbetroffenen – Embryonen entscheiden. Ein IVF-Zyklus wird höchstwahrscheinlich mehr Embryonen produzieren, als implantiert werden können, und daher müssen Entscheidungen getroffen werden, die Embryonen für eine zukünftige Verwendung zu lagern, die Embryonen nach einer bestimmten Zeit zu zerstören oder die Embryonen für Forschungszwecke zu spenden. Wenn das Paar glaubt, dass das Leben bei der Empfängnis beginnt, ob im Labor oder auf natürliche Weise, ist die Entscheidung, einen Embryo zu verwerfen, nicht weniger schwierig. Diejenigen, die Embryonen keine Persönlichkeitsrechte zuordnen, sehen IVF und PID als ethisch akzeptabel an.

Die Anwendung von PID zur Erzeugung passender Spendergeschwister hat einige Debatten über den Wert eines menschlichen Lebens zum primären Zweck der Rettung des Lebens eines vorhandenen Kindes ausgelöst. Im Jahr 2002 kam der Bioethikrat des Präsidenten zu dem Schluss, dass jede Form der Auswahl oder Manipulation das Kind zu einem Produkt macht. Vor der PID-Technologie wurden Paare in der Hoffnung schwanger, dass das nächste Kind eine Übereinstimmung für ihr krankes Kind sein würde. Würden die Eltern dieses Kind weniger wertschätzen, wenn sich herausstellte, dass es nicht passt? Wenn das Kind heranwächst und erkennt, welche Rolle es bei der Hilfe für sein Geschwisterkind gespielt hat, hat es dann das Recht, sich zu weigern, wenn weitere Gewebespenden benötigt werden? Wo beginnen die Rechte eines Spenders und wo enden die Verantwortlichkeiten? Wann ist die Zustimmung des Spendergeschwisters erforderlich? Was sind die psychologischen Auswirkungen für das Rettergeschwister?

Beim Screening von Embryonen auf Erkrankungen, die im Erwachsenenalter auftreten, besteht die Unsicherheit, dass das, was heute als verheerende Krankheit gilt, zukünftig gut behandelbar sein könnte. Für im Erwachsenenalter auftretende Krankheiten, die genetisch gut verstanden sind, wie seltene Formen von erblichem Brustkrebs und die neurologische Krankheit Huntington, hat die Befürwortung der PID zugenommen. Im Jahr 2006 gab die HFEA einen Bericht heraus, in dem festgestellt wurde, dass PID-Tests für Erkrankungen, die später im Leben auftreten, vernünftig sind, „weil die Merkmale der Erkrankungen nicht unvereinbar damit sind, als ernsthafte genetische Bedingungen betrachtet zu werden". Aber in gewisser Weise wenden wir die heutigen Standards und Annahmen auf etwas an, das erst in möglicherweise 30 oder 40 Jahren in der Zukunft eintreten wird. Angesichts des Tempos der medizinischen Forschung und Entdeckung ist es schwierig vorherzusagen, wie das Leben von jemandem, der mit Alzheimer oder Krebs diagnostiziert wurde, aussehen wird.

Während der Einsatz der PID zum Screening von Embryonen auf eine nicht behandelbare Krankheit zur Verringerung des Risikos, ein krankes Kind zu bekommen, für viele verständlich und vertretbar ist, stellt die Selektion auf oder gegen nichtmedizinische Merkmale wie Aussehen, Persönlichkeit oder außergewöhnliche Begabungen in zukünftigen Generationen von Kindern eine große Herausforderungen dar. Obwohl dies noch nicht Realität ist, schreitet das Verständnis der genetischen Grundlage für immer mehr nichtmedizinische Merkmale ebenso voran wie die Testtechnologien, die es Eltern ermöglichen werden, ein genetisches „Porträt“ ihres ungeborenen Kindes zu erhalten. Im Gegensatz zu den anderen Anwendungen der PID, bei denen es das Wohlergehen des Kindes im Vordergrund steht, wird bei der Selektion nichtmedizinischer Merkmale der Schwerpunkt von der Gesundheit des Kindes auf die Vorlieben der Eltern oder der Gesellschaft verlagert.

Schlussfolgerung

Wie bei jeder neuen Technologie können auch neue Anwendungen umstritten sein. Der Einsatz der PID zur Vorselektion befruchteter Eizellen, die als Rettergeschwister dienen sollen, war wahrscheinlich nicht vorgesehen, hat sich jedoch als praktikable Option für Eltern erwiesen, deren Kind an einer verheerenden Krankheit leidet, die durch Knochenmarktransplantation geheilt werden könnte, wenn nur ein passender Spender vorhanden wäre. Ein wiederkehrendes Thema in diesem Buch ist, dass neues Wissen und neue Technologien in hohem Maß dazu beitragen können, medizinische Probleme zu lösen und die Gesundheit zu verbessern, dass aber auch andere unbeabsichtigte Anwendungen entstehen, die uns als Individuen, Familien, Gemeinschaften und Gesellschaften dazu zwingen zu entscheiden, was erlaubt sein sollte oder nicht. IVF- und PID-Technologien veranschaulichen, wie sich der rasche Fortschritt in der Wissenschaft auf die Familienplanung und die Entscheidungsfindung im Bereich der Fortpflanzung ausgewirkt haben, allerdings nicht ohne Kontroversen. Diese Debatten werden in dem Maß weitergehen, wie sich die Technologien und das wissenschaftliches Verständnis weiterentwickeln und erweitern, und was einst die Handlung von Science-Fiction-Romanen war, wird noch zu unseren Lebzeiten Wirklichkeit werden.

Literatur

Picoult J. My Sister’s Keeper. Washington Square Press. 2004.

US Health Resources & Services Administration. Bone Marrow & Cord Blood Donation & Transplantation. Available at https://bloodstemcell.hrsa.gov/

Belkin L. The Made-to-Order Savior. New York Times Magazine. July 1, 2001. Available at https://www.nytimes.com/2001/07/01/magazine/the-made-to-order-savior.html

Verlinsky et al. Preimplantation Diagnosis for Fanconi Anemia Combined With HLA Matching. JAMA 2001; 285(24):3130–3133. https://doi.org/10.1001/jama.285.24.3130

Ram NR. Britain's new preimplantation tissue typing policy: an ethical defence. J Med Ethics. 2006 May; 32(5): 278–282. Available at https://www.ncbi.nlm.nih.gov/pmc/articles/PMC2579414/

Parens, Erik; Asch, Adrienne. Disability rights critique of prenatal genetic testing: reflections and recommendations. Mental Retardation & Developmental Disabilities Research Reviews. 2003, Vol. 9 Issue 1, p40–47. 8p.

4

Zu wenige, zu viele

In jüngster Zeit wurde viel Aufmerksamkeit auf die Genomsequenzierung und die genetische Variation (Veränderungen der einzelnen DNA-Einheiten – den A, T, C und G) in Verbindung mit Krankheiten gerichtet. Doch auch die großen Moleküle, in denen die DNA verpackt ist, bekannt als Chromosomen, stehen in Verbindung mit Krankheiten. Wie Sie sich erinnern werden, ist die DNA nicht in Gesamtheit als eine lange Kette von A, T, C und G verknüpft wie eine Happy-Birthday-Girlande, sondern in kleinere Moleküle, die Chromosomen genannt werden, verpackt. Beim Menschen gibt es 23 Chromosomenpaare. Der DNA-Strang ist um eine sich wiederholende Gruppe von acht kugelförmigen Molekülen gewickelt, was es ermöglicht, die langen Stränge eng zu kondensieren (denken Sie an eine Schnur, die um einen Tennisball gewickelt ist). Man kann die um die Kugeln gewickelte DNA unter einem Standardlichtmikroskop nicht erkennen, aber man kann jedes Chromosom sehen, wenn es mit einem Farbstoff gefärbt ist (Abb. 4.1). Für das ungeübte Auge erscheinen sie wie kleine, schnörkelige Würmer unterschiedlicher Größe (und Anzahl, wenn man verschiedene Arten betrachtet). Aber jedes Chromosom ist tatsächlich einzigartig in Bezug auf seine Größe (Länge) und sein Muster von „Bändern" oder Streifen, das aussieht wie ein Barcode.

Eine normale menschliche Zelle enthält insgesamt 46 Chromosomen (23 Paare), eines von jedem Paar wird von jedem Elternteil geerbt (Abb. 4.2). Jedes zusätzliche oder fehlende Chromosom kann zu einem genetischen Syndrom oder zur Unvereinbarkeit mit dem Leben führen. Ein Syndrom tritt auf, wenn mehrere klinische Symptome zusammen auftreten und

S. B. Haga, *Das Buch der Gene und Genome,* https://doi.org/10.1007/978-1-0716-3531-5_4

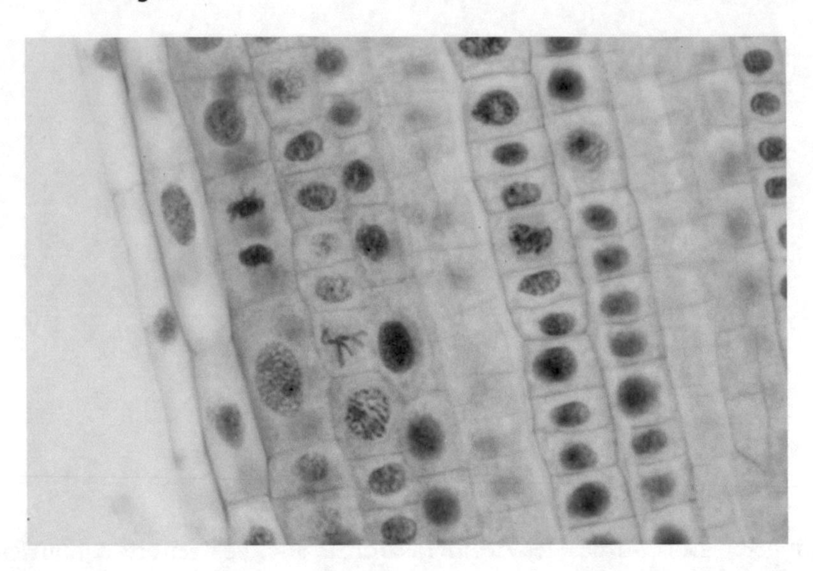

Abb. 4.1 Gefärbter Schnitt der Spitze einer Zwiebelwurzel. Zwiebelzellen sind in Blöcken aufgereiht und es ist einfach, die Chromosomen (schnörkelige Linien) zu betrachten. Jede Zelle sieht leicht anders aus, da jede Zelle in einem anderen Stadium der Zellteilung oder des Wachstums ist. (Quelle: Adobe Stock Photos)

als eine einzige Krankheit diagnostiziert werden. Es wird geschätzt, dass bis zu 60 % der bekannten genetischen Syndrome auf Chromosomenanomalien zurückzuführen sind. Eine Chromosomenanomalie kann 1) eine fehlende oder zusätzliche Kopie eines gesamten Chromosoms, 2) einen fehlenden oder zusätzlichen Abschnitt von DNA in einem Chromosom oder 3) eine Umordnung von DNA zwischen zwei Chromosomen beinhalten. Wie in den folgenden Abschnitten ausführlicher beschrieben wird, können die ersten beiden Arten chromosomaler Anomalien zu fehlenden oder zusätzlichen Kopien von Genen auf dem betroffenen Chromosom führen. Die dritte Art von Veränderung kann zur Entstehung eines neuen Gens führen, das Krankheiten verursachen kann. Normalerweise enthält jede Zelle in unserem Körper zwei Kopien jedes Gens (eine von unserer Mutter, eine von unserem Vater). Ist die Anzahl der Kopien von Genen verändert, kann dies die Menge an Protein beeinflussen, das insgesamt von diesem Gen produziert wird. In manchen Fällen wirkt sich ein Zuviel oder Zuwenig eines Proteins negativ auf die Funktion der Zelle aus. Ein Chromosom kann Hunderte von Genen enthalten, sodass ein chromosomales Ungleichgewicht die Menge von vielen, vielen Proteinen stören und daher für die Zelle und die gesamte Entwicklung schwerwiegende Auswirkungen haben kann.

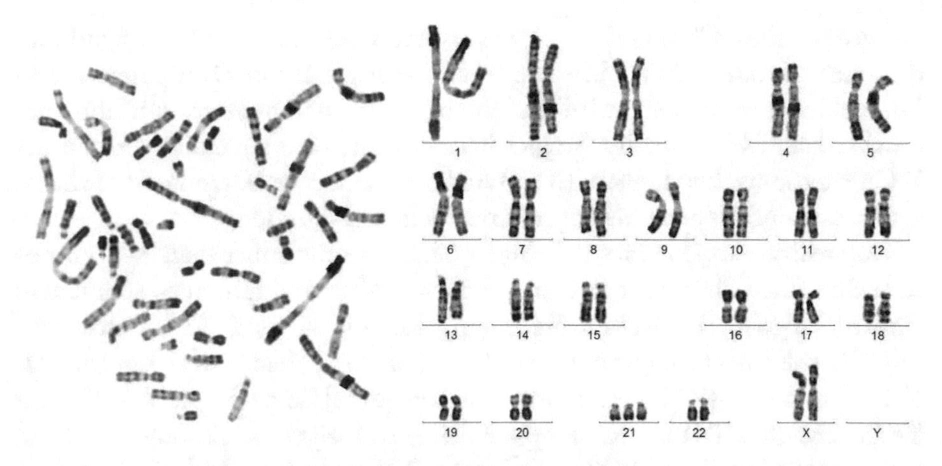

Abb. 4.2 Ein Laborant hat die Chromosomen (in ihrem natürlichen Zustand auf der linken Seite zu sehen) in der Reihenfolge vom größten (obere linke Ecke nummeriert 1) bis zum kleinsten (untere Reihe, nummeriert 22) im Bild auf der rechten Seite angeordnet, das als Karyogramm (englisch ausgesprochen care-ee-o-gram) bezeichnet wird. Ein Paar Chromosomen in der unteren rechten Ecke wird als Geschlechtschromosomen bezeichnet. Frauen haben zwei X-Chromosomen und Männer haben ein X- und ein Y-Chromosom. Die Hälfte der Chromosomen (eines von jedem Paar) erben wir von unserer Mutter und die andere Hälfte von unserem Vater. Die Gesamtzahl der Chromosomen beträgt normalerweise 46. In diesem Karyogramm gibt es ein zusätzliches Chromosom Nummer 21, das das Down-Syndrom verursacht. Daher hat diese Patientin (ein Mädchen, wie durch das XX-Paar der Geschlechtschromosomen angezeigt) insgesamt 47 Chromosomen

Gesundheitliche Auswirkungen von zusätzlichen bzw. fehlenden Chromosomen

Die Auswirkungen von chromosomalen Missverhältnissen können von Unvereinbarkeit mit dem Leben bis hin zu genetischen Syndromen reichen. Ein neu gezeugter Embryo mit einer zusätzlichen oder fehlenden Kopie eines Chromosoms kann meist nicht überleben. Zusätzliche Kopien der Chromosomen 13, 14, 16, 18, 21, X und Y sind jedoch mit dem Leben vereinbar, führen aber zu angeborenen milden bis sehr schwereren Defekten mit stark variierenden Lebenserwartungen der betroffenen Kinder (mit Ausnahme des Y-Chromosoms). Beispielsweise haben Kinder mit drei Kopien des Chromosoms 18 das Edwards-Syndrom und leiden an geistigen Beeinträchtigungen, schweren Herzfehlbildungen, einem zurückweichenden Kiefer und einem vergrößerten Hinterkopf. Viele Kinder mit Edwards-Syndrom sterben oft innerhalb des ersten Lebensjahres, einige leben bis ins Teenageralter. Eines der bekanntesten Syndrome, das durch ein zusätzliches Chromosom 21 verursacht wird, ist das Down-Syndrom, das sich durch leichte bis moderate geistige Beeinträchtigungen und Herzfehler auszeichnet (wird in einem späteren Abschnitt ausführlicher beschrieben; Abb. 4.2). Im Vergleich dazu führt eine zusätzliche Kopie des Y-Chromosoms bei Jungen (XYY) nicht zu einer Verkürzung der Lebenserwartung und ist auch nicht mit Krankheiten verbunden.

Zu wenige Kopien eines beliebigen Chromosoms außer dem X-Chromosom sind ebenfalls nicht mit dem Leben vereinbar und führen zu spontanem Abort (Fehlgeburt). Denken Sie daran, dass die X- und Y-Chromosomen die Geschlechtschromosomen sind – Frauen haben zwei Kopien des X-Chromosoms (XX) und Männer haben jeweils eine Kopie des X- und Y-Chromosoms (XY). Ein Baby mit einem einzigen X-Chromosom (und einer normalen Anzahl aller anderen Chromosomen) leidet unter dem sogenannten Turner-Syndrom. Diese Erkrankung ist gekennzeichnet durch ein ausgeprägte Gesichtszüge, eine unvollständige sexuelle Entwicklung, Kleinwuchs, Unfruchtbarkeit und flügelförmige Halsfalten.

Eine dritte Art von Chromosomenanomalie tritt auf, wenn ein oder zwei Chromosomen auseinanderbrechen und das gebrochene Stück bzw. die gebrochenen Stücke falsch zusammengefügt werden. So kann beispielsweise ein DNA-Strang innerhalb desselben Chromosoms an zwei Stellen brechen; das gebrochene DNA-Stück kann sich vor dem Wiederzusammenfügen umdrehen (sogenannte Inversion). Alternativ können Brüche in zwei verschiedenen Chromosomen auftreten und die Stücke wechseln und heften sich an das falsche Chromosom an, dies wird als chromosomale Translokation bezeichnet. Jede Art von Bruch in einem Chromosom kann zur Störung eines Gens führen, wenn an dieser Stelle eines vorhanden ist (manchmal tritt der Bruch an einer Stelle ohne Gene auf). Daher kann es sein, dass kein Protein oder ein verkürztes Protein, das nicht funktionsfähig ist, produziert wird – beide Szenarien können schädliche Auswirkungen haben. Kommt es zu einer Fusion zwischen zwei DNA-Strängen von verschiedenen Chromosomen oder innerhalb desselben Chromosoms, aber in der falschen Orientierung, kann dies zur Entstehung eines neuen Gens führen (ein Hybrid aus der Verschmelzung eines Teils eines Gens des einen Strangs mit einem Teil eines anderen Gens auf dem anderen Strang). Das resultierende neuartige Protein kann sich schädlich oder störend auf die normale Funktion der Zelle auswirken und zu Erkrankungen führen.

Ein sehr bekanntes Beispiel für eine chromosomale Translokation, das zur Entstehung eines neuen Gens führt, findet sich bei vielen Patienten, die an chronischer myeloischer Leukämie (CML) leiden. In den Knochenmarkzellen der meisten CML-Patienten ist ein Bruch im unteren Teil der Chromosomen 9 und 22 aufgetreten. Die abgebrochenen Stücke haben sich wieder angeheftet, aber am falschen Chromosom (Abb. 4.3). Das neu entstandene Chromosom, das nach der Stadt, in der es entdeckt wurde, als Philadelphia-Chromosom bezeichnet wird, enthält somit DNA von Chromosom 9, die mit der DNA-Sequenz von Chromosom 22 verschmolzen ist. Infolgedessen bildet sich genau dort, wo die Bruchstücke wieder zusammengefügt werden, ein neues Gen – ein Teil eines Gens von Chromosom 9 und der andere Teil eines Gens von Chromosom 22 –, das die Zelle zur Krebszelle entarten lässt. Es wurde ein Medikament entwickelt, das direkt auf das Protein abzielt, das durch das neue Gen aus der 9;22-Chromosomenfusion entsteht, und dessen schädliche Wirkung blockiert, was die Prognose von CML-Patienten drastisch verbessert.

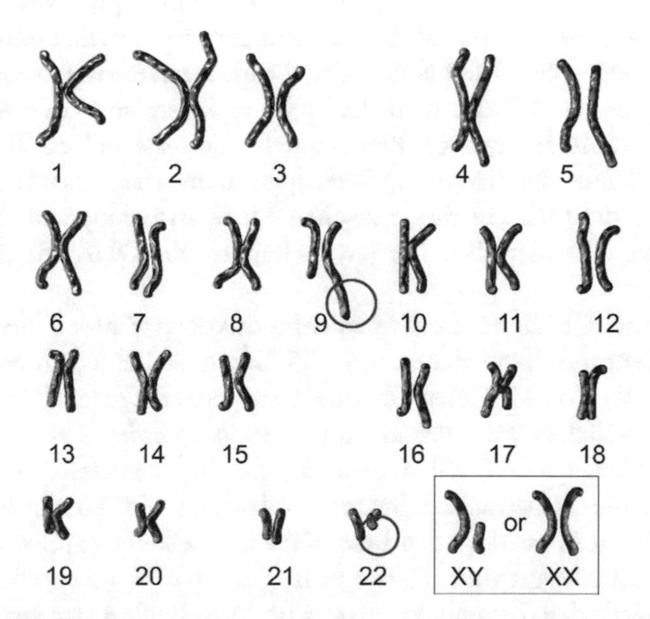

Abb. 4.3 Philadelphia-Chromosom-Karyotyp (männlich oder weiblich). Die umkreisten Spitzen der Chromosomen 9 und 22 zeigen die Translokation, bei der ein Bruch aufgetreten ist und die Chromosomen 9 und 22 sowie die gebrochenen Stücke sich falsch zusammengesetzt haben. Dieses 9;22-Chromosom ist ein Kennzeichen von Patienten mit chronischer myeloischer Leukämie. (Quelle: Adobe Stock Photos)

Wie entstehen chromosomale Anomalien?

Wie genau entstehen diese chromosomalen Anomalien? Wenn wir uns nur auf angeborene Anomalien konzentrieren, können chromosomale Anomalien vor der Empfängnis oder sehr früh danach entstehen, sodass die Veränderung in fast jeder Zelle der Person vorhanden ist. Biologisch gesehen bezieht sich Empfängnis auf die Vereinigung von Eizelle und Spermium. Eizellen und Spermien unterscheiden sich von anderen Zellen in unserem Körper darin, dass sie nur halb so viel DNA haben. Der Grund dafür ist, dass Eizelle und das Spermium nur halb so viel DNA (23 Chromosomen) enthalten dürfen, um nach der Vereinigung die normale menschliche Menge an DNA (46 Chromosomen) zu erreichen.

Um zu erreichen, nur halb so viel DNA wie andere Zelltypen zu enthalten, durchlaufen Eizellen und Spermien eine spezielle Art von Zellteilung. Typischerweise verdoppeln die meisten Zellen in unserem Körper ihre DNA, bevor sie sich in zwei Tochterzellen teilen und die DNA gleichmäßig auf jede verteilen, sodass die neuen Zellen identisch mit der Mutterzelle sind. Eine Zelle wird zu zwei Zellen, zwei Zellen werden zu vier Zellen usw. Im Gegensatz dazu ist der Zellteilungsprozess aufgrund der Notwendigkeit, den DNA-Gehalt zu halbieren, für Eizellen und Spermien ein wenig anders. Sie durchlaufen dabei einen zweiphasigen Zellteilungsprozess. In der ersten Phase wird die DNA repliziert und auf zwei Tochterzellen verteilt. In der zweiten Phase durchlaufen die beiden Tochterzellen eine zweite Runde der Teilung und erzeugen so insgesamt vier Tochterzellen, jedoch ohne die DNA in dieser zweiten Phase zu verdoppeln. Daher enthalten die vier Tochterzellen nur jeweils halb so viel DNA wie die Mutterzelle.

Bei Männern beginnt die Spermienproduktion während der Pubertät. Die Spermienproduktion dauert etwa 65 Tage und bei jedem Samenerguss können bis zu 200 Millionen Spermien freigesetzt werden. Im Gegensatz zur kontinuierlichen Produktion von Spermien werden Frauen mit einer endlichen Menge von Eizellen geboren, die in den Eierstöcken gelagert werden, bis die Menstruation beginnt. Allerdings bleiben die Eizellen am Ende der ersten Phase des oben beschriebenen Zellteilungsprozesses stehen. Wenn eine Eizelle aus dem Eierstock freigesetzt wird (etwa alle 28 Tage), setzt die Eizelle den Zellteilungsprozess bis zum Beginn der zweiten Phase der Zellteilung fort. Die zweite Phase des Zellteilungsprozesses wird nur abgeschlossen, wenn die Befruchtung stattfindet. Es wird geschätzt, dass bei der Geburt 2,5 Millionen unreife Eizellen vorhanden sind, aber nur etwa 400 werden im Laufe des Lebens einer Frau reifen. Während Fehler sowohl in der ersten als auch in der zweiten Phase der Eizellteilung auftreten können, treten oft in dieser zweiten Phase Fehler in der Teilung der Chromosomen zwischen den Tochterzellen auf. Dies kann dazu führen, dass eine Zelle keine Kopien eines bestimmten Chromosoms und eine andere Zelle eine zusätzliche Kopie dieses Chromosoms besitzt.

Chromosomale Anomalien können entweder in der Eizelle oder im Spermium oder nach der Befruchtung auftreten. Jede Eizelle oder jedes Spermium sollte je eine Kopie von jedem der 23 Chromosomenpaare haben. Aber es können Fehler auftreten, die zu einer ungleichen Verteilung der Chromosomen zwischen den Tochterzellen von Eizelle oder Spermium vor der Empfängnis führen. Sind die Chromosomen nicht gleichmäßig verteilt, besitzen das Spermium oder die Eizelle zusätzliche Kopien oder keine Kopien eines bestimmten Chromosoms. Ist eines dieser Eizellen oder Spermien an der Befruchtung beteiligt, wird auch das resultierende Embryo eine Ungleichverteilung der Chromosomen besitzen, was zu Krankheit oder Lebensunfähigkeit führt. Andere Arten von chromosomalen Anomalien können entweder in der Eizelle oder im Spermium oder sehr früh nach der Befruchtung auftreten.

Nach der Befruchtung, während das Embryo durch aufeinanderfolgende Zellteilungen wächst, kann auch eine ungleiche Verteilung der duplizierten Chromosomen auftreten, was zu einer Tochterzelle mit zu wenigen oder zu vielen Chromosomen führt. Je nachdem, in welchem Stadium dieser Fehler auftritt, kann das Embryo zwei Arten von Zellen haben – eine mit den normalen 46 Chromosomen und eine mit einer abnormalen Anzahl von Chromosomen. Dieser Effekt wird Mosaikbildung genannt. Je früher das Stadium der embryonalen Entwicklung, in dem dies auftritt, desto wahrscheinlicher wird es sich klinisch signifikant auswirken.

Down-Syndrom

Als medizinischer Leiter des Earlswood Asylum for Idiots in Surrey, England, im Jahr 1858, betreute Dr. John Langdon Down eine Reihe von Patienten mit geistigen Beeinträchtigungen. In jenen Tagen wurde der Begriff Idiot (oder Idiotie) in der Medizin zur Bezeichnung von Patienten mit schweren geistigen Beeinträchtigungen verwendet. Dr. Down beobachtete, dass einige Patienten mit geistigen Beeinträchtigungen aufgrund bestimmter ethnischer Merkmale unterschieden werden konnten. Insbesondere zeigten einige Patienten, obwohl sie kaukasischer Abstammung waren, Gesichtszüge mongolischer Herkunft; diese Patienten wurden daher als Mongoloide bezeichnet. Er beschrieb die Kombination von ausgeprägten Gesichtszügen und geistigen Beeinträchtigungen in einer Veröffentlichung im Jahr 1866, betitelt „Observations on the Ethnic Classification of Idiots". Der Begriff mongoloid blieb etwa 100 Jahre lang in Gebrauch, bis asiatische Forscher ihn als abwertend kritisierten und die Krankheit als Down-Syndrom bezeichnet wurde.

Die Häufigkeit des Down-Syndroms wird auf 1 pro 700 Geburten geschätzt. Down-Syndrom-Kinder zeichnen sich durch mehrere ausgeprägte körperliche Merkmale aus: eine einzelne Falte in der Handfläche (die meisten Menschen haben eine doppelte Falte in einer oder beiden Handflächen), mandelförmige Augen, die durch eine Lidfalte verursacht werden (die äußeren Augenwinkel sind nach unten gerichtet), eine hervorstehende Zunge (aufgrund eines kleinen Mundes und einer vergrößerten Zunge im hinteren Rachenbereich) sowie eine kurze Statur und kurze Gliedmaßen. Betroffene Kinder und Erwachsene haben ein höheres Risiko für eine Reihe von Erkrankungen wie angeborene Herzfehler, gastroösophageale Refluxerkrankung und Alzheimer-Krankheit. Es wird geschätzt, dass nur ein Viertel der Schwangerschaften mit Down-Syndrom bis zur Geburt überleben.

Die Ursache des Down-Syndroms blieb etwa ein Jahrhundert nach seiner Erkennung ein Rätsel. Eine Reihe von Theorien wurden im frühen 20. Jahrhundert über die Ursache des Down-Syndroms diskutiert – vielleicht lag es an Schäden an Spermien, Eizelle oder befruchteter Eizelle; am Lebensstil der Mutter, der möglicherweise schädlich für den sich entwickelnden Fötus war, oder an einem unbekannten vererbten Faktor. In den 1930er-Jahren wurde spekuliert, dass das Down-Syndrom durch Chromosomenanomalie verursacht werden könnte. Aber erst 1959 wurde endgültig festgestellt, dass Menschen mit Down-Syndrom zusätzliches genetisches Material haben, das die Krankheit verursacht: Diese Kinder hatten ein ganzes zusätzliches Chromosom 21 – eines der kleinsten menschlichen Chromosomen (erst 1956 wurde die normale Anzahl menschlicher Chromosomen endgültig bestimmt).

Seit mehr als einem Jahrhundert wird beobachtet, dass ältere Mütter ein höheres Risiko haben, Kinder mit chromosomalen Anomalien zur Welt zu bringen. Frauen in ihren späten 20ern haben ein Risiko von etwa eins zu 450. Für Frauen zwischen 40 und 45 Jahren steigt dieses Risiko auf eins zu 38. Warum ist das so? Wie oben beschrieben, im Gegensatz zu Männern, die ständig neue Spermien produzieren, werden Frauen mit all ihren Eizellen geboren. Die Eizellen sind in ihrer Entwicklung gestoppt und werden in den Eierstöcken gelagert, bis die Menstruation beginnt, ab diesem Zeitpunkt wird jeden Monat eine Eizelle freigesetzt und entwickelt sich zu Ende. Je älter die Frau ist, desto länger wurden die Eizellen gespeichert und desto größer ist das Risiko eines Fehlers in der Eizellenentwicklung, der zu einem chromosomalen Missverhältnis führt.

Normal, aber mit fehlender oder zusätzlicher DNA?

Neuere Forschungen haben ergeben, dass wir alle Unausgewogenheiten von kleinen und großen DNA-Regionen haben, die von einem einzelnen Gen (etwa tausend DNA-Buchstaben) bis zu mehreren hunderttausend DNA-Buchstaben und möglicherweise mehreren Genen variieren. Es wird geschätzt, dass etwa 13 % des menschlichen Genoms von dieser Art des Ungleichgewichts betroffen sind (also mehr oder weniger als zwei Kopien), was als Kopienzahlvariation („copy number variation", CNV) bezeichnet wird. Forschungen haben gezeigt, dass CNV von den Eltern an die Kinder weitergegeben werden. Überraschenderweise scheinen die meisten CNV die Entwicklung oder die allgemeine Gesundheit nicht zu beeinflussen – vermutlich treten sie in Regionen auf, die keine Gene enthalten. Allerdings wurden bestimmte Arten von CNV mit Autismus, Schizophrenie und erhöhtem Risiko einer HIV-Infektion in Verbindung gebracht. Bei Kindern mit nichtdiagnostizierten Erkrankungen kann eine Untersuchung der Eltern die Möglichkeit ausschließen, dass eine CNV die Erkrankung verursacht, nämlich wenn sie bei bei dem betroffenen Kind und einem der Elternteile, wo sie vermutlich keine Probleme verursacht, gefunden wird.

Krebs

Da Krebszellen ihre internen Kontrollmechanismen verloren haben, die verhindern sollen, dass Zellen aufgrund von DNA-Schäden unkontrolliert wachsen, können sie eine erhebliche Anzahl von Veränderungen der Chromosomenzahl und -struktur, beispielsweise Umlagerungen, ansammeln. Was die Anzahl der Chromosomen anbelangt, so kann es sein, dass Zellteilungsprozess bei Krebszellen nicht ordnungsgemäß abläuft und die Tochterzellen am Ende aufgrund einer erhöhten Anzahl von ganzen oder Teilchromosomen erheblich mehr DNA als die Mutterzelle aufweisen.

Daher kann die Untersuchung von Krebszellen sehr viel länger dauern, wenn eine hohe Anzahl ganzer Chromosomen und/oder Chromosomenstücke im Vergleich zur normalen Anzahl von 46 Chromosomen vorliegt.

Wie bereits beschrieben, kommt es zu einer chromosomalen Umlagerung, wenn zwei Chromosomen zerbrechen und beim anschließenden Zusammenfügen hybride Chromosomen entstehen. Diese Art von Umlagerung wird als balancierte Translokation bezeichnet – es ist weder DNA verloren gegangen, noch wurde DNA gewonnen. In anderen Fällen geht etwas DNA verloren oder wird gewonnen (als unbalancierte Translokation bezeichnet). Die Gene (falls vorhanden), die sich im Abschnitt der DNA befinden, in dem der Bruch auftritt oder der verloren oder verdoppelt wurde, können zur Entstehung des Krebses beitragen.

Einige Krebserkrankungen haben sehr charakteristische chromosomale Veränderungen, die bei der Diagnose oder Prognose eines Krebses hilfreich sein können. Daher werden Ärzte, neben anderen Tests, zur Untersuchung der Chromosomen Blut- oder Tumorgewebetests anordnen. Wie zuvor beschrieben, erzeugt das 9;22-Philadelphia-Chromosom ein neues Gen, das Zellen dazu veranlasst, unkontrolliert zu wachsen und chronische myeloische Leukämie zu verursachen. Andere Krebserkrankungen wie das Burkitt-Lymphom und die akute lymphoblastische Leukämie (ALL) weisen eine charakteristische Translokation zwischen den Chromosomen 8 und 14 auf. Bei soliden Tumoren fehlen oft die Chromosomen 1p und 16q. Bei einem Sarkom, einer Art von Krebs, der im Knochen oder im Bindegewebe wie Muskeln oder Fett beginnt, fehlt häufig ein Stück des unteren Teils des Chromosoms 12 (bezeichnet als Region 12q13–q14).

Screening nach chromosomalen Anomalien während der Schwangerschaft

Während der Schwangerschaft stehen mehrere Screeningtests zur Verfügung, um festzustellen, ob der Fötus ein erhöhtes Risiko für eine genetische Erkrankung aufgrund eines zusätzlichen Chromosoms hat. Ein Screeningtest ist nicht diagnostisch für eine Krankheit, sondern zeigt ein Risiko für eine Krankheit an. Ein abnormes Screeningergebnis kann durch mehrere Ursachen haben. Daher wird Frauen in solchen Fällen empfohlen, zur endgültigen Diagnose Nachuntersuchungen durchzuführen zu lassen.

Pränatale Screenings haben sich im Laufe der Jahre aufgrund neuer Testtechnologien und eines besseren Verständnisses des Zusammenhangs zwischen bestimmten Biomarkern und Krankheiten verändert. Zum Beispiel kann ein Bluttest für das Edwards-Syndrom und das Down-Syndrom früh in der Schwangerschaft (erstes Trimester) durchgeführt werden. Der Test analysiert zwei fetale Proteine, die im Blut der Mutter nachweisbar sind, in Kombination mit dem sogenannten Nackentransparenztest unter Verwendung von Ultraschall. Abnormale Werte dieser Proteine können ein Erkrankungsrisiko anzeigen, aber eine Nachuntersuchung der Chromosomen des Fötus ist erforderlich, um die Ergebnisse zu bestätigen. Ultraschall oder Sonographie verwenden Schallwellen, um die Position des Fötus zu bestimmen; ein ausgebildeter Assistent oder Arzt analysiert die Bilder auf einem Monitor auf spezifische physische Anomalien, um das Wachstum zu messen und das Alter zu schätzen. Zusätzlich ist ein Serum-Screening im zweiten Trimester, bekannt als Multiple-Marker-Screening oder Quad-Screening, verfügbar. Dieses Screening bewertet die Konzentration von vier Proteinen im Blut der Mutter. Abnormale Werte dieser Proteine können auf ein erhöhtes Risiko für Geburtsfehler wie Neuralrohrdefekte oder Syndrome hinweisen, die durch chromosomale Anomalien verursacht werden. Zur Berechnung des Risikos einer chromosomalen Anomalie oder eines Geburtsfehlers wird eine Formel verwendet, die die Konzentration dieser Proteine sowie Alter, Gewicht, Race der Mutter, vorliegenden mütterlichen Diabetes und Mehrlingsschwangerschaft (zum Beispiel Zwillinge) berücksichtigt. Auch hier ist das Ergebnis des Screening nicht diagnostisch und weist nur auf ein erhöhtes Risiko hin.

Die oben beschriebenen Tests beinhalten die Analyse von Proteinen und nicht von DNA. In den letzten Jahren haben jedoch neuere genomische Technologien das Screening auf chromosomale Anomalien im ersten Trimester ermöglicht, basierend auf einer Analyse von Zellen des Fötus, die im Blut der Mutter vorhanden sind. Der Test, bezeichnet nichtinvasiver pränataler Test (NIPT) oder nichtinvasives pränatales Screening (NIPS), untersucht die DNA des Babys auf zusätzliche Kopien von Chromosomen wie 16, 18, 21 und X, die mit Krankheiten in Verbindung stehen. Diese nichtinvasive Technologie ermöglicht die Analyse von sehr kleinen Mengen fetaler DNA, die im Blut der Mutter enthalten sind. Vor diesem Test, war die einzige Möglichkeit zur Analyse der DNA des Babys ein invasives Verfahren, bei dem eine lange Nadel verwendet wird, um etwas von dem Gewebe zu entnehmen, das das Baby umgibt (im nächsten Abschnitt beschrieben). NIPT hat sich als sehr genau erwiesen und wird wahrscheinlich weiter entwickelt, um DNA-Tests von einzelnen Genen zu ermöglichen, und wird nicht auf ganze Chromosomen beschränkt bleiben.

Diagnose von Chromosomenanomalien während der Schwangerschaft

Wenn ein Screeningergebnis ein Risiko anzeigt, wird ein bestätigender Test empfohlen. Die beiden häufigsten Verfahren zur Gewinnung von fötaler DNA zur Diagnose von Chromosomen- und anderen genetischen Anomalien sind die Chorionzottenbiopsie („chorionic villus sampling", CVS) und die Amniozentese. Jedes Verfahren birgt das Risiko einer Fehlgeburt und wird daher nur Frauen mit einem hohen Risiko für eine Chromosomenanomalie empfohlen (zum Beispiel bei Vorliegen eines abnormalen Screening-Ergebnisses, eines Risikoverdachts nach Familienanamnese, eines fortgeschrittenen Alters der Schwangeren oder vorangegangener Fehlgeburten).

Eine CVS kann in einem früheren Stadium der Schwangerschaft (9–11 Wochen) durchgeführt werden als eine Amniozentese (16 Wochen). Als Chorionzotten bezeichnet man das Gewebe, das den Fötus umgibt und einen Teil der Plazenta bildet, aus der das Baby seine Nährstoffe bezieht. Eine Probe der Chorionzotten wird durch einen flexiblen dünnen Schlauch entnommen, der durch den Gebärmutterhals oder mithilfe eine Spritze durch den Bauch eingeführt wird. Etwa 1–2 % der Frauen erleben nach einer CVS Komplikationen, einschließlich Blutungen, Krämpfen, Infektionen und Fehlgeburten.

Bei der Amniozentese eine Fruchtwasserprobe aus der Flüssigkeitshöhle, die den Fötus umgibt, entnommen. Die Flüssigkeitsentnahme erfolgt in der Regel durch eine Spritze, die durch den Bauch der Frau eingeführt wird. Die Flüssigkeit enthält Zellen, die vom Fötus abgestoßen werden, wie zum Beispiel Haut, Blase und Auskleidung des Magen-Darm-Trakts. Bei beiden Verfahren wird die Lage des Fötus und der Plazenta mithilfe Ultraschall bestimmt.

Sobald eine Probe der Chorionzotten oder des Fruchtwassers gewonnen wurde, wird sie in ein Labor geschickt, wo sie in einer Schale inkubiert und für mehrere Tage bebrütet wird. Auf diese Weise können sich die Zellen zu ausreichenden Mengen für die Analyse vermehren. Laborassistenten geben dann einen Tropfen der Probe auf einen Glasobjektträger und untersuchen die Chromosomen nach geeigneter Färbung unter einem Mikroskop. Es werden mehrere Zellen analysiert, um die Anzahl der Chromosomen in jeder Zelle zu bestimmen. Um sicherzustellen, dass keine Umlagerungen stattgefunden haben, werden die Bänderungsmuster jedes Chromosoms sorgfältig untersucht. Unter dem Mikroskop betrachtet, erscheinen die Chromosomen in der Zelle unsortiert. Ein Karyogramm ist ein Bild, das aus dieser Analyse erstellt wird in dem jedes Chromosomenpaar von Nummer 1 bis 21 und dann das Geschlechtschromosomenpaar (XX oder XY) angeordnet ist (Abb. 4.3). Ein Testergebnis von 46 XX zeigt an, dass die normale Anzahl von Chromosomen vorhanden ist und das Baby ein Mädchen ist. Eine Diagnose von Down-Syndrom wäre 47 XX (oder XY), +21 (was eine zusätzliche Kopie von Chromosom 21 anzeigt). Andere, komplexere Tests können durchgeführt werden, um Kopienzahlvariationen zu erkennen.

Einer der häufigsten Gründe für ein pränatales Screening/Diagnose ist das fortgeschrittene mütterliche Alter, definiert als 35 Jahre und älter bei der Geburt. Als Grenze für das fortgeschrittene Alter wurde 35 Jahre gewählt, weil in diesem Alter das Risiko einer Chromosomenanomalie das mit der Amniozentese verbundene Risiko einer Fehlgeburt übersteigt. In den letzten Jahren wurde die altersabhängige Bereitstellung von diagnostischen Tests infrage gestellt. Im Jahr 2007 empfahl das American College of Obstetricians and Gynecologists, dass allen Frauen Screenings und/oder diagnostische Tests angeboten werden sollten, unabhängig vom Alter.

Wie jeder andere Test hat auch die pränatale Diagnostik ihre Grenzen, was sie vorhersagen kann und was nicht. Die Pränataldiagnostik kann nicht jede mögliche Krankheit ausschließen, da er derzeit nur größere Chromosomenanomalien oder spezifische genetische Krankheiten nachweisen kann. Die Chromosomenanalyse wird auf über 99 % Genauigkeit geschätzt; die anderen genetischen Tests zeigen jedoch variierende Genauigkeiten. Die Entwicklung spezifischerer und/oder umfassenderer Tests zur Analyse fötaler DNA aus mütterlichem Blut, die detailliertere Ergebnisse liefern, ist zu erwarten. In einem späteren Kapitel werden wir einige der ethischen Implikationen der verbesserten Testtechnologien betrachten, die früher als je zuvor in der Schwangerschaft und für immer mehr Krankheiten (oder Merkmale), die das Baby tragen könnte, durchgeführt werden können. Diese neuen Technologien können zwar riskante, invasive und kostspielige Verfahren wie die Amniozentese überflüssig machen, sie können aber auch Debatten darüber auslösen, welche Arten von Tests durchgeführt werden sollten und welche Disparitäten resultieren können, wenn die Tests nur für diejenigen zugänglich sind, die sie aus eigener Tasche bezahlen können.

Literatur

US National Human Genome Research Institute. Chromosome Fact Sheet. Available at https://www.genome.gov/about-genomics/fact-sheets/Chromosomes-Fact-Sheet

US National Human Genome Research Institute. Chromosome Abnormalities Fact Sheet. Available at https://www.genome.gov/about-genomics/fact-sheets/Chromosome-Abnormalities-Fact-Sheet

Stanford Children's Health. Medical Genetics: How Chromosome Abnormalities Happen. Available at https://www.stanfordchildrens.org/en/topic/default?id=medical-genetics-how-chromosome-abnormalities-happen-90-P02126

US National Cancer Institute. Chronic Myelogenous Leukemia Treatment (PDQ®)–Patient Version. Available at https://www.cancer.gov/types/leukemia/patient/cml-treatment-pdq

US Centers for Disease Control and Prevention. Facts about Down Syndrome. Available at https://www.cdc.gov/ncbddd/birthdefects/downsyndrome.html

5

Sie haben wahrscheinlich bereits einen genetischen Test gehabt (aber niemand hat es Ihnen gesagt): Neugeborenenscreening

Die meisten Menschen sind sich dessen nicht bewusst, aber wenn Sie in der Mitte der 1960er-Jahre oder später in den USA geboren wurden, haben Sie bereits eine Art genetischen Test durchlaufen. Von den etwa vier Mio. Kindern, die jedes Jahr in den USA geboren werden, werden mehr als 95 % auf eine Reihe von Erbkrankheiten untersucht. Das Neugeborenenscreening auf diese Krankheiten ermöglicht eine frühe Identifizierung betroffener Säuglinge. Dann können bereits in den ersten Lebenstagen Maßnahmen ergriffen werden, die die Symptome der Erkrankung erheblich minimieren oder sogar verhindern können. Daher verändert das Neugeborenenscreening den Krankheitsverlauf drastisch und ermöglicht es dem betroffenen Kind, ein möglichst gesundes Leben zu führen.

Beginn des Neugeborenenscreenings: Die erste untersuchte Krankheit

Die Praxis des Neugeborenenscreenings geht zurück auf die 1960er-Jahre zu einem Mann namens Robert Guthrie. Geboren 1916, wurde Dr. Guthrie sowohl als Wissenschaftler als auch als Arzt ausgebildet. Insbesondere wurde er als Mikrobiologe ausgebildet – das ist ein Wissenschaftler, der Mikroorganismen wie Bakterien, Pilze und andere Mikroben studiert. Dr. Guthrie hatte ein persönliches Interesse an Krankheiten, die Kinder betreffen, da sein Sohn von einer nicht diagnostizierten Entwicklungsstörung und seine Nichte von einer biochemischen Störung namens Phenylketonurie (PKU)

S. B. Haga, *Das Buch der Gene und Genome,* https://doi.org/10.1007/978-1-0716-3531-5_5

betroffen waren. Im Jahr 1959 studierte Dr. Guthrie Krebserkrankungen, als er von einem Kollegen gebeten wurde, einen einfachen Bluttest zu entwickeln, um die Konzentration der Substanz Phenylalanin zu bestimmen. Diese Substanz ist bei Personen mit PKU erhöht. Zu dieser Zeit stellten andere Wissenschaftler fest, dass die Symptome der PKU verhindert werden können, wenn phenylalaninhaltige Lebensmittel in der Ernährung des Kindes vermieden werden. Die Verhinderung der Symptome von PKU macht jedoch erforderlich, dass Kinder in sehr jungem Alter identifiziert werden, da viele Lebensmittel Phenylalanin enthalten, einschließlich Milch.

Bei Säuglingen und Kleinkindern ist es nicht möglich, ein Röhrchen mit Blut zu entnehmen. Wenn aber stattdessen nur ein Tropfen Blut getestet werden könnte, der von der Spitze eines Fingers oder der Ferse des Fußes gesammelt wird, wäre der Test viel einfacher durchzuführen. Also machte sich Dr. Guthrie an der State University of New York in Buffalo daran zu bestimmen, ob ein Tropfen Blut, der auf einem Stück Filterpapier (ein saugfähiges Blatt Papier) getrocknet ist, ausreichen würde, um die Konzentration von Phenylalanin genau zu bestimmen. Nach ein paar Jahren der Verfeinerung dieser Screening-Methode, nicht nur für PKU, sondern auch für andere genetische Krankheiten, wurde eine kleine Pilotstudie gestartet.

Nach einer Präsentation seiner Forschung im Herbst 1961 begannen lokale Krankenhäuser in New York, Blutproben zum Screening an Dr. Guthrie zu senden, was den offiziellen Start des Neugeborenenscreenings in den USA markierte. Er veröffentlichte seine Arbeit 1963 in der medizinischen Zeitschrift *Pediatrics,* damit Krankenhäuser und Labore auf der ganzen Welt davon erfahren und ihre eigenen Tests anbieten können. Heute werden Blutproben innerhalb der ersten 48 h nach der Geburt von Säuglingen durch einen Fersenstich mit einer Lanzette gesammelt. Das Blut wird auf ein kleines Stück Filterpapier getupft und 2–3 h an der Luft getrocknet. Die Proben werden dann in einem versiegelten hochwertigen Papierumschlag an ein staatliches Neugeborenenscreening- oder ein privates Labor, das vom Staat beauftragt wurde, gesendet. Die Ergebnisse werden in der Regel innerhalb von sieben Tagen zurückgesendet.

Erinnern Sie sich an den Unterschied zwischen Screening und Tests aus dem letzten Kapitel. Die gleiche Unterscheidung gilt hier – ein abnormales Neugeborenenscreening erfordert einen Bestätigungstest, bevor eine Diagnose definitiv gestellt werden kann. Im Fall eines abnormalen Neugeborenenscreeningergebnisses haben alle Staaten ein Verfahren für Bestätigungstests und Überweisungen eingerichtet. In der Regel wird der in der Krankenakte des Krankenhauses genannte Kinderarzt über das abnormale Screeningergebnis informiert und leitet das Prozedere für den Bestätigungstest ein (Abb. 5.1).

Phenylketonurie

PKU ist eine Krankheit, die durch eine angeborene Stoffwechselstörung verursacht wird, das heißt die Unfähigkeit, bestimmte Substanzen im Körper abzubauen. Eine Ansammlung der Substanz kann bestimmte Gewebe und Organe schädigen. Kinder, die von PKU betroffen sind, können die spezifische Aminosäure (einer der Bausteine oder Untereinheiten von Proteinen) Phenylalanin nicht abbauen. Bleibt die Störung unbehandelt, zeigen Babys in den ersten Lebensmonaten Symptome wie Erbrechen und häufigen Durchfall, der zu Gewichtsverlust führt, Lichtempfindlichkeit und Hauterkrankungen. Verstärkt sich die Ansammlung von Phenylalanin, erleben diese Kinder Anfälle und Zittern und zeigen schädliche Verhaltensweisen wie Kopfschlagen und Armbisse. Letztendlich entwickeln betroffene Kinder eine schwere geistige Beeinträchtigung.

Die Krankheit wurde erstmals 1934 vom norwegischen Arzt Asbjorn Folling beschrieben. Dr. Folling stellte fest, dass betroffene Kinder einen

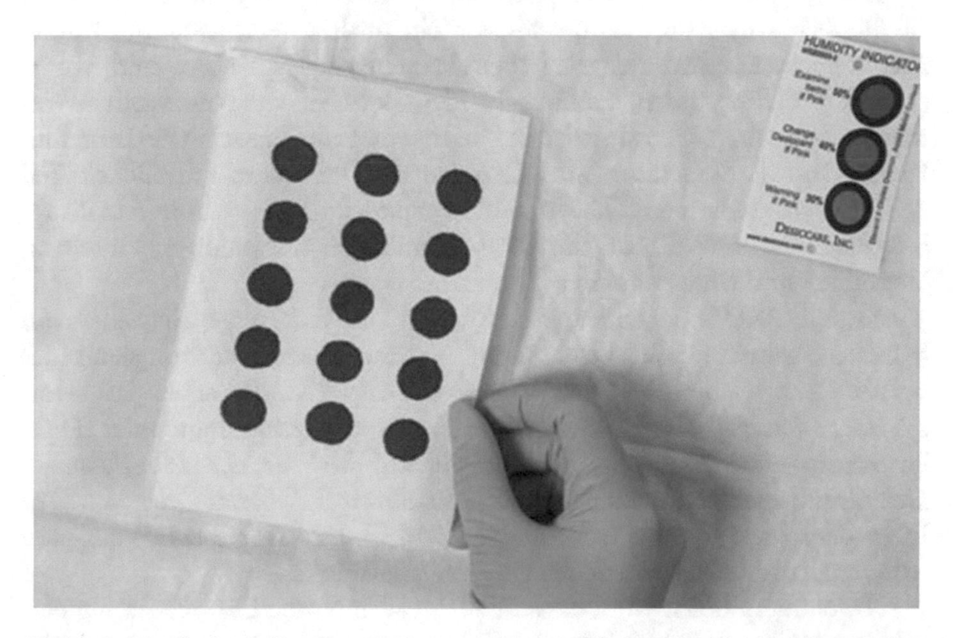

Abb. 5.1 Blutflecken. (Quelle: US-Zentren für Krankheitskontrolle und Prävention; https://www.cdc.gov/nceh/features/newbornscreening-program/index.html)

Mangel an einem Schlüsselenzym haben, das für den Abbau von Phenylalanin wichtig ist. Es wurde entdeckt, dass Kinder mit PKU hohe Mengen einer verwandten Substanz in ihrem Urin haben, die als Phenylpyruvat oder Phenylbrenztraubensäure bezeichnet wird. Diese hohen Mengen wurden im Urin durch eine einfache chemische Reaktion nachgewiesen: Der in einer nassen Windel gesammelte Urin wird grün, wenn Eisenchlorid hinzugefügt wird. Dieser Test ist aufgrund der geringen Mengen an Phenylpyruvat vor der Entwicklung erkennbarer Symptome jedoch ungeeignet zur Feststellung von PKU.

Die Behandlung der PKU wurde bereits realisiert, bevor ein Screening-Test entwickelt wurde. Im Jahr 1953 zeigten deutsche und britische Ärzte, dass eine phenylalaninarme Diät die meisten, wenn nicht alle Symptome von PKU verhindern oder zumindest die Symptome der bereits Betroffenen unter Kontrolle bringen kann. Da Phenylalanin nur in Proteinen vorkommt, die über die Nahrung aufgenommen werden, erschien es logisch, dass die Begrenzung dieser Lebensmittel die toxische Ansammlung von Phenylalanin im Körper stark reduzieren würde. Die phenylalaninarme Diät kann jedoch bereits entwickelte Symptome nicht rückgängig machen, was die Bedeutung einer frühzeitigen oder präsymptomatischen Diagnose unterstreicht.

Obwohl die Vorteile einer phenylalaninarmen Diät unbestreitbar sind, ist die Diät streng und kann schwierig einzuhalten sein, wenn die Kinder älter werden. Lebensmittel mit hohem Proteingehalt wie Milch und Milchprodukte, Fleisch, Fisch, Hühnchen, Eier, Bohnen und Nüsse sollten vermieden werden. Lebensmittel mit niedrigem Proteingehalt wie Brot und Pasta, Obst und Gemüse und Getreide machen einen erheblichen Teil der phenylalaninarmen Diät aus. Eine spezielle phenylalaninfreie Säuglingsnahrung ist verfügbar, um die Diät mit den notwendigen Proteinen, Vitaminen und Mineralien zu ergänzen.

Obwohl PKU eine seltene Krankheit ist, haben einige Hersteller von beliebten Lebensmitteln beschlossen, bestimmte Produkte aufgrund des hohen Phenylalaningehalts als ungeeignet für PKU-Patienten zu kennzeichnen. Beispielsweise enthalten Etiketten auf Kaugummi oder Diätlimonaden eine Warnung – *„Phenylketonuriker: enthält Phenylalanin.“* Der Grund dafür ist, dass der künstliche Süßstoff Aspartam, der in vielen Diät- oder zuckerfreien Produkten verwendet wird, hauptsächlich aus zwei Aminosäuren besteht, von denen eine Phenylalanin ist.

Obwohl empfohlen wird, dass die phenylalaninarme Diät lebenslang eingehalten wird, vernachlässigen viele Kinder und junge Erwachsene mit der Zeit ihre strenge Diät. Steigende Phenylalaninwerte werden mit Gedächtnisproblemen Konzentrations- und Aufmerksamkeitsschwierigkeiten in Verbindung gebracht. Für Frauen können eine steigende Phenylalaninkonzentration besonders gefährlich sein, da sie während der Schwangerschaft schädlich für den Fötus sein und einen geringeren Kopfumfang, Wachstumsprobleme, Herzkrankheiten und ein erhöhtes Risiko für geistige Behinderung verursachen kann. Regelmäßige monatliche Bluttests werden empfohlen, um die Phenylalaninkonzentration zu überwachen.

Bundesstaat für Bundesstaat

Neugeborenenscreenings werden vom Staat verwaltet und daher können die Programme von Bundesstaat zu Bundesstaat variieren. Im Jahr 1963 war Massachusetts der erste Staat, der ein Neugeborenenscreening einführte, das nur auf eine Störung, PKU, testete. Die Entwicklung von PKU-Neugeborenenscreenings verlief schleppend, da es Diskussionen über die Wirksamkeit der Behandlung und die Zuständigkeit für die Entnahme der Blutproben (das Krankenhaus, der Geburtshelfer, der Kinderarzt usw.) gab. Die Bemühungen verschiedener Organisationen, die sich mit dem Wohlergehen von Kindern befassen, wie die March of Dimes Birth Defects Foundation, staatliche Gesundheitsbehörden und die Kennedy-Administration durch die Presidential Advisory Commission on Mental Retardation und das Federal Children's Burea, unterstrichen die Bedeutung und den Nutzen von Neugeborenenscreenings zur Reduzierung unnötiger Morbidität und Mortalität bei Kindern. Als Ergebnis dieser Bemühungen hatten bis in die 1970er-Jahre mehr als drei Viertel der Bundesstaaten der USA Gesetze zur Einrichtung von Neugeborenenscreenings erlassen.

Seit dem Start des ersten Programms erhöhte sich die Anzahl der untersuchten Krankheiten von 1 (PKU) auf 31 in Arizona bis 71 in Tennessee (Stand Anfang 2021), wobei ein Großteil davon in den 2000er-Jahren hinzukam. Neue Technologien waren bei ihrer Einführung extrem teuer und erforderten geschulte Laborassistenten. Jetzt verwenden alle Staaten Testtechnologien, die eine schnelle und kostengünstige Untersuchung auf mehrere Krankheiten ermöglichen. Viele der Krankheiten, die in Neugeborenenscreenings enthalten sind, sind angeborene Stoffwechselstörungen wie PKU, bei denen eine modifizierte Diät die Krankheit verhindern oder die Krankheitsschwere erheblich reduzieren kann, wenn sie früh genug begonnen wird (Abb. 5.2).

Die Diskrepanz zwischen den Neugeborenenscreenings der US-Bundesstaaten ist seit einigen Jahrzehnten von besonderem Interesse. Im Jahr

AL	46	IA	53	NH	39	TX	56
AK	53	KS	34	NJ	57	UT	53
AZ	31	KY	59	NM	49	VT	36
AR	32	LA	34	NY	60	VA	33
CA	64	ME	52	NC	37	WA	37
CO	45	MD	61	ND	53	WV	39
CT	66	MA	66	OH	38	WI	48
DE	55	MI	58	OK	54	WY	52
FL	56	MN	61	OR	53	DC	62
GA	33	MS	63	PA	38		
HI	49	MO	76	RI	35		
ID	48	MT	32	SC	54		
IL	65	NE	37	SD	50		
IN	56	NV	57	TN	71		

Abb. 5.2 Die Anzahl der derzeit in jedem Bundesstaat der USA untersuchten Erkrankungen. (Stand 11. April 2021; Quelle: Baby's First test; https://www.babysfirsttest.org/newborn-screening/states)

2002 untersuchten einige Staaten nur auf vier Erkrankungen, während andere auf mehr als 30 testeten. Familien mit betroffenen Kindern, die in Bundesstaaten geboren wurden, die kein Screeningprogramm für eine bestimmte Erkrankung haben, protestierten lautstark dagegen. Im Ergebnis haben mehrere Gruppen ein nationales Neugeborenenscreening gefordert, das die Unterschiede zwischen den in jedem Bundesstaat untersuchten Erkrankungen beseitigen würde. Im Jahr 2005 forderte ein Bundeskomitee ein einheitliches Screening von 29 Erkrankungen, jedoch war die Einhaltung der Empfehlungen durch die Bundesstaaten freiwillig und Unterschiede blieben bestehen. Bis 2007 hatten insgesamt zehn Bundesstaaten das Screening für die 29 empfohlenen Bedingungen eingeführt. Zu diesem Zeitpunkt wurde die Variabilität in den Neugeborenenscreenings der Bundesstaaten von einigen Mitgliedern des Kongresses als ein großes Problem erkannt. Im Jahr 2008 verabschiedete der Kongress ein Gesetz namens Newborn Screening Act Saves Lives, das den Bundesstaaten Unterstützung bietet, um das Screening für mindestens 29 der 31 Erkrankungen durchzuführen, die jetzt auf dem Recommended Uniform Screening Panel (RUSP) enthalten sind. Das Gesetz wurde im Dezember 2014 erneuert, um die Bundesunterstützung für die Neugeborenenscreenings der Bundesstaaten fortzusetzen. Das RUSP wurde aktualisiert und enthält seit 2018 35 Bedingungen.

Einige private Labore bieten zusätzliche Neugeborenenscreenings an, die über das hinausgehen, was die meisten Bundesstaaten zur Verfügung stellen. In den meisten Fällen können Eltern diese Tests für ihre Neugeborenen über ihre Kinderärzte bestellen, aber die Versicherung deckt möglicherweise nicht die anfallenden Kosten ab.

Wie entscheiden die Bundesstaaten, welche Krankheiten untersucht werden?

In vielen Bundesstaaten definieren Gesetze zum Neugeborenenscreening die Auswahlkriterien für Krankheiten, die in das Screeningprogramm aufgenommen werden sollen, die Erstattung und die Ernennung einer staatlichen Behörde (zum Beispiel Gesundheitsamt) oder eines Ausschusses zur Überwachung des Programms und/oder zur Bestimmung der zu screenenden Erkrankungen. Zu Beginn der Bewegung für das Neugeborenenscreening wurden eine Reihe von Kriterien definiert, um zu prüfen, ob eine Krankheit in das Neugeborenenscreening eines Bundesstaates aufgenommen werden sollte. Diese Kriterien haben mehr oder weniger seit fast 40 Jahre lang Bestand:

- Die zu screenende Krankheit sollte ein ernsthaftes Gesundheitsproblem darstellen.
- Der natürliche Krankheitsverlauf sollte gut verstanden sein.
- Die Krankheit sollte in einem frühen Stadium nachweisbar sein.
- Eine frühe Behandlung sollte von Vorteil sein (wenn eine Behandlung in einem späteren Stadium ebenso von Vorteil ist, ist eine frühe Behandlung unnötig).
- Es kann ein genauer und akzeptabler Test für die Früherkennung entwickelt werden.
- Der Zeitraum für Erst- und Wiederholungstests sollte gut definiert sein.
- Es sollten geeignete Gesundheitsdienste vorhanden sein.
- Die Vorteile des Screenings sollten die Risiken überwiegen.

Im Allgemeinen ist die Häufigkeit vieler der gescreenten Krankheiten recht gering (Tab. 5.1). Zum Beispiel hat die angeborene Hypothyreose, die häufigste aller derzeit gescreenten Krankheiten, eine Häufigkeit von etwa 1 in 3000 Neugeborenen. Die seltenste gescreente Krankheit ist die Galaktosämie, die schätzungsweise 1 von 53.000 Neugeborenen betrifft. Insgesamt wird jedoch geschätzt, dass 1 von 300 Neugeborenen in den USA von einer durch das Screening identifizierten Krankheit betroffen ist.

Tab. 5.1 Die Häufigkeiten einiger Krankheiten, die in Neugeborenenscreenings in den USA getestet werden

Genetische Krankheit	Häufigkeit
Kongenitale Nebennierenhyperplasie	1 in 19.000
Angeborene Hypothyreose	1 in 3000
Galaktosämie	1 in 53.000
Phenylketonurie	1 in 14.000
Sichelzellanämie	1 in 3700/1 in 7400 (europäischer Abstammung)

Einige Krankheiten haben eine höhere Häufigkeit bei Personen bestimmter Herkunft; zum Beispiel ist die Sichelzellanämie bei Personen aus Familien afrikanischer, südostasiatischer oder mediterraner Herkunft etwa doppelt so häufig (~1 in 3700) im Vergleich zu Personen europäischer Herkunft (~1 in 7400).

Eine der Krankheiten, über deren Aufnahme in das Neugeborenenscreening mehrere Jahre lang diskutiert wurde, ist die Mukoviszidose oder zystische Fibrose (CF). CF ist eine vererbte Krankheit, die durch Mutationen in beiden Kopien des CF-Gens verursacht wird (denken Sie daran, dass wir zwei Kopien jedes Gens haben, eine von jedem Elternteil). Das Gen produziert ein Protein, das an der Produktion verschiedener Körperflüssigkeiten wie Schweiß, Verdauungssäften und Schleim beteiligt ist. Daher betrifft CF viele Organsysteme, von den Lungen über die Bauchspeicheldrüse bis hin zum Immunsystem. Symptome von CF können bereits bei Neugeborenen auftreten und umfassen geringes Wachstum und Lungeninfektionen. Die Lebenserwartung von Menschen mit CF hat sich in den letzten 50 Jahren stark verbessert; bei frühzeitiger Intervention und Behandlung können viele Individuen weit in ihre 30er und 40er hinein leben.

Viele US-Bundesstaaten haben einen zweistufigen Test eingeführt, um Babys zu identifizieren, die von CF betroffen sind. Zuerst wird ein Neugeborenenscreening auf ein Protein (genannt IRT) durchgeführt, das von der Bauchspeicheldrüse produziert wird und bei Personen mit CF erhöht ist. Wenn das Neugeborenenscreening einen hohen IRT-Wert zeigt, wird ein zweiter Test angeordnet, der das CF-Gen analysiert, um festzustellen, ob das Kind Mutationen in beiden Kopien des CF-Gens hat. Colorado war der erste Bundesstaat, der CF 1989 in sein Neugeborenenscreening aufgenommen hat, gefolgt von Wisconsin und Wyoming. Andere Bundesstaaten entschieden sich für ein nicht verpflichtendes Screening, abhängig von der Verfügbarkeit von Dienstleistungen in jedem Krankenhaus. Im Jahr

2004 empfahl das Centers for Disease Control and Prevention (CDC), dass CF aufgrund von „Beweisen für einen moderaten Nutzen und ein geringes Risiko von Schäden" in die Neugeborenenscreenings aufgenommen werden sollte. Heute schließen alle Bundesstaaten CF in ihr Neugeborenenscreening ein. CF hat die zweithöchste Inzidenz nach Sichelzellenanämie.

Weitere wichtige Überlegungen bei der Erweiterung des Neugeborenenscreenings sind die wirtschaftliche Machbarkeit und das Kosten-Nutzen-Verhältnis. Die Kosten für das Neugeborenenscreening sind in der Regel gering und liegen zwischen 30 und 165 US$. Einige Bundesstaaten erheben keine Gebühr, aber in den Bundesstaaten, die dies tun, werden die Gebühren für das Neugeborenenscreening in der Regel von staatlichen Programmen und privaten Versicherungen übernommen. In anderen Bundesstaaten sind die Kosten in den Mutterschaftsgebühren enthalten. Nur wenige Studien wurden durchgeführt, um die durch Neugeborenenscreenings erzielten Kosteneinsparungen zu ermitteln. Bei den untersuchten Krankheiten sind die geringeren Kosten vor allem darauf zurückzuführen, dass der Ausbruch der Krankheit verhindert wird und damit wenig Bedarf an fachkundiger medizinischer Versorgung und Dienstleistungen besteht.

Eines der größeren und kostspieligeren Probleme ist die Behandlung und Pflege eines betroffenen Säuglings. Da verschiedene Gesundheitsversicherer die benötigte Behandlung möglicherweise unterschiedlich einstufen, kann nicht immer davon ausgegangen werden, dass die Kosten für die Pflege eines betroffenen Kindes übernommen werden. Zum Beispiel kann die für PKU-Babys benötigte Niedrig-Phenylalanin-Formel von einigen Versicherern als Nahrung angesehen und nicht übernommen werden, während andere Versicherer sie als Medikament einstufen und damit übernehmen. Die Diskrepanz zwischen den staatlichen Richtlinien für das obligatorische Neugeborenenscreening und den Richtlinien für die Kostenübernahme der Behandlungen ist sehr besorgniserregend, da das Ziel des Screenings darin besteht, eine frühzeitige Intervention einzuleiten, um Krankheitssymptome zu verhindern oder zu minimieren.

Haben Eltern eine Wahl?

Die meisten Neugeborenenscreenings sind durch staatliches Recht definiert und schreiben vor, dass jedes Neugeborene untersucht wird. Außer in Wyoming ist eine informierte Zustimmung (die Erlaubnis der Eltern) für das Verfahren nicht erforderlich, da davon ausgegangen wird, dass der Nutzen der Identifizierung eines betroffenen Kindes größer ist als eventuelle

Einwände der Eltern gegen das Screening oder von ihnen wahrgenommene Risiken. Die meisten Bundesstaaten veröffentlichen Informationen über das Screeningprogramm auf den Webseiten der Gesundheitsämter; es kann jedoch sein, dass die Eltern weder über das Screening Bescheid wissen noch während der pränatalen oder postnatalen Periode darüber informiert wurden. Mehr als 30 Bundesstaaten erlauben es den Eltern, das Neugeborenenscreening aus religiösen Gründen abzulehnen, einschließlich Alabama, Arkansas, Kalifornien und Georgia. In 13 Staaten, darunter Alaska, Colorado, Florida, Iowa und der District of Columbia, kann das Neugeborenenscreening aus beliebigen Gründen abgelehnt werden. Natürlich müssten die Eltern wissen, dass ein Neugeborenenscreening durchgeführt wird, damit sie es im Voraus ablehnen zu können, wenn keine Zustimmung eingeholt wird.

Über das Screening auf behandelbare Krankheiten hinausgehen

Neugeborenenscreenings wurden immer als Präventionsprogramme beschrieben, da eine frühe Diagnose zur Verhinderung von Krankheiten oder zur erheblichen Reduzierung der Krankheitsschwere führen kann. Mit der Entwicklung neuer Technologien wird jedoch das Vermögen, verschiedene Substanzen und Proteine im Körper nachzuweisen, die mit anderen Krankheiten in Verbindung stehen, zunehmen und möglicherweise die Neugeborenenscreenings fortlaufend erweitern. Im Zeitalter der Genomik ermöglicht DNA-Sequenzierung die Identifizierung von Veränderungen in Genen, die mit Krankheiten in Verbindung stehen, die möglicherweise nicht durch Neugeborenenscreenings nachweisbar sind. Dies bedeutet jedoch nicht unbedingt, dass die frühzeitige Kenntnis des Erkrankungsrisikos zur Krankheitsprävention oder zu verbesserter Gesundheit führen wird. Einige Krankheiten können sich erst später im Leben (Erwachsenenalter) entwickeln, und frühzeitige Kenntnis könnte mehr Schaden (zum Beispiel elterliche Angst, Stigmatisierung) als Nutzen verursachen, wenn es keine Behandlung gibt, die frühzeitig angewendet kann.

Forschungen haben jedoch ergeben, dass einige Eltern Informationen über Krankheitsrisiken für ihr Kind wünschen, auch für unheilbare Krankheiten. Obwohl diese Informationen die Gesundheit ihres Neugeborenen, wenn es betroffen ist, möglicherweise nicht verbessern, kann solches Wissen für zukünftige Entscheidungen bezüglich der Familienplanung wertvoll sein. Weitere Vorteile können psychosoziale Vorteile, Zugang zu neuen, wenn auch nicht bewährten Behandlungen und Zugang zu Dienstleistungen wie speziellen Bildungsbedürfnissen, Physiotherapie oder anderen Unterstützungsdiensten umfassen. Unabhängig davon, wie die Informationen verwendet werden, glauben viele Eltern, dass sie das letzte Wort über die Untersuchung ihrer Kinder haben sollten.

Schlussfolgerung

Das Neugeborenenscreening ist eines der erfolgreichsten öffentlichen Gesundheitsprogramme, die jemals entwickelt wurden. Mit raschen Fortschritten in den Testtechnologien werden Bundes- und Landesprogramme die Neugeborenenscreenings weiterhin überprüfen und in Betracht ziehen, ob neue Erkrankungen hinzugefügt werden sollten. Technologie hat jedoch die Angewohnheit, unserer Politik, unserer Systeminfrastruktur und unserem Wissen voraus zu sein. Das bedeutet nicht, dass wir nicht frühzeitig von Fortschritten profitieren sollten, aber die Faustregel war im Allgemeinen, vorsichtig vorzugehen. Neue Technologien waren und werden auch weiterhin schneller sein als unsere Fähigkeit, zu verstehen, was das alles bedeutet und, was noch wichtiger ist, was zu tun ist, wenn ein "abnormales" Ergebnis festgestellt wird - zwei der Kriterien, die erfüllt sein sollten, bevor eine neue Krankheit in ein Neugeborenenscreening aufgenommen wird. Sollten wir, da die Technologie jetzt zur Verfügung steht, die Kriterien ändern und auf Krankheiten untersuchen, bei denen wir nicht genau wissen, was los ist oder wie sie zu behandeln sind? Welche Vorteile und Risiken birgt ein positives Screeningergebnis, wenn wir nicht genau wissen, was wir mit dieser Information anfangen sollen? Ist mehr Wissen besser oder kann es schädlich sein? Während Wissenschaftler und Gesellschaft sich durch all die Daten und neuen Technologien wühlen, stellt sich nicht mehr die Frage, ob wir es können, sondern eher, ob wir es sollten (ein wiederkehrendes Thema bei vielen in diesem Buch diskutierten Anwendungen).

Literatur

Baby's First Test. Available at BabysFirstTest.org

US Centers for Disease Control and Prevention. Newborn Screening Portal. Available at https://www.cdc.gov/newbornscreening/index.html

Association of Public Health Laboratories. NewSteps. Available at https://www.newsteps.org/

6
Süßes Blut

Diabetes mellitus Typ II oder kurz Diabetes, ist eine sehr alte Krankheit. Die früheste bekannte Erwähnung geht zurück auf 1500 v. Chr., als der Arzt Hesy-Ra häufiges Wasserlassen als Symptom beobachtete. Tausend Jahre später, im Jahr 150 v. Chr., beschrieb der Arzt Aretaios von Kappadokien (heute in der Türkei gelegen) den Zustand als „das Einschmelzen von Fleisch und Gliedmaßen in Urin". Aretaios verwendete das griechische Wort „diabetes", was so viel bedeutet wie das, was durchgeht, um einen Patienten mit Symptomen von übermäßigem Wasserlassen zu beschreiben.

Der zweite Teil des Namens der Krankheit (mellitus) wurde im elften Jahrhundert hinzugefügt. Zu dieser Zeit war beobachtet worden, dass der Urin von an Diabetes erkrankten Menschen süß schmeckte. Das lateinische Wort für Honig – „mellitus" – wurde dem Namen hinzugefügt, um diese Beobachtung zu berücksichtigen. Diabetes wurde seitdem mit einer Reihe von verschiedenen Namen beschrieben, einschließlich der Zuckerkrankheit, süßes Blut, Zucker im Blut, Zuckersucht oder einfach Zucker.

Laut dem National Diabetes Statistics Report 2020 leiden etwa 10 % der US-Bevölkerung (34,2 Millionen Menschen) an Diabetes. Allerdings sind etwa 25 % sich dessen nicht bewusst und etwa 7 Millionen Menschen haben Diabetes, wurden aber noch nicht diagnostiziert. Etwa 1,5 Mio. Menschen wurden im Jahr 2018 diagnostiziert. Da Diabetes eine lebenslange chronische Krankheit ist, sind die Kosten für die Gesundheitsversorgung enorm – im Jahr 2017 betrugen die geschätzten Gesamtkosten für diagnostizierten Diabetes in den USA 327 Milliarden US$. Zusätzlich zu den direkten medizinischen Ausgaben beinhaltet dies auch weitere Kosten

S. B. Haga, *Das Buch der Gene und Genome,* https://doi.org/10.1007/978-1-0716-3531-5_6

beispielsweise für Erwerbsunfähigkeitsrenten, Krankheitstage und vorzeitigen Tod. Darüber hinaus wird eine Person mit Diabetes wahrscheinlich 9000 Dollar für gesundheitsbezogene Ausgaben zahlen.

Obwohl im letzten Jahrhundert bedeutende Fortschritte bei der Diagnose und Behandlung von Diabetes gemacht wurden, blieben die genetischen Grundlagen der Krankheit weitgehend ein Rätsel. Obwohl seit einiger Zeit bekannt ist, dass eine familiäre Vorgeschichte von Diabetes das Risiko einer Person erhöht, haben sich die spezifischen Gene hinter der Krankheit für die Forscher als schwer fassbar erwiesen. Teil der Herausforderung bei der Identifizierung der Gene für eine so komplexe Krankheit wie Diabetes ist der erhebliche Einfluss von Umweltfaktoren wie Ernährung und Bewegung. Darüber hinaus ist es wahrscheinlich, dass mehr als ein Gen beteiligt ist, da Diabetes auf verschiedene Weisen entstehen kann. Allerdings haben jüngste Arbeiten, die durch neue Labortechnologien ermöglicht wurden, zu einer Reihe von Durchbrüchen geführt, woraus sogar einen Test zur Bestimmung des Diabetesrisikos entwickelt wurde. Dies sind hoffentlich Vorboten weiterer Entdeckungen, die nicht nur Ärzten ermöglichen werden, zu identifizieren, wer ein erhöhtes Risiko besitzt, sondern auch zu neuen Behandlungen führen, um den Beginn oder die Entwicklung der vielen Symptome, die mit Diabetes verbunden sind, zu vermeiden.

Was ist Diabetes?

Die Hauptenergiequelle unseres Körpers ist Glukose, eine Form von Zucker, die wir aus der Nahrung erhalten, nachdem sie abgebaut wurde. Glukose ist essenziell für Wachstum und Energie, aber unser Körper ist sehr empfindlich gegenüber den Glukosespiegeln in unserem Blut. Damit Glukose aus dem Blut austreten und die Zellen in unserem Körper erreichen kann, die sie benötigen, muss ein weiteres Molekül namens Insulin vorhanden sein. Insulin ist nicht in Lebensmitteln enthalten, sondern ist ein Hormon, das von speziellen Zellen produziert wird, die nur in der Bauchspeicheldrüse zu finden sind, einem Organ, das etwa sechs Zoll lang ist und hinter dem Magen liegt. Die Bauchspeicheldrüse produziert so viel Insulin, wie benötigt wird, um die Glukosespiegel des Körpers auf einem sicheren Niveau zu halten.

Diabetiker leiden an einem Problem mit Insulin – entweder wird wenig oder kein Insulin von der Bauchspeicheldrüse produziert oder falls es produziert wird, reagiert der Körper nicht korrekt auf das Insulin. Trotz der hohen Glukosespiegel im Blut sind die Zellen des Körpers energiehungrig, da das Insulin nicht vorhanden ist, um den Zellen das Signal zu geben, die Glukose aufzunehmen (ein sehr kontrollierter, schrittweiser Prozess). Hohe Glukosespiegel im Blut können Schäden in mehreren Teilen des Körpers verursachen und zu zahlreichen Folgeerkrankungen führen, einschließlich Herzinfarkten, Schlaganfällen, Nierenerkrankungen und Erblindung (Abb. 6.1).

Trotz der langen Geschichte des Diabetes wurde erst 1959 erkannt, dass es zwei Haupttypen von Diabetes gibt: Typ 1 (insulinabhängiger oder juveniler Diabetes) und Typ 2 (nicht insulinabhängiger) Diabetes. Typ-1-Diabetes macht etwa 5–10 % aller Diabetesfälle in den USA aus. Er entwickelt sich typischerweise bei Kindern und jungen Erwachsenen, kann aber in jedem Alter auftreten. Typ-1-Diabetes entwickelt sich, wenn das Immunsystem des Körpers fälschlicherweise die insulinproduzierenden Zellen in der Bauchspeicheldrüse angreift und zerstört. Als Ergebnis benötigen Patienten mit Typ-1-Diabetes tägliche Insulingaben zur Regulation ihres Blutzucker-

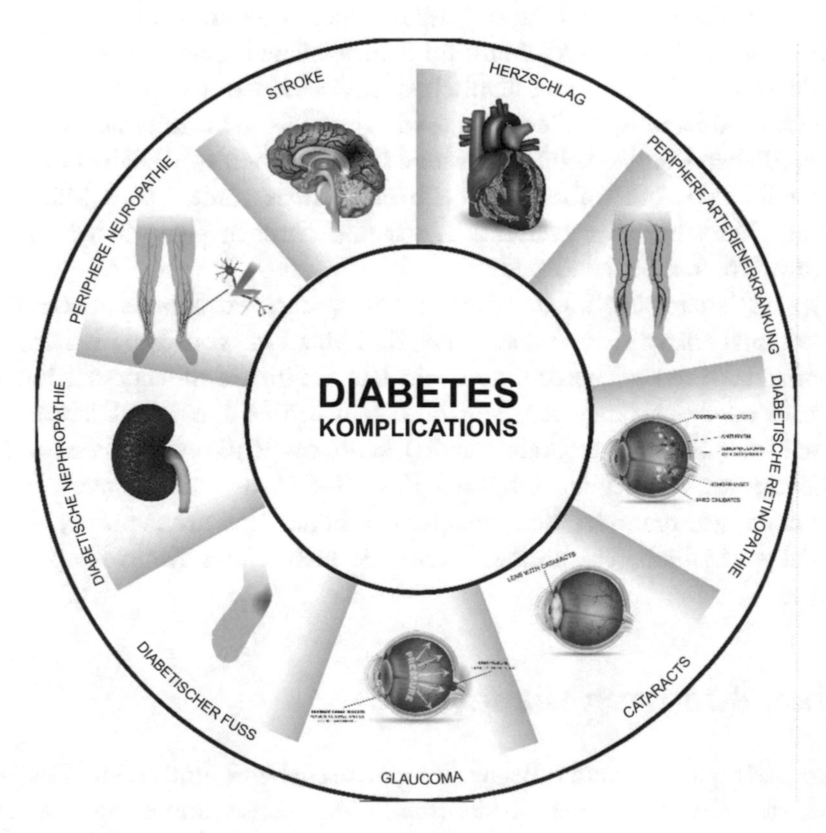

Abb. 6.1 Diabetes-Folgeerkrankungen. (Quelle: Adobe Photo Stock)

spiegels. Bleibt der Typ-1-Diabetes unbehandelt, kann die Person in ein lebensbedrohliches diabetisches Koma fallen.

Typ-2-Diabetes ist die häufigere Form und betrifft etwa 90–95 % der Menschen mit Diabetes. Das Risiko für Typ-2-Diabetes steigt mit dem Alter und ist oft mit Fettleibigkeit und körperlicher Inaktivität verbunden; daher wird die steigende Anzahl von Menschen mit Fettleibigkeit zu noch mehr Menschen mit Diabetes führen. Obwohl Typ-2-Diabetes typischerweise mit älteren Erwachsenen in Verbindung gebracht wird, wird das Diagnosealter immer jünger, was ein weiteres Problem darstellt, da diese Menschen ein erhöhtes Risiko zeigen, in jüngerem Alter gesundheitliche Komplikationen zu entwickeln.

Ein weiterer Unterschied zwischen Typ-1- und Typ-2-Diabetes ist, dass sich Typ-2-Diabetes allmählich über die Zeit entwickelt. Der langsame Beginn der Symptomatik kann dazu führen, dass die Krankheit für einige Zeit unerkannt bleibt. Menschen mit leicht erhöhten Glukosespiegeln werden oft als Prädiabetiker diagnostiziert. Diese leicht erhöhten Blutzuckerspiegel können das Risiko einer Person, voll ausgeprägten Diabetes sowie Herzkrankheiten und Schlaganfälle zu entwickeln, erhöhen. Mindestens 40 % der amerikanischen Erwachsenen (Alter 40–74 Jahre) gelten als prädiabetisch; die meisten von ihnen werden innerhalb von zehn Jahren Diabetes entwickeln. Symptome bei Menschen mit Diabetes können recht mild sein und unbemerkt bleiben, während andere über Müdigkeit, häufiges Wasserlassen, verstärkten Durst und Hunger, Gewichtsverlust und verschwommenes Sehen klagen.

Typ-2-Diabetes ist auch bekannt dafür, dass er Minderheiten überproportional betrifft, was auf eine Kombination von genetischen und Lebensstilfaktoren zurückzuführen sein kann. Eine Familiengeschichte von Diabetes oder Schwangerschaftsdiabetes (ein dritter Typ von Diabetes, der während der Schwangerschaft auftritt) kann das Risiko einer Person, Typ-2-Diabetes zu entwickeln, erhöhen. Etwa 3–8 % der schwangeren Frauen entwickeln während der Schwangerschaft hohe Blutzuckerspiegel, die für das Baby schädlich sein können, wenn sie nicht unter Kontrolle gebracht werden.

Behandlung von Diabetes

Lange Zeit gab es keine Behandlung für Diabetes und seine Diagnose bedeutete ein langsames Todesurteil. Der Zusammenhang zwischen Ernährung und hohen Zuckerwerten wurde Mitte des 19. Jahrhunderts beobachtet. Interessanterweise verbesserten sich bei Diabetikern während des Deutsch-Französischen Krieges die Zuckerwerte im Urin, was man auf ihre eingeschränkte Ernährung aufgrund von Lebensmittelrationierungen zurückführte. Diese Beobachtung bildete die Grundlage für spezielle Diäten für Diabetiker. Anfang des 20. Jahrhunderts wurden eine Reihe von Mode-Diäten empfohlen, um den Glukosespiegel bei Diabetikern zu senken, wie die Haferflockendiät, Milchdiät, Reiskur und Kartoffeltherapie.

Obwohl bekannt war, dass Insulin in der Bauchspeicheldrüse produziert wird und der Schlüssel zur Regulierung des Blutzuckerspiegels ist, wurde Insulin erst 1921 vom kanadischen Arzt Dr. Fred Banting entdeckt. Nach erfolgreicher Extraktion von Insulin aus der Bauchspeicheldrüse von Hunden verabreichten Dr. Banting und seine Kollegen eine Zubereitung des extrahierten Insulins an Hunde, denen die Bauchspeicheldrüse entfernt worden war. Sie beobachteten verbesserte Glukosespiegel und eine Erholung von Diabetes. Kurz darauf, im Jahr 1922, wurde der erste Patient, ein 14-jähriger Junge, mit aus Kuh extrahiertem Insulin behandelt und zeigte ebenfalls deutliche Anzeichen einer Verbesserung. Die weltweite Bedeutung ihrer wichtigen Entdeckung blieb nicht unbemerkt. Im Jahr 1923 wurden Dr. Banting und sein Mitarbeiter, der schottische Physiologe Dr. J.J.R. MacLeod von der Universität Toronto, mit dem Nobelpreis ausgezeichnet. Der Mechanismus, wie Insulin die Aufnahme von Glukose in die Zellen steuert, ist in Abb. 6.2 dargestellt.

Nach den erfolgreichen Humanstudien von Dr. Banting wurde Insulin, das aus anderen tierischen Bauchspeicheldrüsen (Kuh, Pferd, Schwein) extrahiert wurde, zur Behandlung von Diabetikern eingesetzt. Allerdings verursachten die oft unreinen Insulinextrakte Nebenwirkungen bei den Patienten. In den 1930er-Jahren entwickelten pharmazeutische Unternehmen eine Langzeitform von Insulin, die bis zu 36 Stunden anhielt.

Im Jahr 1977 wurde schließlich das Gen für menschliches Insulin identifiziert. Zu dieser Zeit gab es große Begeisterung für ein neues Feld namens Biotechnologie und das Potenzial für neue Therapien mithilfe von DNA. Wissenschaftler des Biotechnologieunternehmens Genentech konstruierten 1978 ein kleines kreisförmiges Stück DNA, das das Insulingen enthielt. Dieses fügten sie anschließend in einen Stamm des gängigen Bakteriums *E. coli* ein. Während sich diese *E.-coli*-Bakterien schnell vermehrten, produzierten sie große Mengen an Insulin, das leicht aus der Bakterienmischung extrahiert werden konnte. Im Jahr 1980 wurde die gentechnisch veränderte Form von Insulin erstmals an Menschen getestet und erwies sich als etwas wirksamer als das zu dieser Zeit verwendete, aus Schweinen gereinigte Insulin. Ein anderes Unternehmen namens Eli Lilly

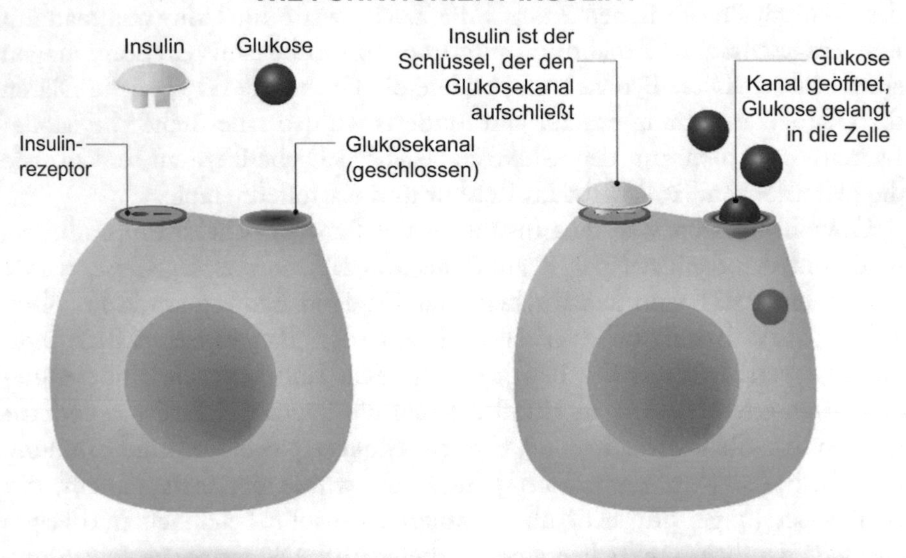

Abb. 6.2 Mechanismus, wie Insulin den Glukosespiegel im Körper reguliert. Die Zellen unseres Körpers kontrollieren die Bewegung von Molekülen in und aus den Zellen sehr streng. Viele Moleküle können nur durch einen speziellen Kanal oder Eingang (wie eine Tür) ein- und austreten; jedoch kann die Tür nur von einem anderen Molekül „aufgeschlossen" werden. Dies ist die Rolle von Insulin. Auf der linken Seite kann Glukose von der Zelle nicht aufgenommen werden, da Insulin nicht an den Insulinrezeptor gebunden ist. Der Insulinrezeptor sendet ein Signal nach Bindung von Insulin, worauf sich der Rezeptor (oder die Tür) für Glukose öffnet. (Quelle: Adobe Photo Stock)

überholte Genentech bei der Entwicklung der ersten zugelassenen Form von synthetischem menschlichem Insulin und begann 1982 mit der Vermarktung der lebensrettenden Behandlung.

Menschen mit Typ-1-Diabetes müssen Insulin nehmen, um ihren Blutzuckerspiegel so normal wie möglich zu halten, eine gesunde Ernährung einhalten und körperlich aktiv sein. Der Blutzuckerspiegel kann täglich mit handlichen Glukosemessgeräten überprüft werden, die so empfindlich sind, dass sie nur einen Fingerstich Blut benötigen.

Typ-2-Diabetes wird zunächst durch das Versagen des Körpers verursacht, auf das von der Bauchspeicheldrüse produzierte Insulin zu reagieren. Mit anderen Worten, die Insulinspiegel sind normal, aber der Körper scheint nicht so gut auf das Insulinsignal zu reagieren. Im Laufe der Zeit kann der Widerstand der Zellen gegen Insulin zunehmen. Die Behandlung kann zunächst mit einer sorgfältigen Ernährung und regelmäßiger Bewegung beginnen, aber irgendwann werden Medikamente benötigt, um den Glukosespiegel zu kontrollieren. Daher ändert sich die Behandlung von Typ-2-Diabetes, wenn sich die Erkrankung verändert.

Bei Frauen mit Gestationsdiabetes kann der hohe Blutzuckerspiegel die Plazenta passieren und eine erhöhte Insulinproduktion im Fötus auslösen. Das fötale Insulin signalisiert, dass Glukose als Fett gespeichert werden soll, was zu größeren Babys führt, die möglicherweise per Kaiserschnitt entbunden werden müssen. Darüber hinaus haben Kinder von Müttern mit Gestationsdiabetes ein erhöhtes Risiko für Atemprobleme, Fettleibigkeit und Typ-2-Diabetes. Daher ist es für werdende Mütter mit Gestationsdiabetes entscheidend, den Glukosespiegel während der Schwangerschaft so nah wie möglich am Normalwert zu halten, durch eine sorgfältige Ernährung und regelmäßige körperliche Aktivität. Einige müssen möglicherweise tägliche Blutzuckertests durchführen und benötigen eventuell Insulininjektionen.

Genetik von Diabetes

Seit Jahrhunderten ist bekannt, dass sowohl Typ-1- als auch Typ-2-Diabetes familiär vorkommen, was einen starken Zusammenhang zwischen Genetik und Diabetes darstellt. Verwandte von Diabetikern zeigen ein höheres Risiko, Diabetes zu entwickeln, als diejenigen ohne familiäre Vorgeschichte. Während die Behandlung von Diabetes erheblich von der Entdeckung des Insulingens und der Biotechnologie profitierte, bleibt unser Verständnis der genetischen Ursachen von Diabetes weitgehend ein Rätsel. Beide Arten von Diabetes werden vermutlich durch eine Kombination von genetischen und Umweltfaktoren (zum Beispiel Infektionen, Ernährung, körperliche Inaktivität) verursacht. Der Abschluss der Sequenzierung des menschlichen Genoms und die Entwicklung neuer Technologien zum „Scannen" der DNA auf genetische Varianten haben es den Wissenschaftlern ermöglicht, Gene, die zu komplexen Krankheiten wie Diabetes beitragen, schneller zu identifizieren, indem sie DNA von Tausenden von Patienten analysieren. Allerdings gibt es derzeit noch keine klinischen genetischen Tests, um das Diabetesrisiko einer Person vorherzusagen, aber es werden Fortschritte gemacht, um die genetischen Ursachen zu entwirren.

Typ-1-Diabetes

Mindestens 20 verschiedene Gene bzw. Genregionen wurden mit der Anfälligkeit für Typ-1-Diabetes in Verbindung gebracht. Eine der stärksten genetischen Verbindungen zu Typ-1-Diabetes findet sich in einer Familie von Genen, die die Grundlage für unsere körpereigene Immunantwort bilden. Bekannt als humane Leukozytenantigene (HLA), produzieren diese Gene die Proteine, die am Rand unserer Immunzellen sitzen und fremde Pathogene (Bakterien, Viren) den Immunabwehrzellen aussetzen und die Zerstörung dieser Zellen signalisieren. Die HLA-Proteine spielen daher eine entscheidend Rolle bei der Unterscheidung zwischen fremden und unseren eigenen Zellen. Ohne die Fähigkeit, Selbst (unsere Zellen) von Nichtselbst (Bakterien, Viren) zu unterscheiden, ist unser Körper verwirrt und beginnt irrtümlich verschiedene Zellen unseres Körper anzugreifen. Leider passiert dies tatsächlich, was zu einer Vielzahl von Krankheiten führt, einschließlich Typ-1-Diabetes, Multiple Sklerose und rheumatoide Arthritis. Diese Arten von Krankheiten sind als Autoimmunerkrankungen bekannt. Bei Typ-1-Diabetes werden die Zellen der Bauchspeicheldrüse, die Insulin produzieren, zerstört oder beschädigt, wodurch die Insulinproduktion eliminiert oder stark eingeschränkt wird.

Die auf Chromosom 6 lokalisierte HLA-Genfamilie enthält tatsächlich Hunderte von Genen, die an unserer körpereigenen Immunantwort beteiligt sind. Es wird geschätzt, dass insbesondere einige der HLA-Klasse-II-Gene, die als insulinabhängige-Diabetes-mellitus-1(IDDM1)-Gene bezeichnet werden, für etwa 40 bis 50 % des erblichen Risikos für Typ-1-Diabetes verantwortlich sind. Trotz der starken Assoziation zwischen diesen Genen und Typ-1-Diabetes ist bis heute nicht klar, wie genau diese Gene zur Krankheitsentwicklung beitragen.

Typ-2-Diabetes

Mindestens zehn Gene wurden mit einem erhöhten Risiko für Typ-2-Diabetes in Verbindung gebracht. Angesichts der Komplexität von Diabetes und dem erheblichen Einfluss von Umweltfaktoren wird jedoch geschätzt, dass genetische Faktoren das Risiko möglicherweise nur mäßig erhöhen, vielleicht bis zu 20 %. Das Bild der Genetik hinter Typ-2-Diabetes wird langsam klarer, und es scheint, als ob eine Kombination von genetischen Varianten das Krankheitsrisiko besser abschätzt als ein einzelnes

Gen es könnte. Die Umwelt (Ernährung, körperliche Aktivität) könnte der Hauptauslöser für den Krankheitsbeginn sein.

Drei maßgebliche Gene, das KCNJ11-, PPARG- und TCFL2-Gen, wurden in mehreren Studien mit einem erhöhten Risiko für Typ-2-Diabetes assoziiert. Das KCNJ11-Gen wurde erstmals mit einer Art von Diabetes in Verbindung gebracht, der in den ersten sechs Monaten nach der Geburt auftritt, bekannt als Neugeborenen-Diabetes. Das Gen kodiert ein Protein, das Teil eines „Kanals" ist. Der KCNJ11-Kanal fungiert wie eine Mautstelle, die den Durchgang verschiedener Moleküle in und aus der Zelle je nach Bedarf der Zelle reguliert. Insbesondere reagiert der Kanal auf Signale zur Insulinsekretion. Funktioniert der Kanal aufgrund einer Variation in der DNA-Sequenz des Gens, die irgendeinen strukturellen Defekt im Kanal verursacht, nicht richtig, wird nicht die richtige Menge an Insulin ausgeschüttet. Mutationen im KCNJ11-Gen können je nach Art entweder die Insulinsekretion erhöhen oder verringern. Eine erhöhte Insulinsekretion führt zu einem hypoglykämischen Zustand (abnormal niedrige Blutzuckerspiegel) – das Gegenteil von dem, was bei Diabetes auftritt. , Ist die Insulinsekretion verringert, führt das zu hohen Blutzuckerspiegeln und zur Entwicklung von Diabetes. Je schwerwiegender die genetische Mutation in Bezug auf die Funktion des Proteins ist, desto schwerwiegender wird der Typ von Diabetes, der im jungen Alter auftritt.

Ein weiterer validierter genetischer Risikofaktor für Typ-2-Diabetes ist das PPARG-Gen. PPARG ist an der Erzeugung von Fettzellen während der Entwicklung und dem Stoffwechsel von Fettsäuren beteiligt. Es ist daher nicht überraschend, dass Varianten des PPARG-Gens mit einem erhöhten Risiko für die Entwicklung von Fettleibigkeit und Typ-2-Diabetes in Verbindung gebracht wurden. Das PPARG-Protein ist sehr empfindlich gegenüber einer Reihe von Medikamenten und daher müssen Diabetiker vorsichtig sein, welche Medikamente sie einnehmen. Erhöhte PPARG-Konzentrationen können zu einer erhöhten Insulinsensitivität und reduzierten Blutzuckerspiegeln führen. Da 75 % der allgemeinen Bevölkerung die genetische Variante tragen, die mit einem erhöhten Risiko verbunden ist (wenn auch ein geringes Risiko – etwa 1,3 %), sind die Auswirkungen aus gesundheitspolitischer Sicht und aus Sicht des Diabetesrisikos erheblich. Es wurde jedoch gezeigt, dass einige Varianten des Gens schützend wirken und das Risiko für Typ-2-Diabetes reduzieren.

Wahrscheinlich die aufregendste genetische Entdeckung in der Typ-2-Diabetes-Forschung ist das TCF7L2-Gen. Die Verbindung zwischen diesem Gen und Typ-2-Diabetes wurde 2006 von Wissenschaftlern des isländischen Unternehmens deCODE Genetics entdeckt. Die Bevölkerung Islands gilt aus mehreren Gründen als eine der „einfacheren" Populationen für genetische Studien. Erstens ist die Bevölkerung eher beständig – das heißt, es gibt in Island nur wenig Zu- und Abwanderung, was Genetiker als homogene Bevölkerung bezeichnen. Da es nur wenige Einwanderer gibt, sind unter den Einwohnern Islands seit Jahrhunderten dieselben Genvarianten verbreitet, was zu einer recht einheitlichen genetischen Zusammensetzung der Bevölkerung führt. Da die genetischen Unterschiede innerhalb einer Gruppe von Menschen aus Island weit geringer sind als in einer stark gemischten Bevölkerung, wie sie in den USA oder Brasilien zu finden ist, wird es für Genetiker viel einfacher, ein Gen oder eine Genregion zu identifizieren, die mit einer Krankheit in Verbindung steht. Darüber hinaus sind Isländer für ihre akribische Aktenführung bekannt und haben Aufzeichnungen, die mehrere Generationen zurückreichen und die Gesundheitsgeschichte ihrer Familie dokumentieren, was für Forscher äußerst hilfreich ist, um Familien mit einer Erbkrankheit zu identifizieren.

In einer vorläufigen Studie an Diabetikern aus Island fanden Forscher heraus, dass eine Genregion auf Chromosom 10 stark mit Diabetes assoziiert ist. Um zu identifizieren, welches Gen unter vielen in dieser Region das krankheitsverursachende Gen ist, untersuchten die Forscher mehrere genetische Varianten von Genen, die in dieser Region lokalisiert sind. Sie fanden heraus, dass bei mehr als 1100 Diabetespatienten aus Island und fast 600 weiteren Patienten aus den USA und Dänemark Varianten im TCF7L2-Gen stark mit Typ-2-Diabetes assoziiert sind. Erstaunlicherweise haben Individuen, die zwei Kopien der TCF7L2-Genvariante tragen, ein etwa doppelt so hohes Risiko, Diabetes zu entwickeln, ein viel höheres Risiko als für jede andere bisher bekannte genetische Variante. Etwa einer von fünf Menschen mit Diabetes (~18 %) wird zwei Kopien dieser genetischen Variation tragen. Es wird angenommen, dass das Gen an der Regulierung der Insulinsekretion beteiligt ist.

Diese Ergebnisse wurden anschließend für viele verschiedene Populationen reproduziert, einschließlich Japanern, Amerikanern, Mexikanern, Westafrikanern und Finnen. Während der Effekt der TCF7L2-Genvariante in verschiedenen Populationen bestehen bleibt, variiert ihre Häufigkeit zwischen den Gruppen, wobei die höchsten Frequenzen bei Ureinwohnern Amerikas (insbesondere bei den Pima-Indianern des Südwestens der USA) gefunden werden. Die Genvariante ist auch häufiger bei Hispanics und Afroamerikanern als bei Weißen.

Würden Sie Ihr Verhalten ändern, wenn Sie wüssten, dass Sie ein Risiko für Diabetes haben?

Obwohl keine klinischen Tests zur Vorhersage von Diabetes verfügbar sind, ist es wahrscheinlich, dass solche Tests in der Zukunft verfügbar sein werden. Basierend auf der Analyse des TCF7L2-Gens und mehrerer anderer Gene könnte das Diabetesrisiko einer Person geschätzt werden. Da das beitragende Risiko jedes Gens wahrscheinlich eher gering ist (mit Ausnahme des TCF7L2-Gens), würde ein Test einer Gruppe von Genen, die bekanntermaßen mit Typ-2-Diabetes in Verbindung stehen, zu einem genaueren und zuverlässigeren Ergebnis führen. Zum Beispiel hat der Test des TCF7L2-Gens in Kombination mit PPARG- und KCNJ11-Genen eine bessere Vorhersagekraft als der Test des TCF7L2-Gens allein.

Es wurde viel darüber diskutiert, ob das Wissen über den eigenen genetischen Risikostatus zu verbesserten Gesundheitsergebnissen führen würde, das heißt zur Verhinderung des Ausbruchs von Diabetes oder zu einer früheren Diagnose und einer geringeren Schwere der Krankheit. Das Wissen über ein erhöhtes Risiko für Diabetes könnte einige Menschen motivieren, sich ernsthaft um eine Änderung ihres Lebensstils zu bemühen, um ihr Risiko so weit wie möglich zu reduzieren. Auch wenn Sie Ihre Gene nicht ändern können, spielen andere Faktoren wie Ernährung und Bewegung wahrscheinlich eine viel größere Rolle bei der Verringerung Ihres Diabetesrisikos.

Andererseits könnten Menschen mit einem erhöhten Diabetesrisiko eine defätistische Haltung einnehmen und denken, dass sie wegen ihrer Gene wahrscheinlich sowieso Diabetes entwickeln werden, unabhängig davon, was sie tun oder ändern, und dabei den Einfluss des Lebensstils ignorieren. Oder könnten manche Menschen eine tiefe Angst vor ihrem erhöhten Risiko entwickeln und/oder extrem abnehmen oder der Obsession verfallen, ihr Risiko zu reduzieren, sodass sich dieses Wissen tatsächlich schädlich auswirkt? Wie eine Gruppe von Gesundheitswissenschaftlern aus den Niederlanden und den USA nach der Entdeckung des TCF7L2-Gens feststellte, „sind prädiktive Gentests sinnvoll, wenn der Wert, den sie zu bestehenden Interventionen hinzufügen, die zusätzlichen persönlichen und sozialen Kosten überwiegt".

Die Sechs-Millionen-Dollar-Frage ist also, ob Sie nach Feststellung eines erhöhten genetischen Diabetes-Risikos Ihren Lebensstil ändern würden. Angesichts der lebenslangen Behandlung und der verheerenden Folgen unbehandelter Diabetes würde man denken, dass dies eine Selbstverständlichkeit wäre. Aber wie bei anderen Gewohnheiten, die wir trotz des Wissens, wie ungesund sie sind (zum Beispiel Rauchen, Nichttrainieren, Essen von fetthaltigen Lebensmitteln), pflegen, ist es nicht sicher, dass das Wissen um Ihre genetische Veranlagung zu Diabetes Ihr Verhalten wirklich so sehr ändern würde. Wir wissen bereits, dass wir täglich Sport treiben und auf unsere Ernährung achten sollten – würde ein genetischer Test, der auf ein höheres als durchschnittliches Diabetesrisiko hinweist, uns motivieren, endlich diese Fitnessstudiomitgliedschaft zu kaufen oder gesund zu essen? Ich möchte nicht zu negativ klingen, aber die Chancen stehen für viele Menschen nicht gut. Es wird eine massive Aufklärung der Öffentlichkeit und Veränderungen in unserem täglichen Leben erfordern, eine gesündere Lebensweise zu fördern, was weit über ein einfaches Gentestergebnis hinausgeht.

Literatur

Diabetes Research Institute. Available at https://www.diabetesresearch.org/diabetes-statistics

National Institute for Diabetes and Digestive and Kidney Diseases. Diabetes. Available at https://www.niddk.nih.gov/health-information/diabetes

American Diabetes Association. Available at https://www.diabetes.org/

7

Wird dieses Medikament bei Ihnen wirken?

Sie haben vielleicht bemerkt, dass Menschen unterschiedlich auf das gleiche Medikament reagieren, das zur Behandlung der gleichen Erkrankung verwendet wird. In Gesprächen mit Ihren Freunden, Kollegen und Familienmitgliedern haben Sie erfahren, dass ein Medikament bei einer Person wirkte, aber Nebenwirkungen verursachte, bei einer zweiten Person teilweise wirkte, ohne dass Nebenwirkungen auftraten, und bei einer dritten Person überhaupt nicht wirkte. Sie selbst sind wahrscheinlich zu Ihrem Arzt und/oder der Apotheke gegangen, um ein anderes Medikament zu bekommen, weil das zuerst verschriebene nicht wirkte oder Sie von Nebenwirkungen betroffen waren (und möglicherweise ein weiteres Medikament benötigten, um die Nebenwirkungen des ersten Medikaments zu beheben). Das neue Rezept kann entweder für ein völlig anderes Medikament sein oder eine andere Dosierung des ersten Medikaments angeben. Dieser Behandlungsansatz verursacht aufgrund von vielen Verschreibungen, mehreren Arztbesuchen und entsprechender Nachsorge, Unannehmlichkeiten für Patienten und zusätzlichen Krankheitstagen und sogar wegen Nebenwirkungen entstandenen Krankenhausaufenthalten Millionen von Dollar an Gesundheitskosten.

Anbieter berücksichtigen routinemäßig mehrere Faktoren bei der Verschreibung eines Medikaments, aber die sicherste und effektivste Behandlung wird oft nur durch einen Versuch-und-Irrtum-Ansatz gefunden. Die unterschiedlichen Reaktionen der Menschen auf Medikamente können auf eine Reihe von Faktoren zurückgeführt werden, wie zum Bei-

S. B. Haga, *Das Buch der Gene und Genome*, https://doi.org/10.1007/978-1-0716-3531-5_7

spiel Wechselwirkungen zwischen Medikamenten (bei gleichzeitiger Einnahme mehrerer Medikamente), falsch verschriebene Medikamente oder Dosierungen, falsche Diagnosen, Race, Ernährung und Genetik. Natürlich möchte ich an dieser Stelle den letztgenannten Faktor diskutieren. Die Untersuchung der Medikamentenreaktion im Zusammenhang mit Genetik gilt als eine der heute vielversprechendsten genetischen Anwendungen. Zusammen mit klinischen Informationen können genetische Tests für die Reaktion auf Medikamente den Ärzten helfen, das sicherste und effektivste Medikament in der richtigen Dosierung präziser zu verschreiben.

Im Jahr 1959 wurde die Kombination aus der Wissenschaft der Wirkstoffe (Pharmakologie) und der Genetik als Pharmakogenetik bezeichnet. Der Begriff Pharmakogenomik wird oft synonym mit Pharmakogenetik verwendet und spiegelt den umfangreicheren Einsatz von genomischen Technologien wider. Personalisierte Medizin bezieht sich auf die Anpassung der klinischen Versorgung und Interventionen (einschließlich Medikamente) an die einzigartigen Umstände eines Patienten, anstatt sich auf Populationsdurchschnitte oder Trends zu verlassen („das durchschnittliche Risiko für diese Krankheit ist das"). In Abwesenheit spezifischer Informationen über einen einzelnen Patienten sind diese Bevölkerungsdurchschnitte ein nützlicher Leitfaden für die Vorsorge. Aber die Berücksichtigung der Familiengesundheitsgeschichte eines Patienten, von Gesundheitsverhalten (zum Beispiel Rauchen), Bewegungsgewohnheiten, Beruf, Alter, Geschlecht, Gewicht, Race und jetzt Genetik wird eine genauere Risikobewertung für einen gegebenen Patienten ergeben. Das Gleiche gilt auch für das Ansprechen auf Medikamente – genetische Informationen können verwendet werden, zusätzlich zu vielen anderen Faktoren, um vorherzusagen, wie ein Patient auf ein verschriebenes Medikament reagieren könnte, und dadurch Gesundheitsdienstleister dabei unterstützen, das beste Medikament auszuwählen, das für diesen Patienten mit minimalen Nebenwirkungen wirken wird. Wie später beschrieben, gelten pharmakogenetische Tests als eine der frühen Anwendungen, die aus der personalisierten oder präzisen Medizin hervorgegangen sind. Der Ausdruck personalisierte Medizin hat sich zu Präzisionsmedizin gewandelt, 1) um zu reflektieren, dass die aktuelle Praxis bereits viele Patientenfaktoren bei der Bestimmung des besten Versorgungsweges berücksichtigt (sie ist personalisiert), und 2) um die Fehlinterpretation zu zerstreuen, dass personalisierte Medizin bedeutet, dass jeder Patient eine einzigartige Intervention oder Versorgungsplan erhalten wird. Somit zielt der Begriff Präzisionsmedizin darauf ab, vielerlei Informationen zu nutzen, um das Krankheitsrisiko eines Patienten und seine

Reaktion auf Medikamente genauer zu bestimmen, um Entscheidungen zur Behandlung oder Vorsorge zu optimieren.

Kurze Geschichte der Genetik und der Reaktion auf Wirkstoffe

In den vergangenen Jahren wurde intensiver auf die Genetik der Reaktion auf Wirkstoffe fokussiert; allerdings gibt es schon seit einiger Zeit Studien zur Genetik der Arzneimittelreaktion. Bereits in den frühen 1900er-Jahren wurde beobachtet, dass die Mehrheit der Bevölkerung ein neues Medikament im Allgemeinen gut verträgt; jedoch zeigen sich bei einem kleinen Prozentsatz Nebenwirkungen (auch bekannt als unerwünschte Reaktion), die in Schweregrad und Art variieren können. Die Nebenwirkungen können auf Arzneimitteltoxizität zurückzuführen sein, die durch ineffizienten oder fehlerhaften Abbau des Medikaments verursacht wird.

In den 1950er- und 1960er-Jahren wurden einige wichtige Entdeckungen gemacht, die den Zusammenhang zwischen Genetik und Arzneimittelreaktion aufzeigten und das Konzept der medikamentösen Behandlung auf der Grundlage der genetischen Veranlagung einführten. Im Sommer 1951 begannen Soldaten, die aus dem Koreakrieg in die USA zurückkehrten, Symptome von Malaria zu zeigen. Malaria war eine Krankheit, die dem US-Militär aus ihrer Erfahrung im Zweiten Weltkrieg im Südpazifik nur allzu bekannt war; etwa 70 Soldaten von je 1000 im Südpazifik stationierten waren von Malaria betroffen. Malaria belastete die meisten großen US-Militäreinsätzen seit dem Unabhängigkeitskrieg.

Das Medikament Quinacrin war das wirksamste verfügbare Medikament in den 1940er-Jahren; jedoch war das Angebot an Chinin, der Hauptzutat von Quinacrin, nur in begrenzter Menge verfügbar. Chinin, eine natürliche, in der Rinde des in Südamerika und anderen Orten wachsenden Chinarindenbaums vorkommende Substanz, wird seit mehr als 350 Jahren zur Behandlung von Malaria verwendet. Während des Zweiten Weltkriegs wurden die Chininlieferungen für die USA und die Alliierten von den Japanern abgeschnitten. Sofort wurde mit der Erforschung eines alternativen Medikaments begonnen, bevor die Krankheit militärische Einheiten im Südpazifik und in Indien vernichtete. Eine synthetische Version von Quinacrin namens Atabrin wurde 1935 in Panama auf Versuchsbasis gegen Malaria eingesetzt. Als 1945 ausreichende Mengen an Atabrin verfügbar waren, wurde es dem gesamten US-Militärpersonal in Malariaendemischen Gebieten verabreicht. Dieses Medikament bekämpfte wirksam die verheerenden Auswirkungen von Malaria auf die Einsatzbereitschaft der Truppen und reduzierte die Folgen der Krankheit auf in diesen Regionen stationierte Truppen beträchtlich.

Trotz seiner Wirksamkeit zeigte Atabrin jedoch eine Reihe von Nebenwirkungen. Soldaten beklagten den bitteren Geschmack, Hautverfärbungen, Kopfschmerzen, Übelkeit, Erbrechen und, wenn auch selten, vorübergehende Psychosen. Alf Alving, ein Forscher der Universität von Chicago, stellte fest, dass insbesondere afroamerikanische Soldaten eine eher schlechte Reaktion auf einige Antimalariamittel zeigten. Insbesondere entwickelten afroamerikanische Soldaten häufiger als weiße Soldaten eine schwere Form von Anämie, die zu starker Schwäche und Müdigkeit führte. Bei dem Medikament namens Pamaquin war eine Dosis von 90 mg erforderlich, um den in der Südpazifikregion vorherrschenden Malaria-Stamm effektiv zu behandeln, aber eine Dosis von nur 30 mg wurde als toxisch für afroamerikanische Soldaten befunden. Für ein anderes Medikament namens Isopentaquin gab es keine „sichere" Dosis für afroamerikanische Soldaten.

Um den starken Anstieg der Malariafälle, die in der US-Armee diagnostiziert wurden, einzudämmen, beschlossen Gesundheitsbehörden, Antimalariamedikamente an infizierte Veteranen sowie als vorbeugende Maßnahme an Soldaten, die aus dem Koreakrieg in die USA zurückkehrten, zu verabreichen. Den zurückkehrenden Soldaten wurde Primaquin verabreicht, ein Medikament, das als sicherer und effektiver bei der Eindämmung der Infektion beurteilt wurde. Einige Soldaten zeigten jedoch Nebenwirkungen und zur Behandlung afroamerikanischer Soldaten war eine geringere Dosierung ausreichend.

Im Jahr 1956 entdeckte Dr. Alving den Grund für die schwere Reaktion auf viele Antimalariamedikamente: eine genetische Veränderung oder Variante eines Gens auf dem X-Chromosom. Wie sich herausstellte, trägt dieses Gen, das Glukose-6-Phosphat-Dehydrogenase(G6PD)-Gen, häufig Veränderungen in seiner Sequenz und ist bis heute bekannt als eines der variabelsten Gene. Mehr als 400 Mio. Menschen tragen eine von mehr als 100 bekannten genetischen Varianten, die zu sehr niedrigen Enzymspiegeln führen und zu potenziellen Wirkstoffnebenwirkungen beitragen können. Die genetischen Varianten sind besonders häufig bei Personen afrikanischer oder mediterraner Abstammung, was die beobachteten Effekte bei Afroamerikanern nach der Primaquin-Behandlung erklärt. Bei Personen, die diese genetische Variante tragen, sind die roten Blutkörperchen (Zellen, die in Ihrem Blut vorkommen und Sauerstoff zu Geweben in Ihrem Körper transportieren) anfälliger für oxidative Schädigungen, die

die Zellen schließlich umbringen. Die niedrigen G6PD-Proteinspiegel können unbemerkt bleiben, bis die Person einem bestimmten Lebensmittel oder Medikament ausgesetzt oder von einer Krankheit betroffen ist, was das System unter Stress bringt, Schäden an roten Blutkörperchen verursacht und möglicherweise zum Tod führt. Zum Beispiel kann ein G6PD-Mangel auch zu einer Erkrankung namens Favismus führen. Dabei verursachen nach dem Verzehr von Saubohnen (Fava-Bohnen) bestimmte Substanzen, die in diesen Bohnenarten vorkommen, Leber- und Nierenprobleme.

Da das G6PD-Gen auf dem X-Chromosom, einem Geschlechtschromosom, liegt, sind hauptsächlich Männer von den Auswirkung genetischer Varianten betroffen. Da Frauen zwei X-Chromosomen haben, sind die Effekte einer genetischen Variante eines X-chromosomalen Gens durch die zweite Kopie auf dem anderen X-Chromosom gepuffert.

Kurz nach der Entdeckung der G6PD-Genvarianten und ihrer Assoziation mit negativen Nebenwirkungen des Antimalariamedikaments Primaquin wurde ein Gen gefunden, das mit der negativen Reaktion auf das Anästhetikum Succinylcholin assoziiert ist. Personen, die diese genetische Variante tragen und dieses Medikament einnehmen, entwickeln einen lang anhaltenden Apnoeanfall (muskuläre Lähmung).

Genetische Mechanismen hinter der Medikamentenreaktion

Wurde ein Medikament eingenommen, bewegt es sich durch den Körper und durchläuft mehrere Phasen der „Prozessierung", wodurch es in eine aktive Form des Medikaments umgewandelt wird (einige Medikamente werden in einer inaktiven Form eingenommen), zum Zielgewebe transportiert wird, dort wie beabsichtigt wirkt und dann den Körper wieder verlässt. Viele Gene, von denen bekannt ist, dass sie zur Variation neigen, sind an diesen Phasen des Medikamentenstoffwechsels, des Transports und der Ausscheidung beteiligt und können daher beeinflussen, wie effizient das Medikament prozessiert wird und wie wahrscheinlich eine Nebenwirkung auftritt.

Um besser zu verstehen, wie Gene auf die Arzneimittelreaktion einwirken, werfen wir einen genaueren Blick auf die Reaktion auf das häufig verwendete Schmerzmittel Codein. Die meisten von uns haben wahrscheinlich irgendwann einmal Codein als Schmerzmittel eingenommen. Codein wird in Kombination mit anderen Schmerzmitteln wie Aspirin, Ibuprofen (Markenname: Advil) oder Paracetamol (Markenname: Tylenol) hergestellt. Codein ist als Betäubungsmittel eingestuft und in der Regel nur auf Rezept erhältlich (einige Produkte mit geringen Mengen können rezeptfrei erhältlich sein).

Codein ist ein Prodrug, ein Vorläufermedikament, was bedeutet, dass es inaktiv ist, bis es durch eine Reaktion in seine aktive Form umgewandelt wird. Wird also eine Tablette mit Codein geschluckt, muss der Körper Codein in seine aktive Form, Morphin, umwandeln, bevor die Wirkung des Medikaments spürbar wird (Schmerzlinderung). Etwa 6–10 % der Weißen, 2 % der Asiaten und 1 % der Menschen aus dem Nahen Osten tragen eine Variante des CYP2D6-Gens, das für die Umwandlung von Codein in Morphin verantwortlich ist. Ohne die korrekte Form dieses Enzyms wird Codein nicht in seine aktive Form umgewandelt, es verbleibt im inaktiven Zustand im Blut und es wird kein therapeutischer Nutzen gespürt. Personen mit einer genetischen Variante im CYP2D6-Gen vermögen bestimmte Medikamente, einschließlich Codein, nicht normal zu metabolisieren oder abzubauen. Im Gegensatz dazu trägt eine kleine Anzahl von Personen (0,5–2 %) mehrere Kopien des CYP2D6-Gens; aufgrund dieser zusätzlichen Kopien metabolisieren diese Personen, Medikamente schneller und Codein wird schneller in seine aktive Form Morphin umgewandelt. Beide Situationen können zu einer ineffektiven Schmerzbehandlung führen, und in einigen Fällen sogar zum Tod durch Medikamententoxizität.

Ein zweites Beispiel für den Einfluss der Genetik auf die Arzneimittelreaktion ist Grapefruitsaft. Oftmals ist auf einem Rezeptfläschchen ein Hinweis angebracht, der davor warnt, das Medikament gemeinsam mit bestimmten Lebensmitteln einzunehmen. Bei einigen Verschreibungen wird der Apotheker Ihnen raten, bestimmte Medikamente nicht mit Grapefruitsaft einzunehmen. Was ist im Zusammenhang mit Medikamenten so Besonderes an Grapefruitsaft im Vergleich zu Apfel-, Orangen- oder Cranberrysaft? Die Wirkung von Grapefruitsaft auf die Arzneimittelreaktion wurde zufällig entdeckt, als Wissenschaftler damit experimentierten, um den bitteren Geschmack eines Medikaments zu maskieren. Es wird angenommen, dass es das erste Lebensmittel ist, für das ein Einfluss auf die Arzneimittelreaktion nachgewiesen wurde. Wenn Sie Grapefruitsaft trinken, während Sie eine Tablette einnehmen, wirkt der Grapefruitsaft wie ein zweites Medikament und stört den Stoffwechsel des eigentlichen Medikaments. Genauer gesagt, hemmt der Grapefruitsaft Enzyme, die als CYP3A-Gene (und mit dem CYP2D6-Gen verwandt sind) bekannt sind und für den Stoffwechsel einer großen Anzahl von Medikamenten unerlässlich sind. Selbst wenn Grapefruitsaft Stunden vor der Einnahme des Medikaments getrunken wurde, kann er den Medikamentenspiegel auf toxische Werte erhöhen, weil die Enzyme das Medikament nicht abbauen können, da sie immer noch damit beschäftigt sind, die Substanzen des Grapefruitsafts abzubauen. Dieser Effekt wurde auch bei anderen Zitrusfrüchten wie Mandarinen, aber nicht bei Orangen beobachtet. Die CYP3A-Genfamilie ist wahrscheinlich die wichtigste Gruppe von Genen, die an der Arzneimittelreaktion beteiligt sind; sie metabolisieren 45–60 % aller derzeit verschriebenen Medikamente. Daher wird Patienten, denen Medikamente verschrieben werden, die auf die CYP3A-Enzyme angewiesen sind, geraten, diesen Saft speziell während der Behandlung nicht zu trinken.

Auch von der gleichzeitigen Einnahme von zwei Medikamenten, die beide von CYP3A metabolisiert werden, wird abgeraten, da auch dies die Verfügbarkeit des Enzyms reduzieren kann. Wie im Beispiel von CYP2D6 und Codein beschrieben, können Genvarianten die normale Funktion dieser wichtigen Enzyme verändern. Beispielsweise sind Genvarianten, die die Aktivität des CYP3A5-Enzyms reduzieren, mit einem verschlechterten Ansprechen auf Therapien assoziiert; dies wurde zum Beispiel für Tacrolimus, ein Immunsuppressivum, das bei Transplantationspatienten angewendet wird, gefunden. Die Prävalenz einiger CYP3A5-Genvarianten liegt bei Weißen bis zu 90 % und ist in afrikanischen und asiatischen Populationen geringer. Trotz der hohen Häufigkeit von Varianten dieses Gens erklärt dies nicht allein die extreme Varianz, die bei Arzneimittelreaktionen beobachtet wird, was auf die Beteiligung weiterer Faktoren (genetische und nichtgenetische) hindeutet.

Sollten Sie vor der nächsten Medikamenteneinnahme getestet werden?

Die Wahrscheinlichkeit ist hoch, dass Sie bereits Nebenwirkungen eines Medikaments zu spüren bekamen und/oder mehrere Male zur Apotheke gingen, in der Hoffnung, ein Medikament zu erhalten, das bei Ihnen wirkt. Was wäre, wenn Ärzte mit einem einfachen Blut- oder Speicheltest, der die Gene analysiert, die sich bekanntermaßen auf das Ansprechen auf Medikamente oder Zielmoleküle auswirken, die Chancen erheblich verbessern könnten, ein Medikament zu verschreiben, das sowohl sicher als auch wirksam bei der Behandlung Ihrer Erkrankung ist (Abb. 7.1)? Die Entscheidungen, welches Medikament und welche Dosierung für

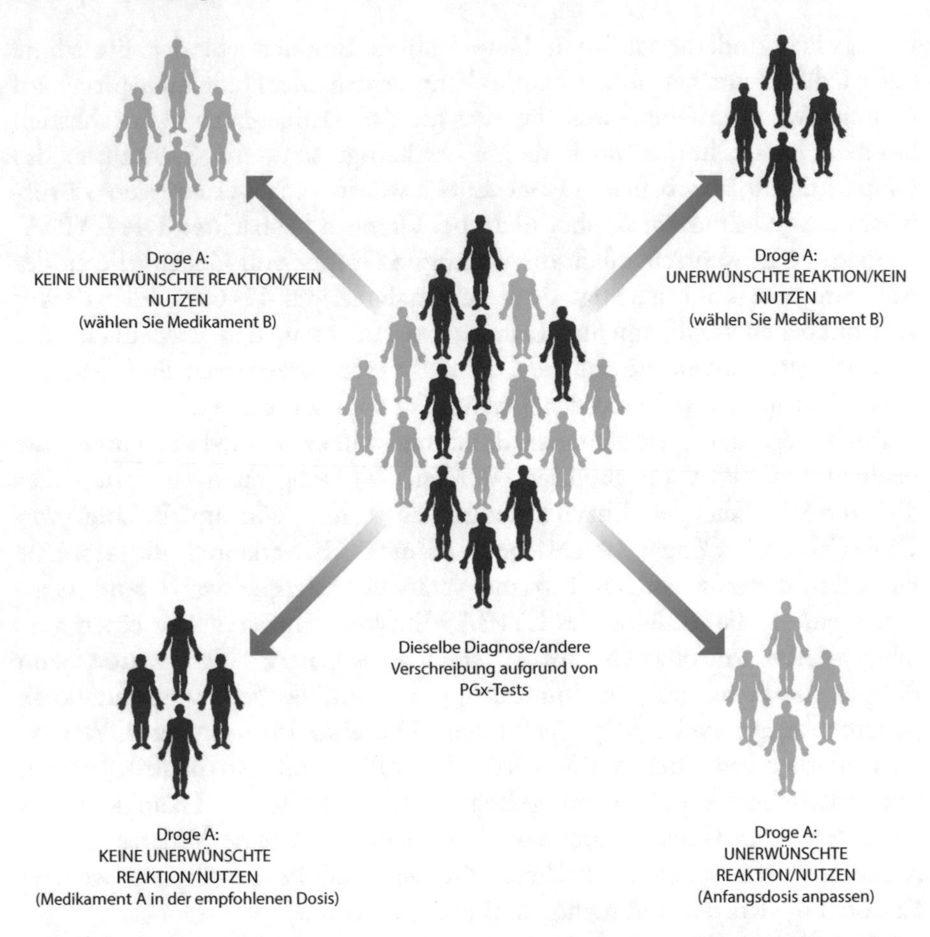

Abb. 7.1 Auch bei gleicher Diagnose unterscheiden wir uns in unserer Reaktion auf Medikamente, teilweise aufgrund unserer genetischen Veranlagung. Diese Illustration zeigt einige mögliche Ergebnisse nach pharmakogenetischen(PGx)-Tests zur Behandlung einer Gruppe von Patienten, die mit demselben Zustand diagnostiziert wurden. (Quelle: SB Haga)

Sie am sichersten und wirksamsten sind, würden dann auf der Grundlage Ihrer genetischen Veranlagung zusätzlich zu anderen klinischen Faktoren wie Alter, Gewicht, Race und Ihrer körperlichen Konstitution getroffen. Diese Art von Tests, sogenannte pharmakogenetische(PGx) Tests, sind verfügbar und werden in vielen akademischen medizinischen Zentren und Fachkliniken bewertet. Würden Sie in Betracht ziehen, einen solchen Test durchführen zu lassen, wenn er Ihnen zur Verfügung stünde? Dabei sind einige Dinge im Hinterkopf zu behalten und mit Ihrem Arzt zu besprechen.

Zunächst haben Sie zwei Optionen für den Testzeitpunkt. Wenn Sie im Voraus wissen, wie hoch Ihre Chancen sind, möglicherweise von einer Nebenwirkung betroffen zu sein oder dass das Medikament wirkt, könnte die Erkrankung schnellstmöglich behandelt werden und damit Zeit und Geld sparen. Allerdings können solche Tests noch nicht schnell in der Arztpraxis durchgeführt werden; es wird daher einige Zeit dauern, bis das Labor den Test abgeschlossen und die Ergebnisse an Ihren Arzt zurückgesendet hat. Wird also beim Ausstellen des Rezepts ein Test angeboten, fragen Sie nach, wann die Testergebnisse erwartet werden. Die Beauftragung eines Tests, während Sie ein Medikament bereits benötigen, hat einige Bedenken aufgrund der möglichen Verzögerung des Behandlungsbeginns aufgeworfen. Fragen Sie Ihren Gesundheitsversorger, ob die empfohlene Dosierung bzw. Medikamentenauswahl für Sie sicher und wirksam sein wird, während Sie auf die Testergebnisse warten. Manchmal ist es möglich, ein paar Tage mit dem Behandlungsbeginn zu warten, bis der Test abgeschlossen ist, oder für die Zwischenzeit ein Rezept für eine niedrigere Dosierung oder ein anderes Medikament zu beantragen.

Alternativ wurde vorgeschlagen, sich vor der Behandlung testen zu lassen, um mögliche Verzögerungen zu vermeiden; irgendwann werden Sie ja ein Medikament benötigen. Ist Ihnen die Möglichkeit gegeben, Tests im Voraus durchzuführen (zum Beispiel während einer jährlichen Untersuchung oder Kontrolle), werden die Ergebnisse in Ihrer Krankenakte gespeichert und abgerufen, sobald eine Behandlung benötigt wird. Da Sie nicht wissen, welche Medikamente Ihnen in der Zukunft verschrieben werden und welche Gene daher getestet werden sollten, wird ein im Voraus (oder vorbeugend) bestellter pharmakogenetischer Test die Analyse mehrerer Gene umfassen, von denen bekannt ist, dass sie den Metabolismus häufig verschriebener Medikamente beeinflussen.

Wenn Sie einen Test durchführen lassen, ist es ratsam, sich eine Kopie des Testberichts oder eine Zusammenfassung der Ergebnisse zukommen zu lassen; einige Labore stellen Patienten möglicherweise eine kreditkartengroße Karte zur Verfügung. Dies ermöglicht es Ihnen, die Ergebnisse mit anderen Versorgern oder Apothekern zu teilen, falls Sie mehrere Versorger haben und/oder zu Versorgern wechseln wollen, die möglicherweise keinen Zugang zu Ihren elektronischen Krankenakten haben. Im Notfall könnte die Karte die einzige Möglichkeit für den Notarzt sein, auf solche Informationen zuzugreifen. Der Apotheker könnte Ihr pharmakogenetisches Profil speichern und es jedes Mal überprüfen, bevor er ein Rezept ausfüllt. Unabhängig davon, wer der Hüter dieser Informationen ist, genau wie bei Ihrer Krankenakte, sollten sie an einem sicheren Ort aufbewahrt werden und nur denjenigen zugänglich sein, die die Erlaubnis haben, sie zu sehen. Da genetische Informationen mit unseren Geschwistern, Kindern und Eltern geteilt werden, sollten Sie auch in Erwägung ziehen, Ihre Testergebnisse den Familienmitgliedern mitzuteilen.

Die Testergebnisse werden sich im Lauf Ihres Lebens nicht ändern, daher ist es nicht notwendig, die Test bei Verschreibung eines neuen Medikaments zu wiederholen, es sei denn, ein weiteres Gen wurde entdeckt. Allerdings wird das Verständnis von der Rolle der Gene bei der Arzneimittelreaktion weiter wachsen, was eine Aktualisierung der Interpretation der Ergebnisse notwendig machen kann. Es gibt nur begrenzte Leitlinien bezüglich der Arzneimittel- oder Dosierungsempfehlungen, die auf pharmakogenetischen Daten basieren, aber sobald solche veröffentlicht werden, sollten auch Empfehlungen auf der Grundlage von Testergebnissen aktualisiert werden. Angesichts der Neuartigkeit der Tests und der wahrscheinlichen Unbekanntheit der entsprechenden Anbieter wird es einige Zeit dauern, bis die Nutzung pharmakogenetischer Tests zur Routine wird.

Zusammenfassend lässt sich sagen, dass das Verständnis der genetischen Grundlagen von Prozessen im Zusammenhang mit Arzneimittelsicherheit und -wirksamkeit präzisere Behandlungsentscheidungen ermöglichen kann, wodurch das Risiko von Nebenwirkungen reduziert und die Wahrscheinlichkeit erhöht wird, dass ein verschriebenes Medikament bei Ihnen wirkt. Ein genetischer Test vor der Einnahme eines Medikaments könnte eines Tages zum Versorgungsstandard werden, um festzulegen, welches Medikament und welche Dosierung für Sie am besten geeignet sind. Obwohl die Genetik nicht mit 100%iger Sicherheit vorhersagen kann, ob ein Patient Nebenwirkungen auf ein bestimmtes Medikament entwickeln oder ob ein Medikament wirksam sein wird, wird sie bald zusammen mit den vielen anderen bekannten Faktoren, die die Arzneimittelreaktionen beeinflussen, in Betracht gezogen werden, um die Wahrscheinlichkeit eines guten gesundheitlichen Outcome zu verbessern.

Literatur

US National Library of Medicine. Medline Plus—Precision Medicine. Available at https://medlineplus.gov/genetics/understanding/precisionmedicine/

US National Library of Medicine. Medline Plus—What is Pharmacogenomics? Available at https://medlineplus.gov/genetics/understanding/genomicresearch/pharmacogenomics/

US National Human Genome Research Institute. Pharmacogenomics. Available at https://www.genome.gov/dna-day/15-ways/pharmacogenomics

US National Institute for General Medical Sciences. Medicines by Design. Available at https://www.nigms.nih.gov/education/Booklets/medicines-by-design/Pages/Home.aspx

US Centers for Disease Control and Prevention. Pharmacogenomics: What does it mean for your health? Available at https://www.cdc.gov/genomics/disease/pharma.htm

8

Keine zwei Krebserkrankungen sind gleich

Es gibt wahrscheinlich niemanden, der nicht auf irgendeine Weise von dieser Krankheit betroffen ist – entweder persönlich oder ein Freund, Nachbarn, Kollegen oder ein Familienmitglied wurde damit diagnostiziert. Seit 1971 der Krieg gegen Krebs von Präsident Richard Nixon erklärt wurde, haben wir große Fortschritte gemacht, Krebs zu erkennen, zu diagnostizieren und zu behandeln, wodurch sowohl die Gesundheit wie auch das Überleben erheblich verbessert wurden. In einigen Fällen, bei denen es sich um eine tödliche Krankheit handelte (es gab keine Behandlung), gibt es neuartige Medikamente, die die langfristigen Ergebnisse bei Krebspatienten erheblich verbessern. Laut Statistiken der American Cancer Society aus dem Jahr 2019 beträgt das Lebenszeitrisiko, an Krebs zu erkranken, eins zu drei für Frauen und eins zu zwei für Männer. Das Risiko, an Krebs zu sterben, beträgt eins zu fünf für Männer und Frauen, obwohl Statistiken zeigen, dass die Sterberate für Krebs im letzten Jahrzehnt rückläufig ist.

Die zunehmende Anzahl von Krebsbehandlungen ist größtenteils auf ein besseres Verständnis von Entstehung, Wachstum und Ausbreitung (Metastase) von Krebs zurückzuführen. Krebs ist an sich eine genetische Erkrankung; genetische Veränderungen in Zellen sammeln sich im Lauf eines Lebens an, die durch Umweltfaktoren (Rauchen, ultraviolettes Licht, Fettleibigkeit und bestimmte Viren) sowie durch vererbte Genvarianten verursacht werden können. Letztlich führen genügend Veränderungen in der DNA dazu, dass die Zellen einen Kipppunkt erreichen und die normalen Zellen zu Krebszellen werden oder unkontrolliert wachsen. Mit anderen

S. B. Haga, *Das Buch der Gene und Genome*, https://doi.org/10.1007/978-1-0716-3531-5_8

Worten: Eine Reihe von genetischen Veränderungen (oder „Hits") sind notwendig, um eine normale Zelle in eine Krebszelle zu verwandeln (Abb. 8.1). Normalerweise haben Zellen Mechanismen zur Korrektur von DNA-Schäden oder können sich selbst zerstören, wenn der Schaden nicht repariert werden kann. Sind jedoch die internen Mechanismen beschädigt, teilen sich die Zellen ungehindert und es sammeln sich mehr DNA-Schäden an.

In einigen Fällen werden Menschen mit Genveränderungen geboren, die das Risiko für Krebs erhöhen, oder bei einigen seltenen Krebsarten führt eine einzige Genveränderung fast unweigerlich zur Entwicklung eines Krebssyndroms. Erbliche Krebssyndrome wie das Lynch-Syndrom oder erblicher Brust- und Eierstockkrebs sind Erwachsenenkrebsarten, aber einige erbliche Krebsarten wie das Retinoblastom (Augenkrebs) können Kinder betreffen.

Ist angesichts des Ausmaßes der DNA-Schäden, die sich im Laufe eines Lebens ansammeln, eine Korrektur möglich? Bei vielen Krebsarten umfassen die Interventionen Operationen und/oder medikamentöse Behandlungen (Chemotherapie). Allerdings sind beide Interventionen nicht immer so effektiv, wie wir es uns erhoffen würden, da sie möglicherweise das Krebsgewebe nicht vollständig entfernen oder zerstören. Bei vielen Patienten entwickelt sich der Krebs weiter und wird resistent (nicht ansprechbar) gegen

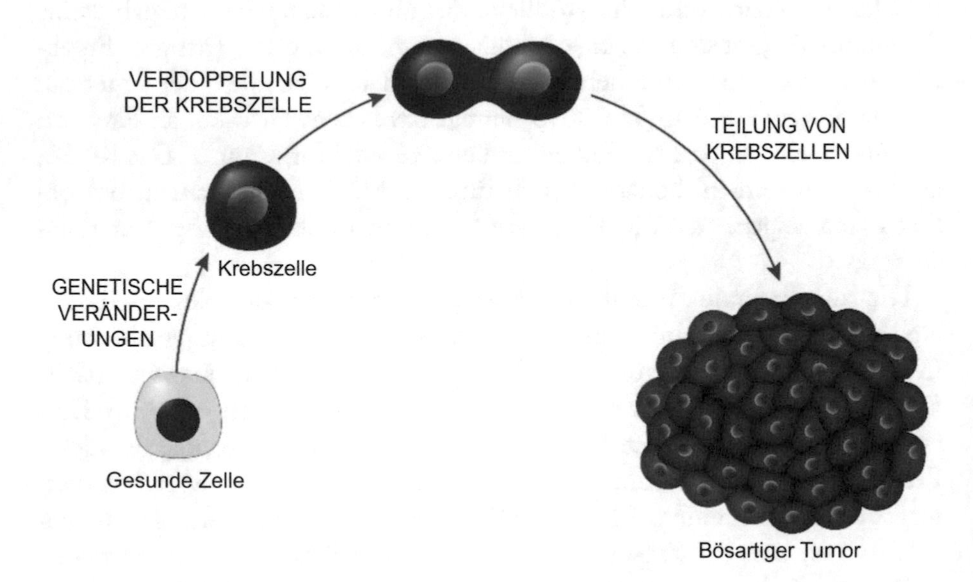

Abb. 8.1 Eine normale Zelle kann mehrere genetische Veränderungen ansammeln, die dazu führen, dass sich die Zelle unkontrolliert teilt und zu einer Zellansammlung wird. (Quelle: Adobe Stock Photo)

die Behandlung. Mit der wachsenden Datenmenge, die in den letzten Jahren aufgrund von Fortschritten in der genetischen Technologie und Forschung produziert wurde, wissen wir jetzt viel mehr über die inneren Abläufe einer bestimmten Krebsart (obwohl wir noch viel zu lernen haben). Einige dieser Erkenntnisse haben zur Entwicklung von gezielten Medikamenten gegen Krebszellen, die diese spezifischen genetischen Aberrationen aufweisen, und zu neuen klinischen Tests geführt.

Instrumente zur Klassifizierung von Krebs

Aus genetischer Sicht ist Krebs eine komplexe Krankheit. Sie wird nicht durch Veränderung eines einzelnen Gens verursacht und es gibt viele Wege, wie ein Individuum Krebs entwickeln kann. Es ist so, als würden Sie auf Ihrem Handy Fahrtrichtungen nachschlagen und zwei bis drei empfohlene Routen sehen, aber stellen Sie sich vor, es gäbe stattdessen tausend Routen zur Auswahl. Mit Ausnahme einiger seltener erblicher Formen von Krebs wissen wir heute, dass es mehrere Gene gibt, die zur Entwicklung von Krebs beitragen, und somit gibt es mehrere Wege, die eine Zelle gehen kann, um krebsartig zu werden. Während einige Krebsarten charakteristische genetische Veränderungen aufweisen, zeigen andere Krebsarten eine einzigartige Kombination von genetischen Veränderungen.

Solide Tumoren beginnen (entstehen) in einem Gewebe im Körper (zum Beispiel der Brust), aber wenn sich die Zellen weiterentwickeln und mehr genetische Veränderungen erwerben, können sich die krebsartigen Zellen auf andere Gewebe ausbreiten (metastasieren). Blutkrebs (Leukämien und Lymphome) beginnt ebenfalls innerhalb einer Untergruppe von Zellen, die sich im inneren Bereich der Knochen (Knochenmark) oder in den Lymphknoten (Teile unseres Immunsystems) befinden. Ebenso können Leukämien auch in Gehirn, Rückenmark und anderen Geweben metastasieren.

Das Gebiet der Genomik hat durch die Analyse der Gesamt-DNA von Hunderten bis Tausenden von Krebsproben begonnen, die Gene, die in Tumorzellen beschädigt sind, zu identifizieren. Die Technologie hat sich schnell weiterentwickelt, von der Analyse von einem Gen nach dem anderen zur gleichzeitigen Analyse sämtlicher Gene aus einer Tumorprobe. Diese genetischen „Schnappschüsse" einzelner Tumorarten ermöglichen es Wissenschaftlern, einen Tumor leichter zu identifizieren und besser zu charakterisieren und den Tumor basierend auf seinen einzigartigen Eigenschaften zu behandeln.

Tumorsequenzierung

Um zu unterscheiden, welche Veränderungen mit der Tumor-DNA im Vergleich zu Nichttumorgewebe (entnommen von einem nicht betroffenen Teil des Gewebes oder Blutes) assoziiert sind, wird die DNA beider Gewebetypen sequenziert. Diese Daten zeigen einige Gemeinsamkeiten über alle Krebsarten hinweg sowie Einzigartigkeiten zwischen Krebsarten (zum Beispiel Lungenkrebs vs. Darmkrebs). Um die Dinge weiter zu verkomplizieren: Ein betroffenes Gewebe besteht in Wirklichkeit aus mehreren Gemeinschaften von Zellen (ähnlich wie Nachbarschaften), von denen einige krebsartig und einige nicht krebsartig sind, mit häufig undeutlichen Abgrenzungen (normale und Krebszellen sind gemischt). Jede Krebszellansammlung hat eine Reihe anderer Genveränderungen entwickelt und kann daher unterschiedliche Verhaltensweisen und Reaktionen auf die Behandlung aufweisen. Dies verkompliziert natürlich die genetische Analyse eines gegebenen Tumors. Einige Krankenhäuser beginnen, Tumorsequenzierung anzubieten, aber Tests sind nicht routinemäßig verfügbar.

Microarrays

Anstatt jeden einzelnen Buchstaben der DNA einer Tumorzelle zu entschlüsseln, ermöglicht eine weitere Technologie, bekannt als Mikroarray, eine schnelle Analyse von Hunderttausenden bekannten genetischen Varianten. Ein kleines Stück DNA, entweder normal oder mit einer genetischen Variante, wird in einer bestimmten Reihenfolge auf einen Objektträger ähnlich einem Mikroskopobjektträger aufgetragen. Nach der Fixierung enthält der Objektträger (als Mikroarray bezeichnet) Tausende von winzigen, nadelspitzengroßen Spots von DNA. Die Tumor-DNA eines Patienten wird auf den Objektträger aufgetragen und bindet nur an DNA-Spots, wenn die Sequenzen übereinstimmen. So kann das Vorhandensein oder Fehlen einer der genetischen Varianten auf dem Mikroarray durch einen farbbasierten Assay (Abb. 8.2) klar unterschieden werden. Diese Daten werden dann mit dem Muster verglichen, das aus einer normalen Gewebeprobe erhalten wurde. Auf diese Weise werden Tumorproben schnell (und kostengünstig) auf Muster an bekannten Genveränderungen getestet, auch wenn diese Methode weniger umfassend ist als eine Sequenzierung.

Mikroarrays können auch verwendet werden, um das Muster von Genen zu bestimmen, die im Vergleich zu einer normalen Gewebeprobe ein- oder ausgeschaltet sind. Es wurden unterschiedliche Genexpressions-

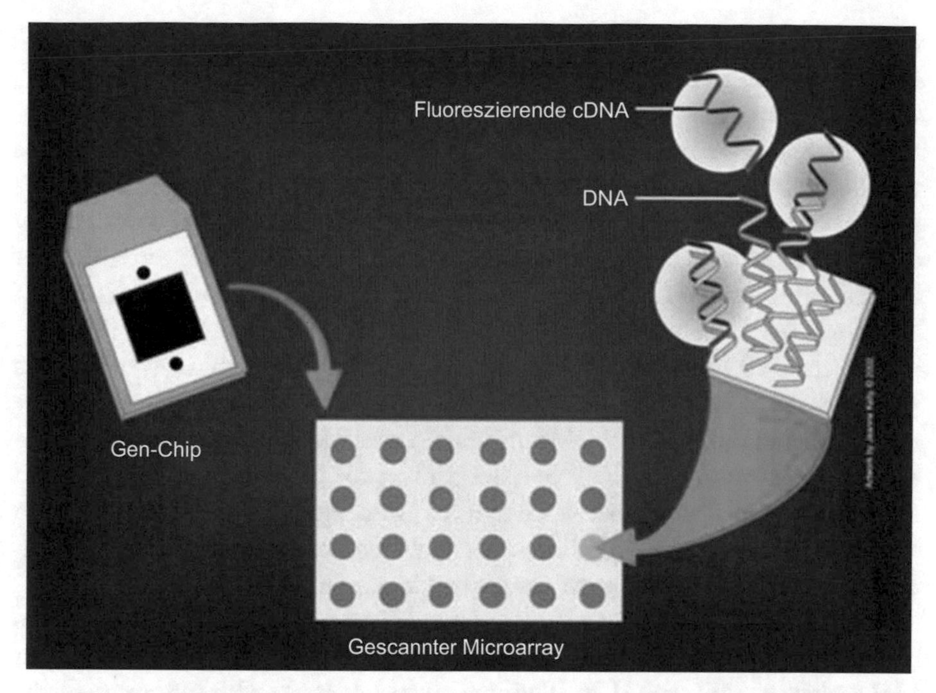

Abb. 8.2 Ein Mikroarray-Chip enthält komplementäre DNA zu vielen Sequenzen von Interesse. Die cDNA fluoresziert, wenn sie mit einem passenden DNA-Fragment in der Tumorprobe bindet bzw. hybridisiert. (Quelle: US National Cancer Institute; http://www.cancer.gov/cancertopics/understandingcancer/moleculardiagnostics/AllPage)

muster identifiziert, die als geeignete Prädiktoren für Krankheitstypen (beispielsweise zur Unterscheidung zwischen zwei verschiedenen Arten von Leukämien), zur Unterscheidung von Subtypen derselben Erkrankung (mehrere Arten von Brustkrebs) oder zur Prognose (Aggressivität des Tumors oder seine Wahrscheinlichkeit zu metastasieren) dienen. Die Unterklassifizierung von Tumoren liefert eine verfeinerte Diagnose, die Ärzten helfen kann, die möglichen langfristigen Ergebnisse abzuschätzen und den geeignetsten Behandlungsverlauf auszuwählen.

Eine der ersten Studien, die Mikroarrays zur Analyse von Genexpressionsmustern bei Krebs verwendete, wurde 1996 veröffentlicht. Forscher der Stanford University verwendeten Mikroarrays, um die Veränderungen in der Genexpression in Melanomzellen (Hautkrebs) zu bewerten, die genetisch verändert wurden, um weniger krebsartig zu werden. Bei der Analyse von mehr als 1100 Genen fanden sie Unterschiede in den Expressionsniveaus vieler Gene, die an Tumorwachstum beteiligt sind, was die Unterschiede in Wachstumsraten und anderen Tumoreigenschaften erklären würde. Im selben Jahr zeigte eine Gruppe vom Whitehead Institute am Massachusetts Institute of Technology als erste, dass Mikroarrays zur Unterscheidung zwischen verschiedenen Krebsarten verwendet werden können. In ihrer Studie testeten sie zwei Arten von Leukämie, wussten aber nicht, welche Probe zu welchem Leukämietyp gehörte. Mithilfe der nur aus den Mikroarray-Experimenten gesammelten Genexpressionsdaten konnten sie die beiden Leukämien unterscheiden und die Proben korrekt entweder der akuten myeloischen Leukämie (AML) oder der akuten lymphoblastischen Leukämie (ALL) zuordnen.

Im Jahr 1999 entdeckten Wissenschaftler der Princeton University, dass normales von Darmkrebsgewebe allein durch Betrachtung der Unterschiede in der Genexpression mit Mikroarrays unterschieden werden kann. Im Jahr 2003 entwickelten Forscher der University of Michigan mithilfe von Mikroarrays ein Profil aus 158 Genen, das mit Bauchspeicheldrüsenkrebs in Verbindung gebracht wurde. Diese Gene waren deutlich mit Bauchspeicheldrüsenkrebs im Vergleich zum gesunden Gewebe assoziiert.

Mehrere Forschergruppen verwendeten Mikroarrays, um Unterarten eines bestimmten Krebstyps zu definieren. Zum Beispiel haben Forscher mehrerer Universitäten und des US National Institute of Health unterschiedliche Unterarten des Non-Hodgkin-Lymphoms, bekannt als diffuses großzelliges B-Zell-Lymphom, identifiziert. Diese Erkrankung ist sehr variabel: Etwa 40 % der Patienten überleben unter der derzeitigen Therapie für eine längere Zeit, die übrigen sprechen jedoch nicht auf die Therapie an und versterben innerhalb kurzer Zeit. Mithilfe von Mikroarrays zur Messung der Genexpression in 96 normalen und B-Zell-Lymphom-Proben identifizierten die Forscher zwei unterschiedliche Genexpressionsmuster. Die Forscher fanden heraus, dass die unterschiedlichen Muster auf den Typ von B-Zelle, aus der die Leukämie entstand ist, zurückzuführen sind (erinnern Sie sich, eine Krebszelle war einst eine normale Zelle, die außer Kontrolle geraten ist). Darüber hinaus korrelierten die Genexpressionsmuster mit den Krankheitsverläufen der Patienten. Eines der Genexpressionsmuster wurde bei Patienten gefunden, die eine bessere Überlebensrate hatten als diejenigen mit dem anderen Muster.

In den letzten Jahrzehnten wurde die Mikroarray-Technologie immer wieder verwendet, um Krebserkrankungen weiter zu charakterisieren und in Erfahrung zu bringen, wie sich Krebserkrankungen verändern. Obwohl die meisten dieser Tests nicht für die Patientenversorgung verfügbar sind, haben sie doch Daten geliefert, die zur Entwicklung von Medikamenten und zum allgemeinen Verständnis von Krebswachstum beigetragen haben.

Erbliche Krebserkrankungen

Alle Krebserkrankungen sind insofern genetisch bedingt, als dass sie durch die Ansammlung von Genveränderungen im Lauf unseres Lebens verursacht werden, die zu unkontrolliertem Zellwachstum führen. In einigen Fällen können jedoch genetische Veränderungen, die mit einem Krebsrisiko verbunden sind, von den Eltern an die Kinder weitergegeben werden, das heißt, sie werden vererbt. Erbliche Krebserkrankungen machen einen kleinen Teil aller Krebserkrankungen aus, sind aber in einigen Fällen einfacher zu untersuchen, da sie in Familien auftreten und einzigartige Merkmale aufweisen (zum Beispiel ein früher Ausbruch der Krankheit).

Der erste Hinweis darauf, dass eine Krebserkrankung vererbt wird, kommt aus der Familiengesundheitsgeschichte. Diese Informationen werden in der Regel bei jedem Arztbesuch gesammelt, um Krankheitsrisiken zu identifizieren, die möglicherweise mehr Screening erfordern als für die Allgemeinbevölkerung empfohlen. Wurde bei mehreren Mitgliedern einer Seite Ihrer Familie einer bestimmte Art von Krebs diagnostiziert, insbesondere in jüngeren Jahren als erwartet, kann eine klinische Untersuchung der Gene, die mit diesen erblichen Krebserkrankungen in Verbindung stehen, verordnet werden. Wird der Patient positiv auf eine Veränderung in einem dieser Gene getestet, wird empfohlen, auch nahe Familienmitglieder testen zu lassen, um ihr Risiko zu bestimmen und Vorsorgepläne zu entwickeln.

Eine der vermutlich bekanntesten erblichen Formen von Krebs ist der Brustkrebs. Ende der 1990er-Jahre wurden Varianten in zwei Genen, abgekürzt als BRCA1 und BRCA2, gefunden, die mit einem ungewöhnlich hohen Risiko für Brust- und/oder Eierstockkrebs in einigen Familien in Verbindung gebracht wurden. Medizinische Tests wurden schnell entwickelt und derzeit wird eine klinische Untersuchung für Frauen mit einer starken familiären Belastung durch Brust- und/oder Eierstockkrebs in jüngeren Jahren empfohlen. Obwohl diese erbliche Form von Brust- und Eierstockkrebs nur einen kleinen Anteil aller Fälle von Brustkrebs ausmacht, hat sie aufgrund der positiven Diagnose von Prominenten wie Angelina Jolie und Christina Applegate, die sich für eine Operation zur Entfernung von Brustgewebe und/oder Eierstöcken entschieden haben, um ihr Lebenszeitrisiko erheblich zu reduzieren, viel öffentliche Aufmerksamkeit erhalten.

Eine andere erbliche Form von Krebs ist eine Art von Darmkrebs, bekannt als erblicher nichtpolypöser Darmkrebs (HNPCC), oder Lynch-Syndrom. Es wird geschätzt, dass 1 von 300 Menschen betroffen ist. Patienten, bei denen das Lynch-Syndrom diagnostiziert wurde, haben auch ein erhöhtes Risiko, an anderen Krebsarten wie Magen-, Brust- und Prostatakrebs zu erkranken. Mehrere Gene sind mit dem Lynch-Syndrom verknüpft und Tests sind verfügbar, wenn vermutet wird, dass ein Patient aufgrund der Familienanamnese und persönlichen Faktoren wie dem Alter das Lynch-Syndrom hat.

Krebsdiagnosen, Krebsuntertypen und Behandlung

Wie Sie sich vielleicht vorstellen können (oder erlebt haben), unterziehen sich Krebspatienten vielen verschiedenen Arten von Tests. Insbesondere können Patienten vor der Diagnose und regelmäßig nach der Behandlung Bildgebungsverfahren, Bluttests und Tumorbiopsien durchführen lassen, um die Reaktion auf die Behandlung und das Wiederauftreten zu überwachen. Die Komplexität von Krebs kann einige Schwierigkeiten bei der genauen Bestimmung des Stadiums, des Typs, der Prognose und der geeignetsten Behandlung verursachen. Während die Sequenzierung der DNA von Tumorzellen viele Gene identifizieren kann, die im Laufe des Lebens eines Individuums beschädigt wurden, besteht der Schlüssel zur Vorhersage des Verhaltens eines Tumors oder zur Entwicklung gezielter Medikamente darin, zu bestimmen, welche dieser Gene für das Überleben der Tumorzelle unerlässlich sind. Pharmaunternehmen konzentrieren ihre Bemühungen auf die Entwicklung von Behandlungen, die auf diese wichtigen Gene abzielen, um die Vermehrung von Krebszellen zu hemmen und Schäden an gesunden Zellen zu minimieren. Viele der anderen in Krebszellen identifizierten Genvarianten sind vermutlich Folgeschäden (oder Kollateralschäden) und nicht die Ursache für das Tumorwachstum oder sein Verhalten.

Da der Krebs jedes Patienten genetisch einzigartig ist, sollte es nicht überraschen, dass Patienten unterschiedlich auf empfohlene Behandlungen reagieren. Um die effektivste Behandlung oder Kombination von Behandlungen (Chirurgie, Strahlentherapie und/oder Chemotherapie) vorherzusagen, werden zunehmend genetische und genomische Tests zur Charakterisierung des Tumortyps herangezogen. Zum Beispiel können bei Brustkrebs Behandlungsentscheidungen davon beeinflusst werden, wie wahrscheinlich es ist, dass der Krebs erneut auftreten wird (Rezidivrisiko). Im Jahr 2007 erhielt das erste Labor die Genehmigung von der Food and Drug Administration für einen Genexpressions-Microarray-

Test, der das Rezidivrisiko bei Brustkrebspatientinnen vorhersagt. Dieser als MammaPrint-Test bekannte Test analysiert das Muster von 70 Genen aus Gewebe, das einem Brusttumor entnommen wurde, und kann mit 97%iger Genauigkeit das Zehn-Jahres-Überleben einer Patientin vorhersagen. Andere Unternehmen bieten inzwischen ähnliche Tests an, die eine genetische Risikobewertung von Tumorproben ermöglichen und mit deren Hilfe die beste Therapie auf der Grundlage des Rückfallrisikos entwickelt werden können. Darüber hinaus bieten mehrere Labore eine umfassende Analyse zahlreicher krebsassoziierter Gene an, um mehr Erkenntnisse über die genetischen Eigenschaften von Tumoren zu gewinnen, die für die Behandlung von Bedeutung sein können.

Zielgerichtete und individuell angepasste Therapien

Es wurden eine Reihe neuartiger zielgerichteter Medikamente zur Behandlung von Krebs entwickelt. Ein zielgerichtetes Medikament wird speziell entwickelt, um mit einem Protein zu interagieren, das für das Tumorwachstum oder andere verwandte Funktionen wichtig ist. Durch Blockade oder Hemmung der Wirkung dieses Proteins, das häufig aufgrund einer Veränderung in der Gensequenz verändert ist, kann das Wachstum des Tumors verlangsamt oder gestoppt werden. Viele zielgerichtete Medikamente wurden auf der Grundlage von Beobachtungen einzigartiger Genveränderungen im Zusammenhang mit einer bestimmten Krebsart und der weiteren Charakterisierung dieser Genveränderung, des betroffenen Proteins und seiner Rolle bei der Krebsentwicklung und -wachstum entwickelt. Ende der 1990er-Jahre kündigten zwei zielgerichtete Medikamente die erwartete Revolution der personalisierten Medizin an: Gleevec für chronische myeloische Leukämie (CML) und Herceptin für Brustkrebs.

Wie in Kap. 4 beschrieben, haben Patienten mit CML oft ein ungewöhnliches charakteristisches Chromosom, eine Fusion zwischen den Chromosomen 9 und 22. Die Entdeckung des Fusionschromosoms im Jahr 1960 erfolgte durch sorgfältige Beobachtung von Proben, die von CML-Patienten gesammelt wurden. Aber erst 1973 wurde festgestellt, dass das Fusionschromosoms aus Teile der Chromosomen 9 und 22 besteht.

In den frühen 1980er-Jahren zeigten Forscher, dass das Fusionschromosom zur Entstehung eines Fusionsgens an der Stelle führte, an der die beiden Chromosomen miteinander verbunden wurden. Die Platzierung des vorderen Teils des BCR-Gens von Chromosom 22 auf die hintere Hälfte des ABL-Gens auf Chromosom 9 schuf ein neues Protein, genannt BCR-ABL (Abb. 8.3). Der ABL-Teil des Gens fungiert als Tyrosinkinase, die das Zellwachstum stört. Tierstudien bestätigten, dass dieses Fusionsprotein Krebs induziert.

Mit dem Wissen über dieses Fusionsprotein, das das Krebswachstum anregt, hatten Medikamentenentwickler ein neues potenzielles Zielmolekül. Wissenschaftler an der University of Oregon bestätigten, dass ein potenzielles neues Medikament bei CML-Patienten mit Philadelphia-Chromosom besonders wirksam ist und die Leukämiezellen durch Bindung an den ABL-Teil des Fusionsproteins effektiv hemmt. Das Medikament, Imatinib (Markenname: Gleevec™), wurde 2001 von der FDA zugelassen und ist bis heute eine Erstlinientherapie für CML-Patienten. Nach der Behandlung, wenn die Anzahl der abnormen weißen Blutzellen gesunken ist, kehrt die Anzahl an roten Blutkörperchen, Blutplättchen und andere

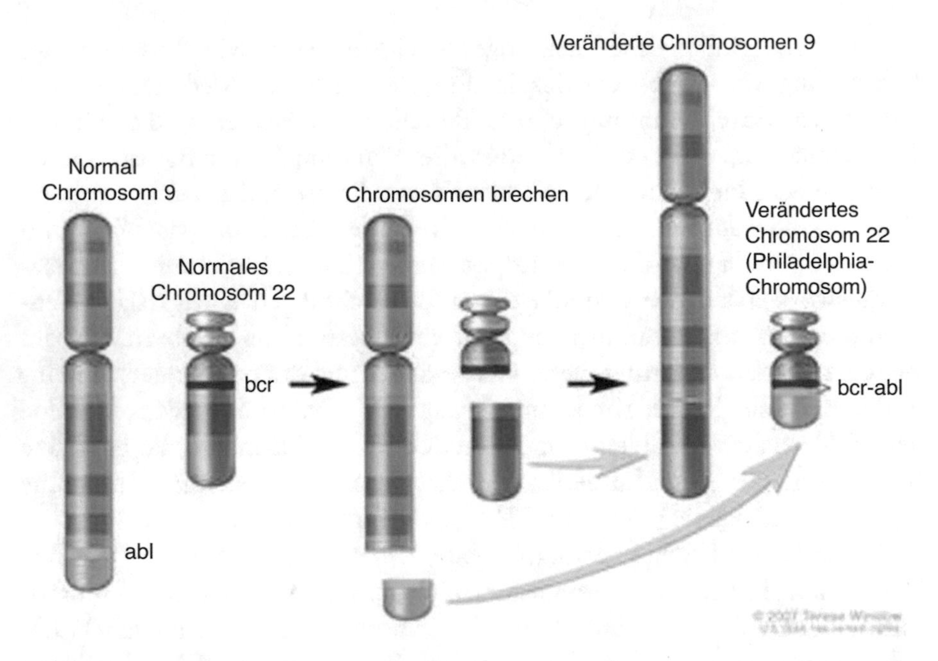

Abb. 8.3 Chronische myeloische Leukämie wird durch den Austausch von Teilen zwischen zwei Chromosomen verursacht, wodurch ein neues Gen entsteht, wobei die Hälfte eines Gens auf Chromosom 9 (genannt ABL) mit der Hälfte eines anderen Gens auf Chromosom 22 (genannt BCR) fusioniert. Dieses neue Gen, BCR-ABL, ist bekannt als das Philadelphia-Chromosom nach seinem Entdeckungsort und ist bei der Mehrheit der Patienten mit chronischer myeloischer Leukämie nachweisbar. (Quelle: US National Cancer Institute; https://www.cancer.gov/research/progress/discovery/gleevec)

Zellen im Knochenmark auf das normale Niveau zurück. Patienten mit CML treten typischerweise in eine Remissionsphase ein, wenn die Anzahl der abnormen weißen Blutzellen signifikant reduziert oder nicht mehr nachweisbar ist. Gleevec ist bei 60–90 % der Patienten mit früher CML sehr wirksam und führt fast zur vollständigen Eliminierung der abnormen weißen Blutzellen. Die Wirkung des Medikaments wird mithilfe eines Bluttests nachgewiesen, indem die Zahl an weißen Blutzellen, roten Blutkörperchen und Blutplättchen gemessen wird. Zur Verfolgung des weiteren Krankheitsverlaufs wird mithilfe periodischer Knochenmarkbiopsien (bei denen eine lange Nadel verwendet wird, um eine Probe von Zellen aus dem Zentrum eines Knochens für Tests zu entnehmen) bestimmt, wie viele weiße Blutzellen mit der chromosomalen Anomalie noch vorhanden sind. Da sich Leukämiezellen weiterentwickeln und weitere Genveränderungen erwerben, kann die Wirkung des Medikaments über die Zeit möglicherweise nachlassen. In dieser Situation hat der Patient eine erworbene Resistenz entwickelt. Daher wurden mehrere weitere zielgerichtete Medikamente entwickelt, auf die Patienten umgestellt werden können. Zielgerichtete Medikamente wirken spezifisch auf ein Fusionsprotein oder eine andere Genveränderung und nicht unbedingt auf die Krankheit. Wissenschaftler haben daher festgestellt, dass Patienten mit anderen Krebsarten wie gastrointestinalen Stromatumoren, die dasselbe Fusionsprotein aufweisen, ebenfalls auf Gleevec ansprechen. Auch andere Krebsmedikamente wie Axitinib, ein Medikament, das für eine Art von Nierenkrebs entwickelt wurde, haben sich als wirksam erwiesen, wenn Gleevec aufgrund von Veränderungen im Fusionsgen unwirksam ist.

Ein weiterer großer Erfolg ist die Entwicklung einer zielgerichteten Behandlung für Brustkrebs und von Frauen, die eine bestimmte Genveränderung in ihren Tumorzellen haben. Diese Veränderung betrifft ein Gen, das einen Rezeptor produziert – eine Art von Molekül, das sich am äußeren Rand der Zellen befindet (man könnte es als Empfänger betrachten, der die Ein- bzw. Austritt bestimmter Moleküle der Zelle steuert). Im Jahr 1986 wurde ein Gen namens humaner epidermaler Wachstumsfaktor-Rezeptor 2 (HER2) als Mitglied einer Genfamilie identifiziert, die am Zellwachstum beteiligt ist. Es stellte sich heraus, dass etwa 15–30 % der Brustkrebspatientinnen zusätzliche Kopien des HER2-Rezeptorgens tragen. Im Jahr 1998 wurde das Vorhandensein von zusätzlichem HER2 mit einer Form von Brustkrebs mit schlechter Behandlungsprognose in Verbindung gebracht.

Ein Arzneimittelunternehmen entwickelte ein neues Medikament, das an den Rezeptor bindet und dessen Funktion stoppt. Wie bei Gleevec™

wurde das Medikament (Trastuzumab) schnell von der FDA (Markenname: Herceptin™) zugelassen. Alle Frauen mit Brustkrebs werden auf diese genetische Veränderung getestet, um festzustellen, ob sie HER2-positiv sind und daher auf eine Behandlung mit Herceptin ansprechen könnten (das Medikament wirkt bei Frauen mit der normalen Anzahl des HER2-Gens nicht so gut). Wie bei Gleevec zeigte sich, dass das Medikament auch bei anderen Krebsarten wirksam ist, bei denen mehrere Kopien des HER2-Gens vorhanden sind. Seither wurden weitere HER2-zielgerichtete Medikamente entwickelt.

Neuere Beispiele für zielgerichtete Medikamente sind Tarceva™ (Erlotinib), entwickelt für Patienten mit nicht-kleinzelligem Lungenkrebs und Veränderungen im Epidermaler-Wachstumsfaktor-Rezeptor(EGFR)-Gen, und Trikafta™ (Elexacaftor/Ivacaftor/Tezacaftor), eine Kombinationstherapie für Patienten mit zystischer Fibrose mit einer spezifischen Genveränderung im Zystischen-Fibrose-Transmembranrezeptor. Wie oben erwähnt, wird für eine wachsende Anzahl von Fällen gezeigt, dass Medikamente, die für eine bestimmte Krebsart mit einer bestimmten Genveränderung entwickelt wurden, auch bei anderen Krebsarten mit derselben Genveränderung wirksam sind. Daher könnten krebsspezifische Therapien zu genetisch spezifischen Therapien werden, wodurch die genetische Charakterisierung des Krebses für die Therapieentscheidungen immer bedeutsamer wird.

Parallel zur Erweiterung der Palette neuer Technologien zur Diagnose und Behandlung von Krebs besteht ein Bedarf an Standards zur Bestimmung der Wirksamkeit neuer Medikamente. Während die endgültige Entscheidung zur Zulassung eines Medikaments für einen bestimmten Einsatz bei der US-amerikanischen Lebens- und Arzneimittelbehörde (FDA) liegt, profitieren Forscher, Fördermittelgeber und professionelle Krebsorganisationen von Leitlinien und Kriterien, die Aufschluss darüber geben, wie neue Medikamente untersucht, was gemessen und berichtet werden sollte. Durch einen standardisierten Kriterienkatalog ist der Vergleich der Wirksamkeit neuer Medikamente sowie der Vergleich mit vorhandenen Therapien möglich. In den 1990er- und 2000er- Jahren arbeiteten Krebsforschungsgruppen und medizinische Organisationen an der Entwicklung eines Kriterienkatalogs zur Beurteilung des Ansprechens auf die Behandlung. Es wurde jedoch deutlich, dass die Unterschiede zwischen den einzelnen Krebsarten eine Herausforderung für die Implementierung eines einheitlichen Kriterienkatalogs zur Bewertung der Wirksamkeit neuer Therapien darstellen. Daher haben Fachgruppen krebsartspezifische Kriterien für die Medikamentenbewertung entwickelt, um einzigartige Tumoreigenschaften und Bewertungsinstrumente zu berücksichtigen. Regelmäßige Überarbeitungen der Leitlinien sind notwendig, um Veränderungen im wissenschaftlichen Verständnis, neuen Technologien und analytischen Methoden Rechnung zu tragen.

Von der Biopsie zu blutbasierten Krebs-Screening-Tests (Risikobewertung)

Alles, was bisher besprochen wurde, betrifft Patienten, die bereits an Krebs erkrankt sind. Aber was ist mit Patienten, die derzeit nicht an Krebs erkrankt sind – gibt es eine Möglichkeit, ihr Risiko einzuschätzen? Während es einige Screeningverfahren für Krebs gibt, einschließlich Brustkrebs (Mammographien), Gebärmutterhalskrebs (Pap-Abstriche) und Darmkrebs (Koloskopie), gibt es für viele Krebsarten kein Screening, wie zum Beispiel Eierstock- und Bauchspeicheldrüsenkrebs. Es wird geschätzt, dass 1 von 80 Frauen in den USA an Eierstockkrebs erkrankt. Eierstockkrebs rangiert an fünfter Stelle der Krebstodesursachen und verursacht jährlich 14.000 Todesfälle – teilweise, weil er oft in einem späten Stadium diagnostiziert wird, da die Symptome recht mild sein können und einige Zeit unbemerkt bleiben. Daher beträgt die Fünf-Jahres-Überlebensrate für Eierstockkrebs 48 % mit Operation und Chemotherapie, obwohl sie bei lokalisiertem Krebs viel höher ist (92 %; basierend auf Schätzungen der American Cancer Society für 2020). Auch für Bauchspeicheldrüsenkrebs gibt es kein Screening und daher wird die Krankheit in der Regel in fortgeschrittenen Stadien entdeckt und hat eine niedrige Fünf-Jahres-Überlebensrate von 9 %.

Die Risikobewertung von Krebs beginnt oft mit der Familiengesundheitsgeschichte eines Patienten. Wie in Kap. 2 beschrieben, betrifft eine starke familiäre Belastung mit Krebs typischerweise mehrere biologische Verwandte, die an Krebs erkrankt sind, oft in einem jüngeren als dem typischen Diagnosealter. Bei Personen mit einer starken familiären Belastung einer vererbten Form von Krebs, wie Brust- oder Eierstockkrebs, wird der Arzt einen Gentest empfehlen, um die Gene zu analysieren, die mit dieser Art von vererbtem Krebs in Verbindung stehen. Blutbasierte Tests sind für Darmkrebs und Brust-/Eierstockkrebs verfügbar, die viele Gene innerhalb eines einzigen Tests auf Veränderungen analysieren, die mit diesem Krebs in Verbindung stehen. Der Testbericht wird wie eine Buchstabensuppe aus Genabkürzungen aussehen (TP53, VHL, BRCA1, BRCA2 und andere). Erhält ein Patient ein negatives Testergebnis, bedeutet dies nicht zwangsläufig, dass er den spezifischen Krebs, der in seiner Familie vorkommt, nicht entwickeln wird. Es kann bedeuten, dass der Test das für den Krebs in Ihrer Familie verantwortliche Gen nicht analysiert, einfach weil Wissenschaftler noch nicht alle Gene identifiziert haben, die potenziell Krebs verursachen könnten. Eine häufigere Überwachung (zum Beispiel Mammographien) wird ebenfalls empfohlen, um die Entwicklung einer Krebserkrankung frühzeitig zu erkennen.

Darüber hinaus besteht, insbesondere für Personen ohne eine familiäre Vorbelastung durch Krebs, ein großes Interesse daran, neue Krebs-Screenings zu entwickeln. Es gibt Leitlinien darüber, wann und wie oft man sich durch Mammographie, Koloskopie, okkulte Stuhltests und andere Methoden untersuchen lassen sollte, um Krebs in frühen Stadien zu erkennen. In den letzten Jahren wurden jedoch nur sehr wenige neue Screenings für Krebs entwickelt. Mit neuen Technologien zur Analyse sehr kleiner Zell- und DNA-Mengen steht die Medizin jedoch möglicherweise kurz vor einem neuen blutbasierten Test auf Krebs. Seit den 1800er-Jahren ist bekannt, dass Krebszellen, bekannt als zirkulierende Tumorzellen (CTC), im Blut vorhanden sind. Vermutlich haben sich diese Zellen von einem Tumor gelöst und sind in den Blutkreislauf gelangt. In jüngster Zeit wurde zellfreie Tumor-DNA im Blut nachgewiesen. Obwohl nur eine sehr geringe Menge an Tumorzellen oder DNA im Blut vorhanden ist, hat sich gezeigt, dass sie für Tests ausreichend ist. Obwohl die Technologie als Screening noch in Entwicklung ist, könnte dies möglicherweise das Krebs-Screening revolutionieren, indem invasive Tests (eine Biopsie einer auf einem Bildgebungstest erkannten Zellmasse) durch einen einfachen Bluttest ersetzt werden, der routinemäßig vor der Erkennung von Krebs durch Bildgebung oder dem Auftreten von Symptomen beim Patienten durchgeführt werden kann. In einigen Fällen ist eine Biopsie des Tumors möglicherweise gar nicht möglich, wie bei Lungen- oder Gehirntumoren, oder bei Patienten, bei denen ein chirurgischer Eingriff zu riskant ist. Wie andere Gentests können diese neuen nichtinvasiven Tests (die als Flüssigbiopsien bezeichnet werden) Einblicke in die Eigenschaften des Tumors ohne chirurgische Eingriffe geben. Eine potenzielle Einschränkung zu diesem Zeitpunkt ist, dass der Nachweis von Tumorzellen oder DNA nicht darauf hinweist, in welchem Gewebe der Krebs vorhanden ist oder wo er seinen Ursprung hat (wenn der Krebs bereits gestreut hat). Diese Revolution in der nichtinvasiven Testung findet auch im Bereich der Geburtshilfe und pränatalen Testung statt, wie in Kap. 4 beschrieben.

Im Jahr 2016 erteilte die FDA die erste Zulassung für einen Flüssigbiopsie-Krebstest, der bei der Wahl der Krebsbehandlung helfen soll. Der Test analysiert eine Blutprobe von Patienten mit der häufigsten

Art von Krebs, dem nicht-kleinzelligen Lungenkarzinom (NSCLC), um zu bestimmen, ob eine Genvariante im Tumor vorhanden ist, die die Wahl der Behandlung erleichtert. Vor der FDA-Zulassung konnte der Test nur an einer Tumorprobe (Biopsie) durchgeführt werden. Speziell analysiert der Test das EGFR-Gen, das häufig bei Patienten mit NSCLC verändert ist.

Schlussfolgerung

Neue Technologien haben das Verständnis der genetischen Komplexität von Krebs erheblich vorangebracht und die Auswahl geeigneter und wirksamer Behandlungen und letztendlich auch die Krankheitsverläufe verbessert. Trotz der Fülle an Krebsforschung, die mit Mikroarrays und Sequenzierung durchgeführt wurde, ist deren Anwendung in der klinischen Praxis aus verschiedenen Gründen langsam vor sich gegangen. Mit der Erzeugung von riesigen Datenmengen mit genomischen Technologien erhofft man sich die Identifizierung neuer Muster und Wege, die Untersuchungen, Therapieentscheidungen und Arzneimittelentwicklung verbessern.

Literatur

American Cancer Society. Cancer Basics. Available at https://www.cancer.org/cancer/cancer-basics/lifetime-probability-of-developing-or-dying-from-cancer.html

US National Cancer Institute. Available at https://www.cancer.gov/about-cancer

Cancer Net. Available at https://www.cancer.net/

Annual Report to the Nation on the Status of Cancer, part I: National cancer statistics. Available at https://acsjournals.onlinelibrary.wiley.com/doi/10.1002/cncr.32802 (March 12, 2020).

US National Cancer Institute. How Imatinib Transformed Leukemia Treatment and Cancer Research. Available at https://www.cancer.gov/research/progress/discovery/gleevec

9

Gene korrigieren

Die Vererbung einiger genetischer Störungen kann zu extremer Morbidität und/oder frühem Tod führen, wenn es keine Möglichkeit gibt, den Auswirkungen des veränderten Gens (oder der veränderten Gene) entgegenzuwirken, das (die) krankheitsverursachend ist (sind). Man kann seine Gene nicht „verändern" und sie zur normalen Sequenz korrigieren, um den durch das veränderte Gen verursachten Schaden zu verhindern oder zu stoppen, so dachte man jedenfalls. Seit Jahrzehnten wird versucht, genau das zu tun: Gene zu verändern oder alternativ eine „normale" Kopie des Gens in die Zellen eines Patienten einzuführen, in der Hoffnung, dass das normale Gen die Auswirkungen des abnormalen Proteins, das aus dem veränderten Gen resultiert, aufheben wird.

Zurück in den frühen 1990er-Jahren hätten Sie vielleicht Nachrichtenberichte über den „Bubble Boy" gehört, der mit etwas, das „Gentherapie" genannt wurde, behandelt wurde und bemerkenswerte Verbesserungen zeigte. Dieser Fall löste Begeisterung und Enthusiasmus aus, Patienten mit verheerenden und unbehandelbaren Krankheiten zu therapieren, indem die neuen Erkenntnisse der Genetik genutzt werden. Leider hat die Gentherapie seit diesem bemerkenswerten ersten Erfolg einige Rückschläge erleben müssen, einschließlich mehrerer Todesfälle, schwerer Nebenwirkungen und unethischer Praktiken von Forschern, die klinische Studien durchführten. Heute zeigt die Gentherapie mit zugelassenen Therapien wieder Fortschritte. Es werden große Hoffnungen in die neuen Geneditierungstechnologien zur Behandlung von Erbkrankheiten und Krebs gesetzt. Dieses Kapitel gibt einen kurzen Überblick und einige Beispiele, um Ihnen einen Eindruck von

S. B. Haga, *Das Buch der Gene und Genome*, https://doi.org/10.1007/978-1-0716-3531-5_9

den Herausforderungen, dem Enthusiasmus und den ethischen Fragen zu vermitteln, die durch Gentherapie und Geneditierung aufgeworfen werden.

Wie funktioniert Gentherapie?

Erinnern Sie sich daran: Ist eine Person von einer erblichen genetischen Erkrankung betroffen, tragen alle Zellen ihres Körpers die veränderte, krankheitsverursachende Version des Gens. Dies unterscheidet sich von Krankheiten wie Krebs, die in den meisten Fällen nicht von den Eltern geerbt werden, sondern aus Veränderungen in Zellen eines bestimmten Gewebes (zum Beispiel Brust oder Prostata) resultieren, die zur unregulierten Zellvermehrung führen.

Genetische Erkrankungen, die durch eine Veränderung in einem einzigen Gen verursacht werden, waren die ersten Ziele für die Gentherapie. Theoretisch sind dann Zellen, die am anfälligsten für die Auswirkungen des veränderten Gens sind, zum Beispiel Muskelzellen bei Muskeldystrophie, das ultimative Ziel der Gentherapie.

Aber wie genau fügen Wissenschaftler eine normale Kopie eines Gens in eine Zelle ein, die eine veränderte Kopie trägt? Eine der größten Herausforderungen besteht darin, die schützende äußere Schicht der Zellen zu durchdringen. Es wurden verschiedene Methoden verwendet, um dies zu erreichen, mit unterschiedlichem Erfolg. Der häufigste Ansatz besteht darin, ein Virus als Transportmittel für die normale Kopie des Gens zu verwenden. Da Viren leicht in Zellen eindringen (auf die gleiche Weise, wie sie uns infizieren) und anschließend ihre DNA (oder RNA) freisetzen, können sie als Vehikel verwendet werden, um Kopien normaler Gene in Zellen des Patienten zu übertragen.

In der Gentherapie wird das Virus als Vektor oder Träger bezeichnet. Da viele Viren nach der Infektion Krankheiten verursachen, verwenden Wissenschaftler nur Viren, bei denen diese schädlichen Gene entfernt wurden oder das Virus inaktiviert wurde, was das Virus als „sicher" kennzeichnet. Durch Entfernen der schädlichen Gene konnte sogar das Virus, das AIDS (Humanes Immundefizienzvirus, HIV) verursacht, sicher in Gentherapieexperimenten verwendet werden. Forscher untersuchten viele verschiedene Viren mit unterschiedlichen Gewebespezifitäten (zum Beispiel infizieren einige Viren bevorzugt Lungen- oder Muskelzellen; Abb. 9.1). Es gibt verschiedene Möglichkeiten, wie ein abgeschwächtes Virus, das die korrigierte Kopie des Gens trägt, dem Patienten verabreicht werden kann. Bei einem Ansatz wird dem Patienten eine virale Lösung injiziert, die sich im ganzen

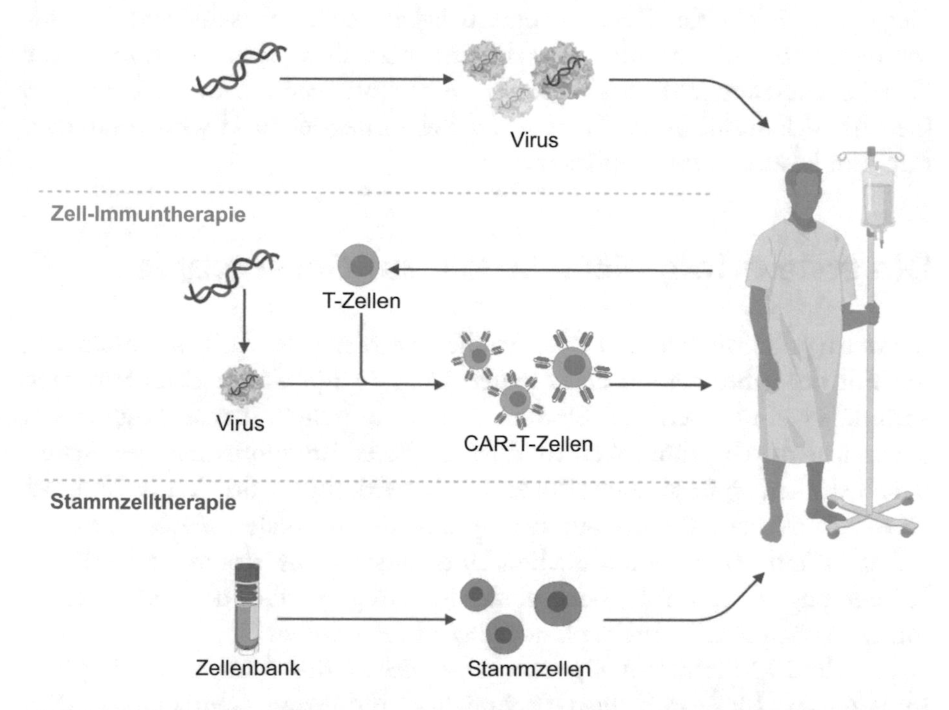

Abb. 9.1 Verschiedene Typen der Gentherapie. Die ersten gentherapeutischen Experimente dienten der Korrektur mutierter Gene bei seltenen Erbkrankheiten. Neuere Forschungen entwickelten eine Form der Gentherapie zur Behandlung von Krebs, die als Zellimmuntherapie bezeichnet wird. Stammzelltherapie wird verwendet, um gesunde Zellpopulationen wiederherzustellen, ähnlich wie bei einer Knochenmarktransplantation. (Quelle: Biorender)

Körper ausbreitet, vielleicht mit einer Vorliebe für bestimmte Zellen, genau wie eine typische Virusinfektion. Alternativ wird eine Probe der Zellen des Patienten entnommen (zum Beispiel durch Knochenmarkbiopsie) und die virale Lösung wird im Labor mit diesen entnommenen Zellen gemischt. Nach einigen Tagen werden die infizierten Zellen, von denen die meisten hoffentlich die korrigierte Version des Gens tragen, dem Patienten zurückgegeben.

Bei anderen, nichtviralen Ansätzen wird die normale Version eines Gens an ein anderes Molekül, beispielsweise ein Fettmolekül, gebunden, das von der Zelle aufgenommen werden kann. Eine weitere Methode besteht darin, mehrere Kopien des korrigierten Gens direkt in die Zielzellen des Patienten einzuführen. Unabhängig von der Methode gibt es viele Hürden, die überwunden werden müssen, bevor die Gentherapie als therapeutisch betrachtet werden kann. Selbst wenn eine eingefügte normale Kopie eines Gens den Defekt der Zelle korrigiert, haben Zellen verschiedene Lebensspannen und einige werden schneller erneuert als andere. Daher muss die Gentherapie möglicherweise ständig wiederholt werden, es sei denn, das Gen hat sich stabil in das Genom der Zelle integriert und wird zusammen mit dem Rest der DNA repliziert.

Die erste erfolgreiche Studie zur Gentherapie

In vielen präklinischen tierische Studien wurden die Risiken untersucht, die mit der Übertragung eines neuen Gens in die Zellen eines Patienten verbunden sind (tierische Studien sind erforderlich, bevor Studien am Menschen durchgeführt werden dürfen). Zwei Komponenten der Sicherheitsbedenken spielen eine Rolle: die Auswirkungen des Virus und des Gens, ob also der Prozess zur Einführung der normalen Kopie des Gens sicher ist und ob die Funktionalität eines neuen Gens, das in eine Zelle im Körper eingeführt wurde, hoch genug ist, um gegenüber der vorhandenen, mutierten Kopie eine gewisse Linderung zu verschaffen.

Im Jahr 1990 erhielten Wissenschaftler der National Institutes of Health in Bethesda, Maryland, die Genehmigung, die ersten Gentherapiestudien am Menschen durchzuführen. Sie behandelten zuerst ein junges Mädchen namens Ashanti DeSilva, das an dem schweren kombinierten Immundefizienzsyndrom (SCID – oder kurz „skid") litt. Kinder mit dieser Erbkrankheit haben ein stark beeinträchtigtes Immunsystem und sind extrem anfällig für Infektionen. Diese Kinder führen oft ein sehr eingeschränktes Leben mit begrenztem Kontakt außerhalb des Hauses, um Infektionen zu minimieren. Nachdem ein Forschungsexperiment öffentlich wurde, in dem ein Junge zwölf Jahre in einer plastischen, keimfreien „Blase" in einem texanischen Krankenhaus gelebt hatte, wurde SCID als Bubble-Boy-Krankheit bekannt.

Ärzte entnahmen dem Knochenmark der vierjährigen Ashanti weiße Blutzellen, gaben die normale Version des Gens hinzu und ließen die Zellen für kurze Zeit im Labor wachsen, bevor sie sie wieder in ihren Körper einsetzten. Tests nach der Rückgabe der Zellen zeigten, dass Ashantis Immunsystem viel stärker war als vor der Gentherapie. In den nächsten beiden Jahren unterzog sie sich etwa einem Dutzend weiterer Gentherapieexperimente, bei denen ihr weiße Blutzellen entnommen und dann mit einer normalen Kopie des Gens in ihren Körper zurück übertragen wurden. Im Jahr 2007 war Ashanti gesund und besuchte das College. Eine zweite

Patientin, Cynthia Cutshall, erhielt die gleiche Gentherapie wie Ashanti und ist heute ebenfalls gesund. Es wird angenommen, dass die Gentherapie den genetischen Mangel der Mädchen nur teilweise korrigierte, aber die Tatsache, dass die Gentherapie nicht schädlich war, insbesondere zu diesem frühen Zeitpunkt dieses Forschungsbereichs, war ein Erfolg an sich.

Nebenwirkungen der Gentherapie

Trotz der nahezu jahrzehntelangen Forschung ist die Gentherapie mit vielen Unsicherheiten behaftet, was ihren Fortschritt verlangsamt hat. Eines der Hauptprobleme bei der Gentherapie ist, dass Wissenschaftler keine Kontrolle darüber haben, wo das normale Gen landet, wenn es von der Zelle aufgenommen wurde. Das neue Gen könnte sich irgendwo im Genom (Zell-DNA) integrieren oder einfügen, was besonders besorgniserregend ist, wenn dies mitten in einem anderen Gen geschieht und dadurch die Funktion dieses Gens gestört wird. Wenn dies passiert, könnte, während die ursprüngliche Krankheit des Patienten mit der Anwesenheit einer normal funktionierenden Kopie des veränderten Gens verbessert wird, eine neue Erkrankung aufgrund des neu gestörten Gens entstehen – etwas, das technisch als Insertionsmutagenese bekannt ist. Ein weiteres Problem ist die Wirksamkeit des Vektors oder Trägers – erreicht er die Zielzellenpopulation (ohne eine Immunreaktion auszulösen) und ist er in der Lage, das Gen in ausreichender Menge in die Zielzelle zu transportieren, damit es wirksam sein kann?

Im Jahr 1999 starb ein Studienteilnehmer in einer Frühphasenstudie, die an der University of Pennsylvania durchgeführt wurde. Jesse Gelsinger, ein 18-jähriger Mann mit der seltenen Krankheit Ornithintranscarbamylasedef izienz (OTC), meldete sich freiwillig zur Teilnahme an einer Gentherapiestudie für OTC. Personen mit OTC fehlt ein Schlüsselenzym, oder Protein, das für eine chemische Reaktion verantwortlich ist, die in der Leber stattfindet. Mit einer sehr strengen Diät und täglicher Medikation konnte Jesse seine Krankheit so kontrollieren, dass er in der Lage war, an den normalen Aktivitäten eines Teenagers teilzunehmen, obwohl er während seiner Kindheit mehrmals im Krankenhaus war.

Das Ziel des ursprünglichen Versuchs war es, die Sicherheit eines viralen Vektors zu testen. Der virale Träger wurde direkt in die Arterie, die mit der Leber verbunden ist, wo das Enzym fehlt, injiziert. Vier Tage nach der Injektion starb Jesse aufgrund einer massiven Immunreaktion und eines systemischen Organversagens. Jesses Tod löste eine

Reihe von Untersuchungen durch Universitäts- und Bundeskomitees aus. Neben anderen Forschungsverstößen, die festgestellt wurden, hatten die Forscher versäumt, die Teilnehmer über den Tod mehrerer Affen in präklinischen Studien zu demselben viralen Vektor sowie über das finanzielle Interesse der Forscher am Erfolg der Studie in Kenntnis zu setzen.

Im Oktober 2002 stoppten Behörden in den USA drei Gentherapiestudien, nachdem französische Forscher bekanntgaben, dass ein kleines Kind, das an einer Gentherapiestudie teilgenommen hatte, an Leukämie erkrankt war. Der dreijährige Junge wurde in Paris wegen SCID behandelt und zum Zeitpunkt der Leukämiediagnose waren sich die Forscher unsicher, ob die Leukämie durch die Gentherapie verursacht worden war. Spätere Analysen der Zellen des Jungen ergaben, dass sich ein Teil des viralen Vektors in die Chromosomen des Jungen eingefügt hatte, speziell in ein Gen auf Chromosom 11, das mit Zellteilung in Verbindung steht. Bis zu dieser unglücklichen Entwicklung konnten neun der elf Jungen, die an dieser Studie teilnahmen, das Krankenhaus geheilt verlassen und ein nahezu normales Leben führen.

Im Januar 2003 wurde bei einem zweiten Jungen, der an der Gentherapiestudie in Paris teilgenommen hatte, Leukämie diagnostiziert. Als Reaktion darauf stoppten die US-Behörden 27 weitere Gentherapiestudien, die einen ähnlichen Typ von viralem Vektor verwendeten, obwohl es keine Berichte über schwere Nebenwirkungen gab. Trotz der vielversprechenden Ergebnisse weisen die rätselhaften Ergebnisse der französischen Gentherapieexperimente erneut auf den Bedarf an weiterer Forschung hin, um das Auftreten solch schwerwiegender und lebensbedrohlicher Nebenwirkungen wie Leukämie zu verhindern.

Trotz der zahlreichen Rückschläge und unzähligen wissenschaftlichen Herausforderungen sind heute einige Gentherapien zur Therapie verfügbar. China war das erste Land, das 2003 eine Gentherapie zur Behandlung von Plattenepithelkarzinom im Kopf- und Halsbereich (eine Art von Hautkrebs) genehmigte. Im Jahr 2012 genehmigte die EU eine Gentherapie namens Glybera zur Behandlung einer seltenen Krankheit namens Lipoprotein-Lipase-Mangel (auch bekannt als familiäres Chylomikronämie-Syndrom). Der Hersteller von Glybera verzichtete darauf, einen Antrag bei der FDA zu stellen, und erneuerte seine Marktzulassung nicht. In den USA hat die FDA eine Handvoll Gentherapien genehmigt. Im Jahr 2017 genehmigte die FDA Luxturna, eine durch Viren vermittelte Gentherapie für eine seltene, genetische Form der Blindheit namens retinale Dystrophie; 2019 wurde eine weitere Gentherapie, Zolgensma, für die seltene Krankheit Spinale Muskelatrophie zugelassen. Bis 2020 laufen viele klinische Studien zur Untersuchung der Sicherheit und Wirksamkeit der Gentherapie für eine Reihe von genetischen Krankheiten und es wird in den kommenden Jahren die Genehmigung weiterer Gentherapien erwartet.

Geneditierung

Im Gegensatz zur Gentherapie bietet die Geneditierung einen präziseren Ansatz zur Korrektur von Genen, um die natürliche Funktion wiederherzustellen und Krankheiten zu heilen. Bereits Mitte der 1980er-Jahre wurde eine Reihe von speziellen Enzymen in Bakterien entdeckt, die die Grundlage für das neue Feld der Geneditierung bilden. Bakterien haben Abwehrsysteme (wie das menschliche Immunsystem). Aber im Gegensatz zu Menschen verwenden Bakterien Enzyme, um Eindringlinge buchstäblich zu zerschneiden und sie auf diese Weise effektiv zu zerstören. Diese zerschneidenden Abwehrkomplexe verhalten sich nicht zufällig, sondern binden an spezifische DNA-Sequenzen. Diese Enzyme bilden einen großen Komplex – ein Teil ist Signalgeber (bindet an spezifische DNA-Sequenz) und ein weitere Teil dient als Schere. Als Wissenschaftler entdeckten, dass diese bakteriellen Enzyme tatsächlich spezifische DNA-Sequenzen schneiden, fragten sie sich, ob sie auf erwünschte Ziel-DNA, wie das eines spezifischen Gens, programmiert werden könnten. So begann das Zeitalter der Gen- bzw. Genomeditierung.

Der Geneditierung stehen verschiedene Werkzeuge (DNA-Bindungs-/Enzymkomplexe) zur Verfügung, jedes mit seinen eigenen Vor- und Nachteilen, um ein präzises DNA-Bindungs-/Schneidwerkzeug zu konstruieren, das schließlich zuverlässig für kommerzielle oder klinische Zwecke verwendet werden kann. Einer der Enzymkomplexe, der von Wissenschaftlern auf der ganzen Welt zur Geneditierung untersucht wurde, heißt CRISPR-Cas9.

Für genetische Krankheiten können verschiedene Arten von Editierung erforderlich sein, um das Gen zu korrigieren oder zu modifizieren. Es kann entweder ein einziger Schnitt (mit einem Komplex) gemacht werden, um ein Stück DNA einzufügen, oder zwei Schnitte mit mehreren Komplexen, um ein Stück DNA zu entfernen oder zu entnehmen (ein Schnitt an jedem Ende). Die Zelle besitzt selbst Moleküle, die beim Wiederverbinden der zerschnittenen DNA und beim Verschließen von Lücken behilflich sind. Die Bemühungen der Wissenschaftler, die Enzyme auf spezifische Sequenzen zu richten, waren erfolgreich, wenn auch häufig mit einer geringen Effizienz und nicht vollständig präzise. In einigen Fällen bindet der Enzymkomplex an die falschen Sequenzen (sogenannte Off-Targets) und verursacht so möglicherweise ein Problem (beispielsweise das Zerschneiden eines normalen Gens). Neben der Risikoreduzierung für Off-Target-Effekte besteht eine weitere Herausforderung darin, den großen Geneditierungskomplex in eine Zelle zu bringen, wo er die Geneditierung vornimmt.

Eine der ersten Krankheiten, für die CRISPR-Cas9 untersucht wurde, ist die Duchenne-Muskeldystrophie, eine neuromuskuläre Störung, die Jungen betrifft und zu einem allmählichen Verlust der Bewegung und zum Tod in jungem Alter führt. Im Jahr 2014 begannen mehrere Forschungsteams, Arbeiten zu veröffentlichen, die den effektiven Einsatz von CRISPR-Cas9 in Mausmodellen zeigten (die Intervention muss in Tiermodellen als sicher und wirksam gezeigt werden, bevor Tests am Menschen beginnen können). Diese Krankheit wird durch mehrere verschiedene Veränderungen im Dystrophin-Gen verursacht, einschließlich einiger ziemlich großer Deletionen.

Eine weitere bekannte Erkrankung, die ein guter Kandidat für Geneditierung ist, ist die zystische Fibrose (CF). Sie wird durch eine genetische Veränderung in beiden Kopien eines Gens verursacht, das als Cystic Fibrosis Transmembrane Conductance Regulator (CFTR) bekannt ist. Das CFTR-Protein wirkt hauptsächlich in der Lunge; daher sind die vorherrschenden Symptome Husten, Atemnot, Lungenversagen und erhöhtes Risiko für Lungeninfektionen. Forscher haben geprüft, ob die krankheitsverursachende genetische Variante durch Geneditierung korrigiert (es handelt sich um eine viel kleinere genetische Veränderung als beim Dystrophiengen) und die Funktion der Zellen in den Atemwegen wiederhergestellt werden kann, wo die Hauptkrankheitssymptome auftreten. Frühe Arbeiten haben gezeigt, dass das CFTR-Gen durch Geneditierung in Atemwegszellen korrigiert werden kann.

Nebenbei bemerkt: In den letzten Jahren wurden verschiedene neue Medikamente für CF-Patienten zugelassen. Diese Medikamente sind bekannt als CFTR-Modulator-Therapien. Sie können die fehlerhafte Form des CFTR-Proteins korrigieren und seine Funktion teilweise wieder herstellen, wodurch die Symptome gelindert werden. Verschiedene Genveränderungen im CFTR-Gen können CF durch leicht unterschiedliche Auswirkungen auf die Form des CFTR-Proteins verursachen. Daher gibt es jetzt mehrere Modulatormedikamente: Basierend auf der spezifischen Veränderung des CFTR-Gens des Patienten wird das geeignete Medikament ausgewählt (obwohl es nicht für alle CFTR-Genveränderungen ein verfügbares Medikament gibt).

Eine weitere Krankheit, die sich als vielversprechend für den Einsatz der Geneditierung als Heilmittel erwiesen hat, wenn auch auf etwas andere Weise, ist Sichelzellenanämie (und die verwandte Krankheit Beta-Thalassämie). Sichelzellenanämie tritt bei Personen auf, die eine genetische Veränderung in beiden Kopien eines Gens für ein Molekül namens Hämoglobin (eines von jedem Elternteil geerbt) haben. Diese Genveränderung verursacht, dass das Protein zu langen Stäbe fehlgebildet ist, was wiederum dazu führen, dass die roten Blutkörperchen missgebildet sind – die Zelle haben eine sichelförmige statt einer runden Form. Oft bleiben die sichelförmigen roten Blutkörperchen in den engen Blutgefäßen stecken, manchmal verklumpen sie oder kleben zusammen. Diese Zellklumpen und die Dysfunktion des Hämoglobins (bindet Sauerstoff nicht korrekt, um ihn zu anderen Geweben im Körper zu transportieren) verursachen bei den Patienten extreme Schmerzen in den sauerstoffarmen Geweben für Patienten als Hauptsymptom.

Hämoglobin kommt in mehreren Formen vor, wobei jede Form einzigartig für das Alter des Individuums ist (embryonal, fötal/infantil und erwachsen) – die erwachsene Form wird Beta-Globin genannt. Es handelt sich um eine eher einzigartige Situation, in der zwei weitere Versionen eines Gens existieren, die im Wesentlichen die gleiche Funktion ausüben. Fötales Hämoglobin neigt dazu, Sauerstoff stärker Sauerstoff zu binden als die erwachsene Form von Hämoglobin. Anstatt Geneditierung zu verwenden, um das Beta-Globingen zu korrigieren, testen Forscher, ob sie die infantile und fötale Version des Hämoglobingens mithilfe dieser Technologie „einschalten" können. Durch die Produktion funktionaler Versionen des Hämoglobinproteins, wenn auch nicht der erwachsenen Form, sollten die roten Blutkörperchen ordnungsgemäß funktionieren und die Krankheit im Wesentlichen heilen. Um dieses Ziel zu erreichen, inaktivierten Forscher ein Gen, das ein Molekül produziert, das die fötale und infantile Form des Hämoglobingens „ausschaltet". Man könnte diese Strategie als Entfernung der Sicherheitssperre betrachten. Mit der nicht mehr funktionierenden Aus-Taste für fötales Hämoglobin bleibt es eingeschaltet.

Im Jahr 2020 berichteten Forscher über die ersten beiden Fälle, in denen sie einige Blutzellen von Patienten entnahmen, das Gen editierten, um die Aus-Taste auszuschalten, und diese editierten Zellen den Patienten zurückgaben. Die Analyse des Bluts dieser Patienten erkennt die fötale Version von Hämoglobin. Den beiden Patienten waren ein Jahr nach der Behandlung symptomfrei und es ging gut.

Die ersten klinischen Studien am Menschen mit CRISPR wurden 2019 für kleine Patientengruppen mit Leukämie, Bluterkrankungen und einer

Form von erblicher Blindheit begonnen. Die meisten Studien beinhalten die Entnahme von Patientenzellen, das Editieren der Zellen und das Übertragen der editierten Zellen zurück in den Patienten (statt den Patienten die Geneditierungsmaterialien zu injizieren, um die Zellen innerhalb des betroffenen Gewebes zu korrigieren). In diesen ersten Studien wird die Sicherheit der CRISPR-Eingriffs bewertet, bevor festgestellt wird, ob oder wie gut er funktioniert.

Chimärer-Antigen-Rezeptor-T-Zell-Therapie

In den 2010er-Jahren gab es einige aufregende Durchbrüche mit einer etwas anderen Art der Gentherapie, einer zellbasierten Gentherapie. Bei dieser als Chimärer-Antigen-Rezeptor-T-Zell(CAR-T)-Therapie bezeichneten, für jeden einzelnen Patienten einzigartigen Behandlung werden Zellen des Patienten entnommen, genetisch modifiziert und dem Patienten wieder zugeführt. Die Zellmodifikation beinhaltet das Hinzufügen eines neuen Gens zu einer Probe der T-Zellen (eine Art von Immunzelle) des Patienten, um einen chimären Antigenrezeptor zu produzieren (Rezeptoren sind Proteine, die an der Oberfläche oder außerhalb der Zelle angebracht sind; Abb. 9.1). Mithilfe dieses neuen Proteins suchen die modifizierten T-Zellen nach Leukämiezellen, die einen ähnlichen Rezeptor auf der Oberfläche haben. Dies ist vergleichbar mit einer Geruchsprobe (zum Beispiel Kleidungsstück) einer vermissten Person, die einem Spürhund als Fährte zur Suche vorgelegt wird. Diese Art der Gentherapie wird derzeit speziell für Leukämie eingesetzt. Im Jahr 2017 genehmigte die FDA die erste CAR-T-Therapie namens Kymriah für pädiatrische und junge Erwachsene, die an akuter lymphoblastischer Leukämie leiden. Kurz darauf genehmigte die FDA eine zweite CAR-T-Therapie für großzelliges B-Zell-Lymphom. Während sich diese Behandlungen bei einigen Patienten als sehr wirksam erwiesen haben, besteht ein Risiko für ernsthafte Nebenwirkungen, einschließlich hohem Fieber, grippeähnlichen Symptomen und neurologischen Ereignissen.

Ethische Überlegungen zur Gentherapie und Genbearbeitung

Neben den wissenschaftlichen Herausforderungen der Gentherapie und Geneditierung von Beginn an mit ethischen Fragen konfrontiert. Insbesondere können diese Technologien für nichttherapeutische Zwecke, beispielsweise zur Verbesserung von Merkmalen und zur biologischen Kriegsführung, verwendet werden. Es ist denkbar, dass die Geneditierung gezielt auf spezifische Zellen oder Gewebe (wie Muskelzellen bei einer Muskelschwunderkrankung) gerichtet oder systemisch angewandt wird (das heißt, jede Zelle kann bearbeitet werden). In einem sehr frühen Stadium des Lebens (nur wenige Zellen) könnte es sogar möglich sein, eine Geneditierung durchzuführen, bei der alle Zellen editiert oder korrigiert werden. Die potenzielle Modifikation von Keimzellen (Eizelle bzw. Sperma) wird an zukünftige Generationen weitergegeben, wodurch das Feld der intergenerativen Forschung entstanden ist. Einige argumentieren, dass die unbeabsichtigte oder beabsichtigte Modifikation von Keimzellen dann ethisch akzeptabel sein könnte, wenn das Endergebnis die Beseitigung einer lebensbedrohlichen Krankheit ist (wer würde riskieren wollen, das mutierte Gen an seine Kinder weiterzugeben), während andere behaupten, es wäre unethisch, Keimzellen zu modifizieren und die genetische Zusammensetzung zukünftiger Generationen zu verändern. Im Jahr 2018 führte ein chinesischer Wissenschaftler eine Geneditierung an frühen Embryonen (aus In-vitro-Fertilisation) durch, um eine Deletion (fehlende DNA) in einem für die HIV-Infektion essenziellen Gen zu erzeugen. Die Gen-Deletion tritt natürlicherweise auf und diese Personen können nicht mit HIV infiziert werden. Diese Art von Experiment ist in den meisten Ländern verboten und wurde von der wissenschaftlichen Gemeinschaft und nationalen Regierungen verurteilt. Mit den Fortschritten dieses Forschungsfelds sollte der sichere und sachgerechte Einsatz der Technologie sorgfältig geprüft werden.

Schlussfolgerung

Mit dem anhaltenden Fortschritt im Bereich der Gentherapie und der neuen Hoffnung durch Geneditierung wächst die Aussicht auf therapeutische genetische Eingriffe. Die Möglichkeit, Genveränderungen zu korrigieren, die für Krankheiten ursächlich sind, die derzeit nicht behandelt werden können, hat große Hoffnungen geweckt und für Aufregung gesorgt. Es bleibt jedoch noch viel zu tun, um die Sicherheit der Geneditierung und die langfristigen Auswirkungen zu verstehen. Parallel zu den wissenschaftlichen Entwicklungen sollten Leitlinien und Strategien entwickelt werden, um den sicheren und sachgemäßen Einsatz dieser neuen wissenschaftlichen Instrumente zu gewährleisten.

Literatur

US Food and Drug Administration. What is Gene Therapy? Available at https://www.fda.gov/vaccines-blood-biologics/cellular-gene-therapy-products/what-gene-therapy

Gene Therapy Net. Available http://www.genetherapynet.com/clinicaltrialsgov.html

US National Library of Medicine. What are genome editing and CRISPR-Cas9? Available at https://ghr.nlm.nih.gov/primer/genomicresearch/genomeediting

Broad Institute. Questions and Answers about CRISPR. Available at https://www.broadinstitute.org/what-broad/areas-focus/project-spotlight/questions-and-answers-about-crispr

US National Cancer Institute. CAR T Cells: Engineering Patients' Immune Cells to Treat Their Cancers. Available at https://www.cancer.gov/about-cancer/treatment/research/car-t-cells

Renault M. Gene-editing treatment shows promise for sickle cell disease. Washington Post, Dec 5, 2020.

10

Auf der Jagd nach der unsichtbaren Bazille

Mikroben oder Mikroorganismen sind die älteste Lebensform und nur durch ein Mikroskop sichtbar. Sie sind auch die häufigsten Organismen auf dem Planeten und finden sich auf jedem Kontinent und in jedem Ökosystem – in der Luft, im Wasser, im Boden und in Pflanzen und Tieren. Tatsächlich könnten wir und die meisten anderen Pflanzen und Tiere ohne sie nicht leben. Viren werden ebenfalls als Mikroorganismen betrachtet, obwohl es einige Diskussionen darüber gibt, ob sie tatsächlich „lebendig" sind, da sie auf andere Organismen angewiesen sind, um sich zu vervielfältigen. Mikroorganismen spielen eine kritische Rolle in allen Ökosystemen und haben vielfältige Beziehungen zu anderen Organismen und dem Wirt (oder Organismus, in dem sie leben und ihre Nährstoffe beziehen), die von einer gegenseitig vorteilhaften Koexistenz bis zu einer schädlichen Beziehung reichen, entweder für den Wirt oder den Mikroorganismus. Menschen können ohne die mikrobiellen Gemeinschaften, die im Darm, auf der Haut und in anderen Teilen des Körpers existieren, nicht überleben. Sie bieten uns enorme Vorteile, die für unsere Gesundheit entscheidend sind. Im Gegensatz dazu können Mikroorganismen jedoch auch Krankheiten verursachen und sogar zum Tod der Organismen führen, die sie infizieren, einschließlich Menschen. In letzterem Fall werden krankheitserregende Mikroorganismen als Pathogene bezeichnet.

Während einige Infektionskrankheiten durch öffentliche Gesundheitsinterventionen, wie Wassersanierung und Impfungen, erheblich reduziert oder ausgerottet wurden, bleiben Infektionskrankheiten die weltweite Haupttodesursache, insbesondere in Entwicklungsländern. Wenn

S. B. Haga, *Das Buch der Gene und Genome,* https://doi.org/10.1007/978-1-0716-3531-5_10

sie nicht tödlich sind, können viele Infektionskrankheiten moderate bis schwere Gesundheitsprobleme verursachen. Symptome können bei einigen Infektionskrankheiten (Lebensmittelvergiftung, Influenza) von relativ kurzer Dauer (einige Tage bis einige Wochen) sein und wieder verschwinden. Im Gegensatz dazu entwickeln sich andere Infektionskrankheiten zu chronischen Erkrankungen mit potenziellen Langzeitschäden (Hepatitis C, HIV) oder bleiben inaktiv (keine Symptome) und können durch Umweltfaktoren ausgelöst oder reaktiviert werden (Herpes-simplex-Virus, Tuberkulose). Schließlich können neue oder neuartige pathogene Versionen auftreten und eventuell auch wieder verschwinden. Beispiele hierfür sind das MERS- und das neuartige Covid-19-Virus.

Eine kurze Geschichte der Krankheitserreger

Seit dem Altertum gibt es hauptsächlich zwei Hypothesen über die Ursachen von Krankheiten. Eine Denkschule war der Ansicht, dass die meisten Krankheiten durch Mikroorganismen verursacht werden, noch bevor verstanden wurde, was Mikroorganismen sind. Es wurde angenommen, dass diese Krankheiten von Person zu Person (oder von Tier zu Tier) übertragen werden und dass Mikroorganismen in Körperausscheidungen zu finden sind, obwohl sie mit bloßem Auge nicht gesehen werden können. Andere Gelehrte der Medizin und Wissenschaft vertraten andere Ansichten und neigten dazu, dem Individuum eine gewisse inhärente Schwäche zuzuschreiben, die ihn der Krankheit ausliefert. Krankheiten galten als spontan und nicht zwischen betroffenen Personen oder Tieren übertragbar (die Lehre von der spontanen Entstehung). Denn wie können Krankheiten durch etwas verursacht werden, das man nicht sehen, sondern nur vermuten kann (ein Argument aus der Zeit vor dem Mikroskop).

Die Verwendung des Wortes „germ“ (englisch für Keim) wurde erstmals im 17. Jahrhundert dokumentiert – abgeleitet vom lateinischen Wort „germen“, das den Spross oder Knospe einer Pflanze meint (zum Beispiel „wheat germ“ für Weizenkeim). Im Zusammenhang mit „Samen einer Krankheit“ wurde das Wort erstmals im 18. Jahrhundert verwendet. Mikroorganismen wurden erstmals vom niederländischen Wissenschaftler Antonie van Leeuwenhoek in den 1600er-Jahren mithilfe seiner neu konstruierten Mikroskope beobachtet. Die Erforschung von Mikroorganismen (bekannt als Mikrobiologie) begann jedoch erst Ende des 19. Jahrhunderts. Der deutsche Arzt Robert Koch wird mit der ersten Beweisführung für die sogenannte Keimtheorie der Krankheit in Verbindung gebracht. In seinen ersten Studien beobachtete er Milzbrandsporen unter dem Mikroskop in Blutproben von erkrankten Rindern. Er zeigte, dass Mäuse, die mit dem Blut von erkrankten Rindern infiziert waren, erkrankten – im völligen Widerspruch zu Theorien über spontane Krankheitsausbrüche bei Rindern. Im Jahr 1882 entdeckte Koch das Bakterium, das Tuberkulose verursacht, eine damals äußerst häufige und tödliche Krankheit. Für seine Arbeit an Tuberkulose erhielt er 1905 den Nobelpreis.

Der berühmte französische Chemiker Louis Pasteur lieferte weitere Beweise, die die Keimtheorie unterstützen und die Vorstellung von spontanen Erkrankungen widerlegen. In einem seiner bahnbrechenden Experimente stellte er mit gekochter (sterilisierter) Brühe befüllte Kolben in einer Reihe auf. Einer der Kolben war mit einem langen, offenen, gewundenen Glasrohr verbunden (ähnlich dem Hals eines Schwans); eine andere Flasche sah aus wie die erste Flasche, jedoch gekippt, sodass ein Teil der Brühe das lange Rohr füllte; eine dritte Flasche war völlig offen (ohne Rohr). Die Brühe in der zweiten und dritten Flasche wurde trüb, was darauf hindeutet, dass etwas aus der Luft in die sterilisierte Brühe gelangte. In der ersten Flasche mit begrenztem Zugang zur Luft (die Luft musste durch das gewundene Rohr strömen), trübte sich die Brühe nicht ein. Pasteur schloss daraus, dass Partikel in der Luft Keime trugen.

Pasteur zeigte auch, dass die Gärung (Verderb) bestimmter Flüssigkeiten wie Milch durch Mikroorganismen verursacht wurde. Er zeigte, dass das Erhitzen einer Flüssigkeit vor der Lagerung die Gärung verhindert, da Mikroorganismen durch die Hitze abgetötet werden. Dieser Prozess wurde als Pasteurisierung bekannt, ein Begriff, der noch heute verwendet wird (denken Sie an pasteurisierte Milch).

Mikrobielle Genomik

Mikroben, oder Mikroorganismen, sind einzellige Organismen, einschließlich Bakterien, Pilze, Hefen und einige primitive Formen von Algen. Im Gegensatz dazu sind alle Mitglieder des Tierreichs mehrzellig, also aus vielen Zellen mit unterschiedlichen Funktionen zusammengesetzt (zum Beispiel Herzzelle, Gehirnzelle, Muskelzelle). Genau wie bei Tieren haben alle Mikroorganismen ein Genom. Während die meisten mikrobiellen Genome aus DNA bestehen, haben einige Viren ein aus RNA (einem nahen Verwandten der DNA) bestehendes Genom. Zum Beispiel haben das Humane Immundefizienz-Virus (HIV) und Coronaviren einen RNA-Code.

Bis heute haben Wissenschaftler die Genome von Hunderten, wenn nicht Tausenden, von Mikroorganismen sequenziert. Einige der sequenzierten Mikroorganismen wurden noch nicht einmal entdeckt oder identifiziert – mithilfe neuer Technologien können Mikroorganismen in Proben aus dem Boden, dem Meeresboden und in Luftproben auf dem Empire State Building sequenziert werden, ohne sie zuerst in einem Labor züchten zu müssen. Wie später besprochen wird, ist die Sequenzierung eine der ersten Untersuchungen bei der Entdeckung eines neuen Pathogens – es ist der schnellste Weg, es durch Sequenzvergleiche mit bekannten Mikroorganismen zu identifizieren. Wie Sie sich vorstellen können, sind im Vergleich zu den Genomen von Pflanzen und Tieren die Genome von Mikroorganismen deutlich kleiner und enthalten nicht die zusätzliche nichtcodierende DNA, wie es bei höhere Arten der Fall ist. Viren tragen typischerweise nur sieben bis neun Gene (denken Sie daran, dass Menschen mehr als 20.000 haben)!

Verfolgung eines Ausbruchs einer Infektionskrankheit

Die Ursache einer neuen Krankheit, insbesondere einer, die schnell auftritt und viele Menschen betrifft, könnte auf eine schädliche Umweltbelastung (zum Beispiel Exposition gegenüber einer Chemikalie in einer Fabrik) oder einen pathogenen Mikroorganismus zurückzuführen sein. Die schnelle Sammlung von Daten darüber, wann die Krankheit aufgetreten oder erstmals entwickelt wurde, bei wem und wo (zum Beispiel Patienten eines Krankenhauses, Mitarbeiter in einer Fabrik, eine ganze Stadt), und die Aufzeichnung der Symptome sind entscheidend für die Vorhersage der potenziellen Krankheitsursache – Umwelt oder mikrobiell. Wenn verfügbar, können Patientenblut oder andere Bioproben auf Infektionserreger (durch mikroskopische Analyse, Kultivierung der Probe unter verschiedenen Wachstumsbedingungen oder direkte Sequenzierung) oder andere Anzeichen einer Infektion (abnormale Werte von Immunsystemmarkern) analysiert werden.

Wenn vermutet wird, dass ein neuartiger Krankheitsausbruch durch einen pathogenen Mikroorganismus verursacht wird, werden Wissenschaftler versuchen, die Quelle des Ausbruchs zu identifizieren. Viele Krankheiten beginnen bei Tieren und schließlich wird der genetische Code des Mikroorganismus so evolvieren, dass er bei Menschen infektiös wird (das heißt, er wird die Artenschranke überspringen). Ein pathogener Mikroorganismus verursacht nicht bei allen Tieren und Menschen Krankheiten. Einige Infektionskrankheiten treten nur bei Tieren auf und sind für den Menschen nicht schädlich. In anderen Fällen kann der Mikroorganismus bei Tieren und Menschen unterschiedliche Symptome verursachen.

Wenn vermutet wird, dass die Krankheit durch einen infektiösen Erreger verursacht wird, ist die nächste Frage, um welche Art von Pathogen es sich handelt – viral,bakteriell oder eine andere Art von Erreger.

Das Verständnis der Quelle wird Hinweise auf die Übertragung der Krankheit liefern, also wie sie sich verbreitet, durch den Verzehr von infizierten Wildtieren (zum Beispiel Fledermäuse, Vögel), durch den Verzehr von kontaminiertem Fleisch, Gemüse oder anderen Produkten. Beachten Sie: Die Ansteckung mit einer Infektionskrankheit durch den Verzehr eines kontaminierten Produkts ist nicht ganz dasselbe wie der Verzehr eines infizierten, nichtverarbeiteten Tieres. Kontamination tritt häufig bei der Verarbeitung und Handhabung von Lebensmitteln auf und wird durch Menschen verursacht. Nach Verzehr verursachen die kontaminierten Produkte Krankheiten beim Menschen, die oft als lebensmittelbedingte Krankheitsausbrüche bezeichnet werden. Erinnern Sie sich daran, wenn Warnungen von staatlichen Behörden für bestimmte Waren (zum Beispiel Römersalat, Hackfleisch von einem bestimmten Hersteller) oder Restaurants (zum Beispiel Chipotle, Jack in the Box) ausgegeben werden. Sobald die spezifische Quelle der Kontamination identifiziert wurde, wird das Produkt vom Markt genommen und der Krankheitsausbruch wird aufhören. Dieses Kapitel konzentriert sich jedoch nicht auf Kontamination als Quelle von Krankheitsausbrüchen.

Eine Infektionskrankheit kann sich in vielen Schritten und über viele potenzielle Wege verbreiten. Eine gängige Methode der Übertragung erfolgt durch einen Zwischenwirt oder einen weiteren Organismus, der es dann auf den Menschen überträgt. Zum Beispiel wird der Mikroorganismus, der Malaria verursacht, über Mücken auf den Menschen übertragen (in dieser Rolle wird die Mücke als Vektor oder Träger bezeichnet). Der für die Lyme-Krankheit verantwortliche Mikroorganismus wird von Zecken übertragen. Die Reduzierung oder Eliminierung dieser Vektoren wird die Anzahl der Infektionen erheblich reduzieren.

Schließlich gibt es die Mensch-zu-Mensch-Übertragung, bei der eine infizierte Person den pathogenen Mikroorganismus auf eine nichtinfizierte Person überträgt. Dies kann durch Kontakt mit bestimmten Körperflüssigkeiten (zum Beispiel Blut, Sperma) oder durch die Luft (als Luftübertragung bezeichnet) geschehen. Ein Mikroorganismus kann durch Niesen oder Husten in die Luft freigesetzt werden und eine andere Person in der

Nähe atmet ihn ein oder berührt eine Oberfläche, die kontaminiert wurde, und dann ihr Gesicht, ihre Nase, ihre Augen usw. Das Verständnis der Krankheitsübertragung ist der Schlüssel zur Entwicklung von Strategien oder Maßnahmen zur Minimierung der Exposition gesunder Individuen und der Ausbreitung von Krankheiten.

Laboruntersuchungen

Viele herkömmliche Tests in der Mikrobiologie (dem Studienfeld der Mikroorganismen) basieren auf dem Wachstum (oder der Kultur) einer Bioprobe, die einem mutmaßlich infizierten Patienten entnommen wurde. Zum Beispiel wird ein Wangen- oder ein Vaginalabstrich, der von einer kranken Person genommen wurde, auf einer Petrischale verwischt oder in ein Reagenzglas gegeben, die ein Nährmedium für Mikroorganismen enthalten. Typischerweise ähnelt dieses Nährmedium Wackelpudding! Die Petrischale oder das Reagenzglas werden einige Tage bei warmer Temperatur bebrütet und dann auf Mikroorganismenwachstum überprüft (was leicht mit dem Auge sichtbar ist). Wenn Wachstum auftritt, können bestimmte physische Merkmale die Identität des Mikroorganismus eingrenzen (Farbe, Aussehen, Wachstumsrate usw.). Mit weiteren Tests wird der spezifischen Erreger bestimmt. Andere Arten von herkömmlichen mikrobiologischen Tests umfassen die Mikroskopie (Suche nach charakteristischen mikrobiellen Formen und Färbemustern unter einem Mikroskop), Antigennachweis (Suche nach Teilen des Mikroorganismus, die eine Immunreaktion auslösen) und Serologie (Suche nach Anzeichen einer Immunreaktion).

Herkömmliche mikrobielle Tests sind langsam und können neuartige Mikroorganismen möglichweise nicht identifizieren. Darüber hinaus können die Unterschiede zwischen einem krankmachenden Stamm und einem anderen zu keinen erkennbaren physischen oder Wachstumsunterschieden führen, was eine genaue Unterscheidung eng verwandter Stämme erschwert. Die heutige primäre Methode zur Unterscheidung von Mikroorganismen ist die DNA- bzw. molekulare Analyse. Die molekulare Analyse ermöglicht eine definitive Diagnose und den Sequenzvergleich von Proben, die von anderen Patienten irgendwo auf der Welt isoliert wurden, mit einem eng verwandten Stamm des Infektionserregers und/oder mit Proben, die von potenziellen Trägern des infektiösen Erregers wie Mücken oder Ratten isoliert wurden. Ein molekularer Test kann die Analyse eines kleinen, einzigartigen DNA-Bereichs zur Identifizierung des Mikroorganismus oder die Sequenzierung des gesamten Genoms bei unbekannten Mikroorganismen.

Legionärskrankheit

Die Legionärskrankheit ist in interessantes Beispiel zur Illustration der traditionellen Ansätze und Werkzeuge, die von Epidemiologen (Wissenschaftlern, die nach den Ursachen und Auswirkungen von Krankheiten, einschließlich Infektionskrankheiten, suchen) zur Identifizierung von Krankheitsursachen verwendet werden. Dabei wird die Lunge durch das Bakterium *Legionella* infiziert, was zur Entwicklung einer schweren Form von Lungenentzündung führt. Symptome sind Husten, Atemnot, Kopfschmerzen und Fieber. Zur Behandlung der Legionärskrankheit werden Antibiotika eingesetzt; etwa einer von zehn Menschen stirbt an der Infektion.

Im Sommer 1976 wurde ein mysteriöser Krankheitsausbruch unter den Teilnehmern der jährlichen Konvention der American Legion bekannt. Schließlich wurden etwa zwei Dutzend Todesfälle gemeldet, was in der ganzen Stadt Angst auslöste. Wissenschaftler vom US-Zentrum für Krankheitskontrolle und Prävention (CDC) wurden nach Philadelphia geschickt, um die Betroffenen zu befragen, ihre Schritte und Aktivitäten nachzuvollziehen und ihre medizinischen und Autopsieunterlagen zu überprüfen, um eine Gemeinsamkeit zwischen ihnen zu finden. Proben wurden von verschiedenen Orten und Geweben der Kranken und Verstorbenen gesammelt und analysiert. Nicht nur Teilnehmer waren betroffen (alles Männer), sondern auch einige Ehefrauen. Die Krankheit schien nicht ansteckend zu sein, da nicht alle Teilnehmer, die sich ein Hotelzimmer geteilt hatten, krank wurden. Viele Konferenzteilnehmer wohnten im Bellevue-Stratford Hotel und nahmen an Veranstaltungen in den Tagungsräumen des Hotels teil. Die Medien berichteten in mehreren Feature-Geschichten, wie zum Beispiel in der Time-Magazin-Geschichte „Tracing the Philly Killer“, über die Suche und die Arbeit der Wissenschaftler.

Sechs Monate nachdem dem Bekanntwerden der ersten Fälle gab das CDC bekannt, dass der verantwortliche Mikroorganismus, passenderweise *Legionella* genannt (und die entsprechende Krankheit Legionärskrankheit), durch die Analyse von Gewebeproben infizierter Personen identifiziert worden war. Dies erklärte jedoch noch nicht, wie der Mikroorganismus übertragen wurde und wo seine Quelle lag. Wissenschaftler stellten schließlich fest, dass das Bakterium in Wasserquellen wuchs und folgerten daraus, dass es durch eine Wasserquelle wie den Kühlturm (Teil einer zentralen Klimaanlage) übertragen wurde. Leider waren die Klimaanlagen des Hotels zum Zeitpunkt der Isolierung der Bakterien desinfiziert worden und es wurde keine Spur mehr gefunden. Ironischerweise wohnten einige Wissenschaftler im Bellevue-Stratford Hotel, ohne zu realisieren, dass der für diese Krankheit verantwortliche Mikroorganismus tatsächlich in der Kühleinheit des Hotels vorhanden war. Im Gegensatz zur bekannteren Übertragung vieler Infektionskrankheiten über die Luft können Personen infektiöse Mikroorganismen aus Aerosolen einatmen, die von gewöhnlichen Geräten in Geschäften, Bürogebäuden oder Hotels ausgestoßen werden, was eine weitverbreitete Ansteckung unter diesen Umgebungen ermöglicht (denken Sie an einen feinen Sprühnebel, der von einem Gerät wie einem Duschkopf oder einer Klimaanlage ausgestoßen wird). Daher kann jede Wasserquelle, wie Whirlpools und Kühltürme für Klimaanlagen, die nicht ordnungsgemäß gewartet und regelmäßig desinfiziert wird, ein Reservoir für *Legionella* sein.

Heute ist die Legionärskrankheit (wie viele andere Krankheiten) nach wie vor eine besorgniserregende Infektion, für die zur Jahrtausendwende eine steigende Infektionsrate gemeldet wurde (vierfache Zunahme zwischen 2000 und 2014). Die Krankheit wird mit moderneren Techniken wie der Genomanalyse untersucht, um herauszufinden, weshalb Menschen unterschiedlich auf die Infektion reagieren. Die Hauptsymptome reichen, wie bei vielen Krankheiten, von mild bis schwer reicht und treten in unterschiedliche Kombinationen auf (Abb. 10.1).

Neuere Infektionskrankheiten

Die folgenden Beispiele veranschaulichen die Vorteile der molekularen Analyse zur Identifizierung, Verfolgung und Überwachung von infektiösen Erregern anhand von nationalen und internationalen Ausbrüchen, die in den letzten Jahrzehnten aufgetreten sind.

SARS

Der internationale Ausbruch des schweren akuten Atemwegssyndroms (besser bekannt als SARS) wurde im Februar 2003 öffentlich bekannt, obwohl davon ausgegangen wird, dass er bereits im Herbst 2002 begann. Anfang Februar 2003 wurde ein erwachsener Mann in Vietnam mit hohem Fieber, trockenem Husten, Muskelschmerzen und leichtem Halsweh ins Krankenhaus eingeliefert. Sein Zustand verschlechterte sich in den nächsten vier Tagen mit zunehmenden Atembeschwerden und Atemnot, die eine

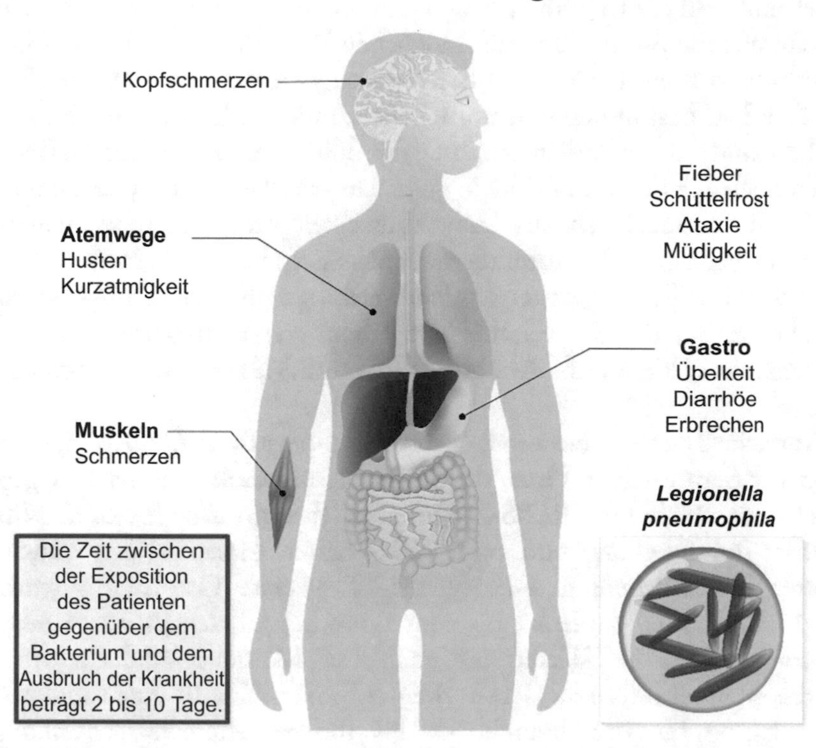

Abb. 10.1 Die Symptome, die mit der Legionärskrankheit (verursacht durch eine Infektion mit *Legionella pneumophila*) in Verbindung stehen. (Quelle: Adobe Photo Stock)

Beatmungsunterstützung erforderten. Er wurde in ein Krankenhaus in China verlegt, starb aber genau einen Monat nach seiner Aufnahme.

Am 11. Februar meldete das chinesische Ministerium für Gesundheit 305 Fälle eines akuten Atemwegssyndroms unbekannter Ursache, das in Südchina zu fünf Todesfällen führte. Bis zum 21. März wurden 350 Verdachtsfälle mit zehn Todesfällen in 13 Ländern gemeldet, darunter Italien, Irland, Kanada, die USA, Thailand und Singapur. Bis zum 1. April war diese Zahl auf insgesamt 1804 Fälle und 62 Todesfälle in 15 Ländern gestiegen. Bis zum Ende des Monats wurden mehr als 4300 Fälle und 250 SARS-bedingte Todesfälle in mehr als 25 Ländern gemeldet. Die Mehrheit der Opfer war Gesundheitspersonal, das engen Kontakt mit SARS-Patienten hatte. Zahlreiche Reisewarnungen wurden ausgesprochen, als bekannt wurde, dass mehrere Personen mit SARS herumreisten.

Die genaue Ursache und die Übertragungsweise waren zunächst unbekannt und die Krankheit schien sich schnell auf der ganzen Welt auszubreiten, was die Ängste vor einer möglichen Epidemie verstärkte. Zahlreiche Labortests wurden an SARS-Patienten durchgeführt, um die genaue Ursache von SARS zu bestimmen und um herauszufinden, wie es am besten zu verhindern und zu behandeln ist. Im Jahr 2003 waren genomische Technologien noch relativ neu und nicht so genau wie die heutigen Technologien. In Kanada wurde DNA aus Lungenflüssigkeit und Blutproben von neun von zehn Patienten des Toronto-Ausbruchs extrahiert. Die Proben wurden auf bekannte Viren getestet, indem nach spezifischen DNA-Sequenzen gesucht wurde, die für verschiedene Viren wie Herpesvirus, Parvovirus, Influenzavirus, Ebola- und Marburg-Virus und Masernvirus charakteristisch sind.

Sämtliche Tests auf bekannte Viren fielen negativ aus. Allerdings wurde ein neuer Stamm eines Virus, das zu der Virusfamilie Coronaviren gehört, bei etwa der Hälfte der SARS-Patienten in Toronto nachgewiesen. Wissenschaftler in Hongkong und beim CDC hatten diesen Virustyp auch bei anderen SARS-Patienten nachgewiesen. Das erste Coronavirus wurde in den 1960er-Jahren entdeckt; bis zum Ende des Jahrzehnts waren mehrere Stämme sowohl bei Tieren als auch bei Menschen entdeckt worden. Interessanterweise führen Coronaviren zu einer Vielzahl von Krankheiten, von Magen- bis Leberkrankheiten bis hin zu Atemwegserkrankungen. Im Vergleich zu anderen durch Coronaviren verursachten Atemwegserkrankungen schien keine so schwerwiegend zu sein wie SARS. Schon bald wurde gezeigt, dass SARS durch direkten Kontakt von Person zu Person übertragen wird, höchstwahrscheinlich durch Exposition gegenüber Tröpfchen aus dem Husten oder Niesen einer infizierten Person.

Etwa zwei Monate nachdem das SARS-Virus identifiziert wurde, sequenzierten zwei Labore unabhängig voneinander dessen Genom. Ein internationales Team von Wissenschaftlern aus den USA und Europa sequenzierte das SARS-Virus, das von einem vietnamesischen Patienten isoliert worden war, während ein kanadisches Team das SARS-Virus eines Patienten in Toronto sequenzierte. Die 30.000 Basenpaare langen Virengenome unterschieden sich zwischen den beiden Patienten nur in acht Basenpaaren. Das SARS-Coronavirus unterschied sich in seiner genetischen Sequenz deutlich von anderen bekannten Coronaviren, die bei Schweinen, Rindern und Hühnern vorkommen, was darauf hindeutet, dass sich das Virus über einen langen Zeitraum hinweg entwickelt hatte, bevor es Menschen infizierte.

Weitere Untersuchungen der SARS-Sequenzen ergaben, dass das Virus, das von der ersten Gruppe von Patienten isoliert wurde, die mit dem Virus infiziert waren, einem SARS-ähnlichen Virus ähnelte, das bei Tieren gefunden worden war. Chinesische Wissenschaftler sequenzierten das Genom des SARS-Virus, das von 61 Patienten isoliert wurde, die am Anfang, in der Mitte und am Ende des Ausbruchs infiziert worden waren. Darüber hinaus sequenzierten sie das Genom des SARS-Virus, das von zwei Schleichkatzen isoliert wurde, einem wilden katzenähnlichen Tier. Es wurde vermutet, dass das SARS-Virus von Fledermäusen ausging und auf Schleichkatzen übersprang, die auf chinesischen Märkten verkauft und verzehrt werden. Eine andere Studie entdeckte das SARS-Virus im Marderhund, ebenfalls eine Delikatesse in China.

Durch den Vergleich der DNA-Sequenz verschiedener Virenisolate von Menschen und Tieren erstellten die Wissenschaftler eine genetische Zeitleiste basierend auf der Anzahl an Mutationen und bestätigten die wahrscheinliche tierische Quelle, von der das SARS-Virus ursprünglich übertragen wurde. Darüber hinaus unterschied sich der Stamm des SARS-Virus von Patienten, die später im Ausbruch infiziert wurden, leicht von dem Stamm, der in der ersten Gruppe von Patienten gefunden wurde, was auf eine sehr schnelle Mutationsrate zu Beginn des Ausbruchs hindeutet. Gegen Ende des Ausbruchs schien die Mutationsrate abzuflachen.

Im Sommer 2003 schien der SARS-Ausbruch eingedämmt zu sein und beschränkte sich auf wenige Fälle. Es wird geschätzt, dass dieser relativ kurze SARS-Ausbruch weltweit mehr als 8000 Menschen betraf und für fast 800 Todesfälle verantwortlich war. Ende 2003 und Anfang 2004 wurden noch wenige SARS-Fälle gemeldet, aber ansonsten ist die Krankheit verschwunden.

E.-coli-Ausbruch (Spinat)

Am 8. September 2006 informierten Gesundheitsbehörden aus Wisconsin das CDC über einen Ausbruch von durch *E. coli* verursachten Erkrankungen. *E. coli* steht für *Escherichia coli* und ist ein sehr verbreitetes Bakterium, das in unserem Darm lebt (eine gute Art) und das in fast jedem biomedizinischen Forschungslabor verwendet wird. *E. coli* lebt im Darm aller Tiere, einschließlich des Menschen. Die meisten *E.-coli*-Stämme sind harmlos und helfen dem Körper dabei, schädliche Infektionen abzuwehren, indem sie das Wachstum von schädlichen Bakterien verhindern und Vitamin K_2 synthetisieren, das für die Blutgerinnung wichtig ist.

Schädliche Stämme von *E. coli* können jedoch leichte bis schwere Krankheiten und potenziell den Tod verursachen. Im Jahr 2006 glaubten Gesundheitsbeamte in Wisconsin, dass der Stamm des Ausbruchs *E. coli* O157:H7 war, was am 12. September durch genetische Analyse von CDC-Wissenschaftlern bestätigt wurde. Die Hauptsymptome sind gastrointestinal – Durchfall, starke Magenkrämpfe und Erbrechen. Es gibt vier Stämme von *E. coli,* die bei Menschen Gastroenteritis oder Magenbeschwerden verursachen können. Dieser spezielle Stamm von *E. coli* produziert Toxine (Shiga-Toxine), die die Magenschleimhaut schädigen. Obwohl die meisten Menschen ohne Behandlung von einer *E.-coli*-verursachten Gastroenteritis genesen, sind junge Kinder und ältere Menschen anfällig für weitere Komplikationen. Unzureichend gekochtes oder rohes Hackfleisch, Luzernensprossen und Salat sowie nicht pasteurisierte Fruchtsäfte und Milch waren in früheren Ausbrüchen die Quelle von *E. coli* O157:H7.

Am 13. September meldeten Gesundheitsbeamte aus Wisconsin und Oregon dem CDC, dass die Quelle des *E.-coli*-Ausbruchs frischer Spinat war. Am selben Tag sprachen auch Gesundheitsbeamte aus New Mexico mit Wisconsin und Gesundheitsbeamten aus Oregon über einen mutmaßlichen *E.-coli*-Ausbruch im Zusammenhang mit dem Verzehr von frischem Spinat. Am darauffolgenden Tag bestätigten CDC-Wissenschaftler, dass die Quelle des Ausbruchs tatsächlich frischer Spinat war. Interviews mit den Opfern des Ausbruchs ergaben, dass die meisten in den zehn Tagen vor der Erkrankung frischen Spinat gegessen hatten. Fünfzig Erkrankungen, einschließlich eines Todesfalls, die mit kontaminiertem Spinat in Verbindung gebracht wurden, wurden aus acht Bundesstaaten gemeldet. Diese Informationen wurden schnell an die FDA weitergeleitet, woraufhin diese nur Stunden später die Öffentlichkeit wegen eines *E.-coli*-Ausbruchs vor dem Verzehr von abgepacktem Spinat warnte.

Bis zum 16. September hatte sich die Anzahl der gemeldeten *E.-coli*-Erkrankungsfälle auf 102 mehr als verdoppelt. Die meisten gesunden Erwachsenen erholten sich innerhalb einer Woche, aber kleine Kinder und ältere Menschen zeigten ein erhöhtes Risiko von Nierenversagen, was Nierenschäden und sogar den Tod verursachen kann. Bevor alles vorbei war, erkrankten 205 Menschen an dem Spinat-*E.-coli*-Ausbruch und drei von ihnen starben.

Dies war nicht das erste Mal (und es wird auch nicht das letzte Mal sein), dass ein Ausbruch von *E. coli* O157:H7 mit in Kalifornien angebautem Blattgemüse aufgetreten ist. Die FDA entwickelte die „Lettuce Safety Initiative“, um das Risiko wiederkehrender Ausbrüche von *E. coli* O157:H7 zu reduzieren. Am 20. September gab das Gesundheitsamt von New Mexico bekannt, dass es den *E.-coli*-Stamm O157:H7, der aus einer kontaminierten Spinatpackung gewonnen wurde, mit einer Probe von einem Patienten in New Mexico, der vermutlich durch den kontaminierten Spinat erkrankt war, mittels DNA-Analyse abgeglichen hatte. Mehrere andere staatliche Gesundheitsabteilungen von Utah bis Pennsylvania bestätigten anschließend die ersten Berichte von *E. coli* O157:H7 in kontaminiertem abgepackten Spinat. Der kontaminierte Spinat wurde auf abgepackten Spinat zurückverfolgt, der von einem einzigen Unternehmen verkauft wurde. Staatliche und föderale Ermittler begannen, die Verarbeitungs- und Verpackungsanlage zu untersuchen, in der die kontaminierten Produkte verarbeitet worden sein sollen. In der Verarbeitungsanlage wurden jedoch keine Beweise für kontaminierte Maschinen gefunden.

Die Ermittler richteten dann ihre Aufmerksamkeit auf den Ort, an dem der Spinat angebaut und geerntet wurde. Bis zum 22. September wurde die Quelle des verunreinigten Spinats auf drei Bezirke in Kalifornien eingegrenzt: Monterey, San Benito und Santa Clara. Genetische Profile der *E. coli* aus dem abgepackten Spinat wurden mit Spinatproben von neun Farmen verglichen, die vermutlich Spinat an die Verpackungsanlage geliefert hatten. Es wurde eine Übereinstimmung zwischen dem *E.-coli*-Stamm im abgepackten Spinat und einer Probe gefunden, die von einer der neun getesteten Farmen stammte.

Nachdem festgestellt worden war, woher der kontaminierte Spinat stammte, wollten die Ermittler als nächstes den Ursprung der *E.-coli*-Kontamination ermitteln. Es war bekannt, dass sich Wildschweine am Rand des Spinatfeldes aufhielten, das positiv getestet worden war, da die Zäune, die eine Rinderweide und die Spinatfelder voneinander trennten, kaputt waren. Darüber hinaus konnte die Kontamination von Bewässerungsbrunnen stammen, die relativ nahe an den Spinatfeldern gelegen waren, sowie von Wasserwegen, die infizierte Fäkalien von Rindern und Wildtieren transportieren könnten. Der gleiche *E.-coli*-Stamm, der auf kontaminiertem Spinat gefunden worden war, wurde in Kuhmistproben mithilfe von Genanalysen identifiziert. Da angenommen wurde, dass die Kontamination entstanden war, bevor der Spinat die Verarbeitungsanlage erreichte, war es jedoch nicht möglich, den genauen Ursprung des *E.-coli*-Stamms zu bestimmen. Dennoch sind infolge des landesweiten Ausbruchs Bemühungen zwischen staatlichen und bundesstaatlichen Behörden und der Industrie im Gange, um Kontaminationen zu verhindern und die Sicherheit von frischen Produkten zu verbessern.

MRSA

Laut dem CDC erkranken jedes Jahr mehr als 2,8 Millionen Menschen in den USA an antibiotikaresistenten Infektionen, und etwa 1,25 % sterben daran. Antibiotikaresistente Infektionen sind bakterielle Infektionen, die mit den üblicherweise verwendeten Antibiotika nicht behandelbar sind. Ein Beispiel für eine antibiotikaresistente Infektion ist der Methicillin-resistente *Staphylococcus aureus* (MRSA). Laut den neuesten Statistiken aus dem Jahr 2017 wurden etwa 324.000 Patienten in US-Krankenhäusern mit MRSA infiziert, ein Rückgang von 400.000 Fällen gegenüber dem Jahr 2012. MRSA ist nicht auf Krankenhäuser beschränkt – es kann in Gemeinschaftseinrichtungen (Schulen, Fitnessstudios, Geschäfte) gefunden werden. In milden Fällen führt MRSA zu einer Hautinfektion. Wenn die Haut verletzt ist, kann sich eine Infektion entwickeln, die zu einer Lungenentzündung (einer Infektion der Lunge) oder Sepsis (einer Infektion des Blutkreislaufs) führen kann.

Die Rückverfolgung des Ursprungs eines Krankenhaus-Ausbruchs ist entscheidend für die Eindämmung der Ausbreitung. Anfang der 2010er-Jahre begann man erstmals, die Genomsequenzierung zur Identifizierung der Quelle von MRSA-Krankenhausausbrüchen und des Übertragungswegs zu nutzen. Bis dahin wurden zur Identifizierung und Charakterisierung des Erregers konventionelle mikrobiologische Methoden wie Kulturen und Resistenztests (bei denen Proben gezüchtet und verschiedenen Arten von Antibiotika ausgesetzt werden) verwendet.

Ein frühes Beispiel für die Vorteile der Genomsequenzierung wurde 2013 veröffentlicht. Im Jahr 2011 brach MRSA in der Intensivpflegeeinheit für Neugeborene eines britischen Krankenhauses aus. Die Bakterien aus Proben von Patienten und vom Personal wurden sequenziert. Wie Patientenakten und konventionelle Labortests ergaben, traten drei Fälle zur etwa gleichen Zeit auf – und die Tests deuteten darauf hin, dass sie wahrscheinlich durch den gleichen MRSA-Stamm verursacht wurden. Eine weitere Überprüfung der Fälle aus den vorangegangenen sechs Monaten identifizierte weitere 13 Fälle, von denen jedoch fünf als unterschiedlich eingestuft wurden, woraus sich eine Gesamtzahl von elf nahezu identischen Fällen ergab. Ein weiterer Fall kam hinzu, nachdem eine gründliche Reinigung der Krankenhausabteilung abgeschlossen worden war; dieser war ebenfalls identisch mit der Mehrheit der Fälle, was die Gesamtzahl auf zwölf Fälle erhöhte.

Das Krankenhaus ließ alle 17 MRSA-Patientenfälle sequenzieren, um zu ermitteln, ob die Schlussfolgerungen aus den konventionellen mikrobiologischen Tests korrekt waren. Die Analyse der MRSA-Sequenzen ergab, dass zwei Fälle fälschlicherweise ausgeschlossen wurden (und drei Fälle korrekt ausgeschlossen wurden). Aufgrund des ungewöhnlichen Falls, der nach der gründlichen Reinigung der Krankenhausabteilung auftrat, vermuteten die Forscher, dass ein Mitarbeiter den Erreger trug und ihn unwissentlich auf den Patienten übertragen hatte, nachdem die Reinigung durchgeführt wurde. Insgesamt wurden 154 Proben von 154 Mitarbeitern gesammelt und durch Zellkultur gescreent. In einem Fall wurde ein positiver MRSA-Befund festgestellt, der sich später durch Sequenzierung als derselbe Stamm erwies. Der Mitarbeiter wurde behandelt und es traten keine weiteren Fälle mehr auf.

Milzbrand

Milzbrand – Anthrax – ist eine Krankheit, die durch das Bakterium namens *Bacillus anthracis* verursacht wird, das natürlicherweise im Boden vorkommt. Haus- und Wildtiere (Rinder, Schafe, Ziegen, Antilopen und Hirsche) können sich durch kontaminierten Boden, Pflanzen oder Wasser mit Milzbrand infizieren, aber es tritt selten bei Menschen auf. Menschen können sich durch das Einatmen von Milzbrandsporen, durch den Verzehr von mit Sporen kontaminiertem Essen oder Wasser oder durch eine Infektion über eine offene Hautwunde infizieren. Die Symptome der Infektion hängen zum Teil vom Infektionsweg (das heißt Haut, Einatmen) ab und umfassen Hautgeschwüre, Erbrechen und Schock (Abb. 10.2). Infizierten Personen können Antibiotika verabreicht werden; eingeatmeter Milzbrand ist schwieriger zu behandeln.

Hat eine Person Zugang zu Sporen des Bakteriums, können diese getrocknet und für bioterroristische Zwecke verwendet werden. Kurz nach den Anschlägen vom 11. September 2001 wurden Briefe, die das Bakterium Milzbrand enthielten, an Nachrichtenmedien und zwei US-Senatoren in Washington, DC, Florida und New York verschickt, was zum Tod von fünf Amerikanern führte und die Angst der Nation vor weiteren Anschlägen weiter schürte. Die Untersuchung der Anthrax-Briefe, die vom FBI als Amerithrax bezeichnet wurden, war der größte biologische Anschlag in der Geschichte der USA und stützte sich in hohem Maß auf genomische Technologien.

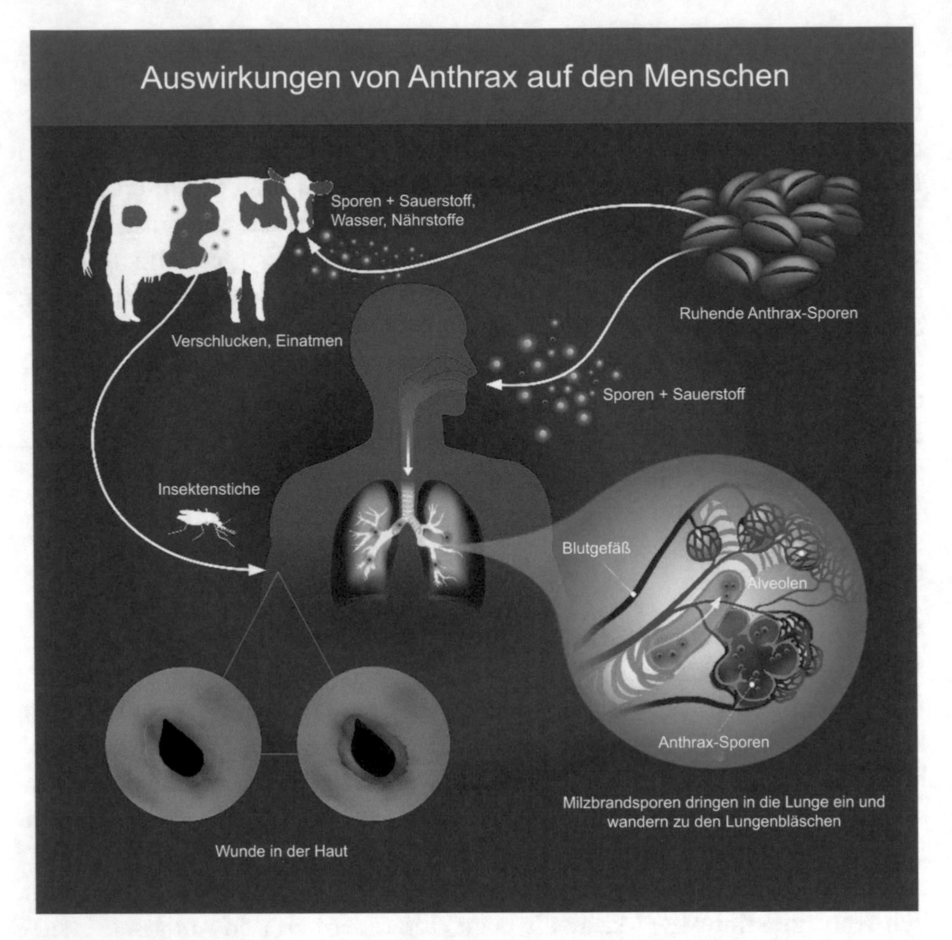

Abb. 10.2 Auswirkungen einer Milzbrandinfektion beim Menschen. (Quelle: Adobe Photo Stock)

Im Jahr 1999 finanzierte das National Institute of Health ein Projekt zur Sequenzierung des Genoms des häufigen Milzbrandstamms. Sie ahnten nicht, wie wichtig dies wenige Jahre später sein würde. Bekannt als der Ames-Stamm, wurde dieser Stamm von Bakterien ursprünglich 1981 von einer Kuh in Texas isoliert, wurde aber als Ames-Stamm bezeichnet, da fälschlicherweise angenommen wurde, dass er aus Ames, Iowa, stammte. Das US Army Medical Research Institute of Infectious Diseases in Maryland war das erste Labor, das den Ames-Stamm in seinem biologischen Waffenprogramm in den 1980er-Jahren untersuchte. Seitdem wurde er an mindestens 15 Labore in den USA sowie an eine Handvoll Labore außerhalb der USA verteilt.

Die Genomsequenz des Milzbrandstamms, der vom ersten Opfer der Anschläge von 2001 (Herr Robert Stevens aus Florida) isoliert wurde, wurde Anfang 2002 veröffentlicht. Der Vergleich der Genomsequenz des Ames-Stamms mit dem Stamm vom ersten Opfer bestätigte frühere Berichte, dass die beiden Stämme verwandt waren. Insbesondere identifizierten die Wissenschaftler auf der Grundlage der genomischen Analyse anderer bekannter Milzbrandstämme die spezifische Ames-Linie, von der der Florida-Milzbrand stammte. Die genomische Analyse konnte jedoch den genauen Ursprung des Florida-Stamms nicht bestimmen.

Es besteht kein Zweifel daran, dass die Genomanalyse den Ermittlern erheblich dabei geholfen hat, den Milzbrandstamm und seinen Ursprung zu identifizieren. Ein Wissenschaftler, der in einem Hochsicherheitslabor arbeitete und direkten Zugang zu Milzbrand und anderen Pathogenen hatte, wurde als der für die Anschläge Verantwortliche identifiziert. Er beging Selbstmord, bevor die Ermittler die Möglichkeit hatten, seine Motive in Erfahrung zu bringen.

SARS-CoV-2

Ende 2019 wurden Fälle einer Atemwegserkrankung in China gemeldet. Nachdem Patientenproben entnommen wurden, wurde durch Sequenzierung und genomische Analyse schnell als ein weiteres Coronavirus als Verursacher identifiziert. Der offizielle Name des Virus war SARS-CoV-2-Virus, wurde aber auch als neuartiges Coronavirus-19 bezeichnet. Die durch dieses Virus verursachte Krankheit wird als Covid-19 (Kurzform von „coronavirus infectious disease-19“) bezeichnet. Es handelt sich um eine hochansteckende Krankheit, die durch Tröpfchen und engen Kontakt mit infizierten Personen verbreitet wird. Von der Weltgesundheitsorganisation im Februar 2020 zur globalen Pandemie erklärt, hat sie mehr als 157 Mio. Menschen weltweit betroffen und fast 3,2 Mio. Todesfälle verursacht (Stand Mai 2021). Es wurden mehrere Impfstoffe basierend auf neuen und traditionellen Methoden entwickelt.

Das SARS-CoV-2-Virusgenom ist etwa 30.000 Basen lang und besteht aus RNA, die im Aufbau DNA sehr ähnlich ist. Das SARS-CoV-2-Genom ist in 14 Abschnitte unterteilt, die für 27 verschiedene Proteine codiert. Eines der produzierten Proteine ist das charakteristische Spike-ähnliche Molekül auf der äußeren Virushülle (Abb. 10.3). Die Herkunft des SARS-CoV-2-Virus war zunächst unbekannt, obwohl die ersten gemeldeten Fälle mit Konsumenten von Wildtieren in Verbindung gebracht wurden,

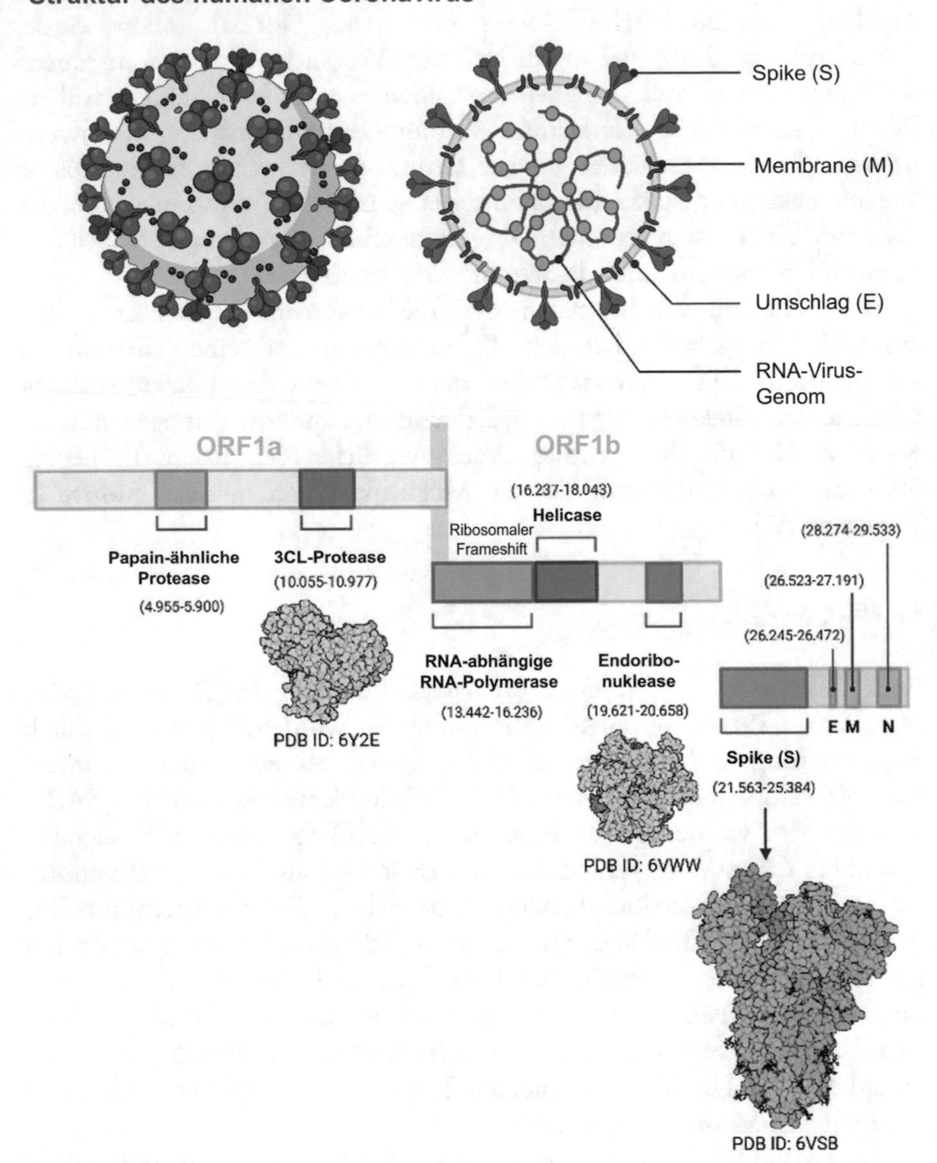

Abb. 10.3 Illustration des äußeren Erscheinungsbildes des SARS-CoV-2-Virus (oben links); interne Ansicht des viralen Genoms und der Schlüsselproteine (oben rechts). Das Virus ist fast 30.000 Basen lang und codiert für 27 Proteine; die untere Illustration zeigt drei Schlüsselproteine ORF1a, ORF1b und Spike (S), die für das Überleben des Virus entscheidend sind. (Quelle: Biorender)

die auf lokalen Märkten in Wuhan, China, verkauft wurden. Da Viren im Lauf der Zeit Mutationen ansammeln, ermöglichte die genetische Analyse die Nachverfolgung der viralen Ausbreitung von Region zu Region. Zum Beispiel wurde im Vergleich zum ersten gemeldeten Fall von SARS-CoV-2 in Wuhan bei einem Patienten 650 Meilen entfernt in einer anderen Region Chinas eine einzige Veränderung im viralen Genom festgestellt. Nachfolgende Patienten trugen einen viralen Stamm, der zwei zusätzliche Veränderungen aufwies. Veränderungen können sich auf die Erkrankung auswirken oder auch nicht. Veränderungen, die das Virus weniger virulent machen, sind gut für den Menschen, aber schlecht für das Virus und umgekehrt. Die Genanalyse war auch entscheidend für das Verständnis der Ausbreitung des Virus in den USA – basierend auf der genetischen Ähnlichkeit scheinen sich die Infektionen an der Ostküste hauptsächlich von infizierten Fällen aus Europa abzuleiten und Infektionen an der Westküste waren ähnlicher zu Fällen aus China und anderen asiatischen Ländern.

Gentechnologien spielten eine prominente Rolle bei den diagnostischen Tests und Interventionen, die viele Unternehmen und akademische medizinische Zentren in einem Wettlauf entwickelten. Schnelle und genaue diagnostische Tests sind entscheidend, um die Übertragungsrate zu überwachen und infizierte Personen so schnell wie möglich zu identifizieren. Die meisten der diagnostischen Tests waren molekülbasiert, das heißt, sie analysierten einen Teil der RNA-Sequenz des Virus. Antikörpertests unterscheiden sich von diagnostischen Tests, indem mit ihnen nach Hinweisen gesucht wird, dass eine Person mit dem Virus infiziert wurde und eine Immunantwort (Produktion von Antikörpern) entwickelt hat.

Darüber hinaus führte das Rennen um die schnelle Entwicklung eines sicheren und wirksamen Impfstoffs dazu, dass einige Unternehmen neue Technologien zur Herstellung genbasierter Impfstoffe testeten anstelle von traditionellen Impfstoffen, die das gesamte Virus enthalten, das abgeschwächt oder geschwächt ist (sodass es die Menschen nicht krank macht, aber ausreicht, um unser Immunsystem zur Erzeugung von Antikörpern anzuregen). Insbesondere entwickelten einige Unternehmen einen Impfstoff auf der Basis von RNA- oder DNA-basierten Genen des Virus – einmal injiziert, produziert der Körper einer Person das Protein, auf das das Immunsystem reagiert.

Mikrobiom

In den letzten Jahren haben wir gelernt, dass eine unverhältnismäßig große Anzahl von Mikroorganismen auf und in unserem Körper lebt. Dazu gehören Bakterien, Viren und Pilze. Obwohl wir Mikroorganismen oft mit schlechten Ergebnissen (Infektionen) in Verbindung bringen, sind diejenigen, die in oder auf unseren Körpern leben, tatsächlich gut und notwendig für unsere Gesundheit und unser tägliches Funktionieren. Man könnte unseren Körper fast als ein Hotel für Mikroorganismen betrachten. Wissenschaftler sind dank der Fortschritte in den Gentechnologien auf die Vielfalt der Mikroorganismen aufmerksam geworden, die auf und in uns leben. Traditionell verwendet das Feld der Mikrobiologie Techniken wie das Sammeln von Proben aus der Umwelt oder von Patienten, das Züchten im Labor und die Untersuchung der Wachstumsrate und der physikalischen Eigenschaften in Reaktion auf verschiedene Nahrungsquellen, Antibiotika oder Temperaturen. Viele Mikroben überleben jedoch nicht im Labor ohne ihre natürliche Umgebung. Die neuen Genomiktechnologien haben den Wissenschaftlern ermöglicht, den genetischen Code dieser Mikroorganismen direkt zu sequenzieren. Da jeder Mikroorganismus einen einzigartigen genetischen Code hat, kann seine Identität durch Vergleich mit den Codes anderer Mikroorganismenarten festgestellt und die Gruppe, dem es aufgrund seiner Ähnlichkeiten in der Sequenz angehört, abgeleitet werden. In den meisten Fällen besteht eine gegebene Probe aus einer Gemeinschaft von Mikroorganismen, und mithilfe von Genomtechnologien können sämtliche verschiedenen genetischen Codes gleichzeitig sequenziert werden, die den verschiedenen Arten in einer Probe entsprechen. Darüber hinaus können diese Technologien quantifizieren oder uns einen Eindruck davon vermitteln, wie viel von einem bestimmten Mikroorganismus vorhanden ist; zum Beispiel findet man in einer Probe möglicherweise zwei vorherrschende Mikroorganismenarten und den Rest nur in geringen Mengen.

Auf diese Weise haben Wissenschaftler die Kombination von Mikroorganismen identifiziert, die an verschiedenen Stellen im menschlichen Körper vorhanden sind. In einer großen Studie, die 2008 begonnen wurde, erhielten Wissenschaftler von 300 Individuen Proben von 15 Körperstellen von Männern und 18 Körperstellen von Frauen, einschließlich der Nase, des Mundes, der Haut (Ellenbogenbeuge) und des unteren Darms (Stuhlprobe). Sämtliche Gensequenzen aus jeder der Proben von jeder Person wurden untereinander verglichen. Insgesamt wird geschätzt, dass mehr als 10.000 Mikroorganismenarten im gesamten menschlichen Körper existieren. Die größte Vielfalt (oder Kombination) wurde in Zahn- und Stuhlproben, eine moderate Vielfalt in inneren Wangen- und Hautproben sowie die geringste Vielfalt in vaginalen Proben gefunden. Es gibt Überschneidungen in den Mikroorganismenarten, die an mehreren Stellen vorhanden sind, jedoch kann die Menge jeder Art an einer bestimmten Stelle variieren. In Bezug auf das Alter stabilisiert sich das Mikrobiom an jeder Gewebestelle nach den ersten drei Lebensjahren, in denen enormes Wachstum und Entwicklung stattfinden. Darüber hinaus wurden Proben von Tausenden von Menschen auf der ganzen Welt analysiert und verglichen, was einige geographische Unterschiede aufzeigt, die vermutlich auf Unterschiede in Temperatur bzw. Klima, Ernährung, Gesundheitszustand und anderen Umwelt- oder kulturellen Bedingungen zurückzuführen sind. Global werden die Daten eher als Kontinuum denn als diskrete Unterschiede zwischen den Regionen interpretiert. Da kein Menschen dem anderen gleicht, ist es möglich, dass jeder Mensch eine einzigartige mikrobielle Signatur hat.

Nach vielen Berichten, die die Bandbreite und die Struktur von mikroorganismischen Gemeinschaften an verschiedenen Körperstellen des Menschen beschreiben, hat sich die Aufmerksamkeit auf die Bedeutung des Mikrobioms in Bezug auf Gesundheit und Wohlbefinden verlagert. Wie sieht ein „gesundes" Mikrobiom im Vergleich zu einem aus, das das Risiko einer Krankheit erhöht oder auf eine Krankheit hinweist, die begonnen hat oder bereits entwickelt wurde? Da viele wichtige Funktionen in unserem Darm (Magen/Darm) ablaufen, gab es viele Studien über die Zusammensetzung des Darmmikrobioms und seine Beziehung zu Krankheiten. Viele Publikationen berichten über Unterschiede im Darmmikrobiom zwischen gesunden Personen und solchen mit Fettleibigkeit, Krebs oder anderen Erkrankungen. Darmmikroben sind essenziell für den Abbau von Nahrungsmitteln, für die Erzeugung wichtiger Substanzen, die unser Körper täglich benötigt, und tragen zu unserem körpereigenen Immunsystem (Abwehrsystem) bei. Da Veränderungen im Mikrobiom während der frühen Phasen der Krankheitsentwicklung auftreten, können sie als Warnsignal oder Biomarker für Krankheiten dienen, bevor wir uns tatsächlich krank fühlen.

Unser Mikrobiom ist nicht konstant, was bedeutet, dass es sich entsprechend unserer Umgebung, Ernährung, Medikamente und dem Gesundheitszustand verändert. In vielen Fällen wird es in seinen ursprünglichen Zustand zurückkehren, wenn die Veränderung der Umgebung vorübergegangen ist (zum Beispiel eine kurzfristige Krankheit, eine Diät). Während wir einige Faktoren, die unser Mikrobiom beeinflussen, eher weniger kontrollieren können, wie beispielsweise das Klima, haben wir doch eine gewisse Wahl wie wir uns ernähren und können daher bewusst unser Mikrobiom durch Ernährungsumstellungen verändern. Studien haben Unterschiede im Darmmikrobiom zwischen Vegetariern und Nichtvegetariern gezeigt. Viele Lebensmittel werden jetzt als präbiotisch oder postbiotisch vermarktet, Begriffe, die sich auf die Wirkung auf das Mikrobiom beziehen. Ein präbiotisches Lebensmittel liefert Nahrung für Mikroorganismen und regt ihr Wachstum an; viele dieser Lebensmittel sind reich an Ballaststoffen. Man könnte dies als „Fütterung unseres Mikrobioms" betrachten. Im Gegensatz dazu enthalten postbiotische Lebensmittel wie Joghurt und einige Saftcocktails (oft in der Nähe von Orangensaft im Kühlbereich zu finden) lebende Bakterien. Leider gibt es nur begrenzte Daten über die gesundheitlichen Auswirkungen dieser Lebensmittel, insbesondere in Bezug auf die Auswirkungen auf das Mikrobiom und letztendlich auf die Reduzierung des Krankheits- und Infektionsrisikos. Nichtsdestotrotz gibt es viele Vorteile beim Verzehr von Joghurt und Ballaststoffen!

Auch Medikamente können die Zusammensetzung des Darmmikrobioms verändern (und tatsächlich kann das Darmmikrobiom eine entscheidende Rolle dabei spielen, Medikamente in kleinere Bestandteile zu zerlegen, um sie auf diese Weise aus unserem Körper zu entfernen). Die Veränderungen im Mikrobiom können je nach spezifischem Medikament, Dosierung und Dauer der Einnahme variieren. Zum Beispiel ist ein Antibiotikum dazu bestimmt, Bakterien im Allgemeinen zu töten und tötet daher nicht selektiv die „schlechten" Bakterien, die eine Krankheit verursachen, und lässt die „guten" Bakterien, die in unserem Darm leben und wichtige Funktionen ausführen, am Leben. Daher ist eine häufige Nebenwirkung bei vielen Patienten Durchfall, teilweise aufgrund der Veränderungen in unserem Darmmikrobiom. Nach der Behandlung wird das Darmmikrobiom wieder wachsen und in den Zustand zurückkehren, den es vor der Einnahme des Antibiotikums hatte. Die wiederholte Einnahme von Antibiotika, häufig bei Kindern, sowie die langfristige Einnahme bei bestimmten Erkrankungen können jedoch zu einem Krankheitsrisiko beitragen und sind ein Bereich, der aktiv untersucht wird.

Prävention von Infektionskrankheiten

Gesellschaft und Infektionskrankheiten koexistieren seit Anbeginn der Zeit. Während Infektionskrankheiten jahrhundertelang die Haupttodesursache waren, hat die moderne Medizin die Morbiditäts- und Mortalitätsraten in vielen Ländern erheblich gesenkt. Viele antibakterielle (Antibiotika), antivirale und antimykotische Medikamente wurden im 20. Jahrhundert entwickelt. Ohne Zugang zu Medikamenten und anderen Maßnahmen des öffentlichen Gesundheitswesens, mit denen die Übertragung von Infektionserregern drastisch reduziert werden kann, sind Infektionskrankheiten jedoch nach wie vor eine wichtige Ursache von Tod und Beeinträchtigung mit Auswirkungen auf die gesamte Wirtschaft. Darüber hinaus gibt es Erkrankungen, die wenig erforscht sind und/oder wissenschaftliche Herausforderungen für die Entwicklung von Medikamenten darstellen, sodass nur eine begrenzte Anzahl von Behandlungsmöglichkeiten zur Verfügung steht.

Einer der großen Fortschritte im Kampf gegen Infektionen und krankheitsbedingte Erkrankungen sind Impfstoffe. Obwohl die Schutzwirkung des Blutes derjenigen, die eine Infektion überlebt haben (und die Fähigkeit, die schützenden Bestandteile des Blutes auf andere zu übertragen), schon seit Hunderten von Jahren bekannt ist, wurden die Entwicklung und der Einsatz von Impfstoffen erst gegen Ende des 19. Jahrhunderts vorangetrieben. Im Jahr 1879 schuf der berühmte französische Wissenschaftler Louis Pasteur den ersten im Labor entwickelten Impfstoff gegen Hühnercholera. Im Jahr 1914 wurden die ersten Impfstoffe gegen Typhus und Tollwut zugelassen. Seitdem wurden Impfstoffe gegen verschiedene Infektionskrankheiten, einschließlich Pocken, Diphtherie, Polio, Milzbrand, Cholera, Pest, Typhus und Tuberkulose, entwickelt. Einige Infektionskrankheiten wie HIV haben die Wissenschaft vor Herausforderungen gestellt und es konnte noch kein Impfstoff entwickelt werden. Heute haben neue Ansätze auf der Grundlage von Genetik und Genomik zur Entwicklung neuartiger Impfstofftypen geführt, die eine schnellere Produktion und Optionen zur Feinabstimmung des Impfstoffs ermöglichen, wenn sicher der infektiöse Erreger weiterentwickelt.

Was genau ist also ein Impfstoff und wie funktioniert er? Ein Impfstoff ist eine Möglichkeit, unserem Immunsystem (unserem körpereigenen Abwehrsystem) sicher zu ermöglichen, eine Immunantwort auf einen spezifischen Infektionserreger zu etablieren, falls Sie in der Zukunft damit in Kontakt kommen. Zunächst ein kurzer Überblick über das menschliche Immunsystem. Unser Körper hat von Natur zwei Arten von Abwehrmechanismen als Teil unserer Immunantwort. Eine Verteidigungslinie ist als angeborenes Immunsystem bekannt, das eine kurzfristige schnelle Reaktion auslöst, die den Einsatz spezieller Zellen zur Suche und Zerstörung infizierter Zellen auslöst.

Die zweite Verteidigungslinie wird als adaptives Immunsystem bezeichnet. Es beinhaltet die Bildung von Antikörpern. Antikörper werden als Reaktion auf ein bestimmtes infektiöses Agens entwickelt, die das Agens anvisieren (markieren), damit es von anderen Zellen zerstört wird. Unser Körper speichert eine Erinnerung an frühere Infektionserreger, gegen die eine Antikörperreaktion ausgelöst wurde, sozusagen einen Katalog, und er reaktiviert die Produktion dieser Antikörper, wenn eine weitere Infektion auftritt. Aber beim ersten Auftreten einer Infektion existiert dieses Langzeitgedächtnis nicht. Ein Impfstoff führt eine geschwächte Version des Infektionserregers (oder Teile davon) ein, die keine Krankheit verursacht, und ermöglicht dem Körper auf diese Weise, den Infektionserreger „anzuschauen" und Antikörper zu entwerfen. Unser Körper erkennt nicht, dass der Eindringling (in diesem Fall der Impfstoff) keine echte Infektion ist. Daher ermöglicht der Impfstoff dem Immunsystem, eine Erinnerung an diesen spezifischen Infektionserreger zu entwickeln, die ausgelöst wird, sollte die echte Version des Erregers versuchen, den Körper zu infizieren. Bei einigen Krankheiten reicht eine einzige Dosis (eine Injektion) aus, um eine starke Antikörperantwort auszulösen. Die Immunantwort kann viele Jahre anhalten (wie bei einer Masernimpfung). In anderen Fällen wird ein Zwei-Dosen-Impfstoff verabreicht, wobei die zweite Dosis als „Booster" bezeichnet wird, um die Immunantwort zu verstärken. Ein jährlicher Impfstoff kann erforderlich sein, weil sich der Infektionserreger durch die Anhäufung von Veränderungen in seinem genetischen Code so stark verändert hat, dass er für das Immunsystem anders "aussieht". Daher funktionieren die Antikörper, die beispielsweise mithilfe des Grippe-Impfstoffs des letzten Jahres gebildet wurden, möglicherweise nicht gut genug, um eine Infektion durch den neuen Grippe-Stamm zu verhindern.

Schlussfolgerung

Zweifellos werden Pathogene, neue und bestehende, weiterhin gesundheitliche Herausforderungen bei Tieren und Menschen schaffen. In den letzten Jahren wurden genomische Technologien verwendet, um Pathogene schnell zu identifizieren und zu überwachen. Solche Technologien ersetzen zunehmend konventionelle mikrobiologische Tests und ermöglichen viel schnellere und genauere Testergebnisse. Sequenzdaten von Hunderten oder Tausenden von Proben können schnell über wissenschaftliche Datenbanken geteilt und verwendet werden, um Mutationen und Übertragungen von einer Region zur anderen zu verfolgen und als Grundlage zur Entwicklung von Impfstoffen und Behandlungen zu dienen. Die Entwicklung neuartiger molekularer Technologien wird es ermöglichen, Tests schneller und an verschiedenen Orten (in einer Arztpraxis, einem Drive-Thru-Testkiosk oder sogar zu Hause) durchzuführen sowie Infektionsfälle schneller zu identifizieren und die Übertragung effizienter einzudämmen.

Literatur

US Centers for Disease Control and Prevention. SARS Basics Fact Sheet. Available at https://www.cdc.gov/sars/about/fs-sars.html

US Food and Drug Administration. Center for Food Safety and Applied Nutrition. What We Do at CFSAN. Available at https://www.fda.gov/about-fda/center-food-safety-and-applied-nutrition-cfsan/what-we-do-cfsan

World Health Organization. Middle East respiratory syndrome coronavirus (MERS-CoV). Available at https://www.who.int/emergencies/mers-cov/en/

US Centers for Disease Control and Prevention. Biggest Threats and Data: 2019 AR Threats Report. Available at https://www.cdc.gov/drugresistance/biggest-threats.html?CDC_AA_refVal=https%3A%2F%2Fwww.cdc.gov%2Fdrugresistance%2Fbiggest_threats.html

Harris et al. Whole-genome sequencing for analysis of an outbreak of methicillin-resistant *Staphylococcus aureus*: a descriptive study. Lancet Infectious Diseases. February 2013; 13(2): 130–36. Available at https://www.ncbi.nlm.nih.gov/pmc/articles/PMC3556525/

Kahn JS, McIntosh K. History and Recent Advances in Coronavirus Discovery. The Pediatric Infectious Disease Journal. 2015; 24(1): S223-S227. Available at https://journals.lww.com/pidj/fulltext/2005/11001/history_and_recent_advances_in_coronavirus.12.aspx

Laupland KB, Valiquette L. The Changing Culture of the Microbiology Laboratory. Can J Infect Dis Med Microbiol. 2013 Autumn; 24(3): 125–128. 2013. Available at https://www.ncbi.nlm.nih.gov/pmc/articles/PMC3852448/

Coral J., Zimmer C. How Coronavirus Mutates and Spreads. The New York Times, April 30, 2020. Available at https://www.nytimes.com/interactive/2020/04/30/science/coronavirus-mutations.html

US Centers for Disease Control and Prevention. Key Things to Know about COVID Vaccines. Available at https://www.cdc.gov/coronavirus/2019-ncov/vaccines/keythingstoknow.html?s_cid=10493:cdc%20covid%20vaccine:sem.ga:p:RG:GM:gen:PTN:FY21

The Johns Hopkins University School of Medicine. Coronavirus Resource Center. Available at https://coronavirus.jhu.edu/

Rastogi, M., Pandey, N., Shukla, A. et al. SARS coronavirus 2: from genome to infectome. *Respir Res* **21**, 318 (2020). Available at https://respiratory-research.biomedcentral.com/articles/10.1186/s12931-020-01581-z#citeas

11

Können Gene Verhalten erklären?

Wir bemerken oft Ähnlichkeiten zwischen Verwandten. Manchmal handelt es sich dabei um ein physisches Merkmal wie Augenfarbe oder Größe, und manchmal um eine Krankheit, die in einer Familie verbreitet ist. Oder wir bemerken ähnliche Verhaltensweisen zwischen Familienmitgliedern – vielleicht sind Vater und Sohn schüchtern oder lieben es, Streiche zu spielen, oder haben vielleicht Angst vor Spinnen oder Höhen. Wie bei vielen Krankheiten sind manche Menschen der Ansicht, dass Verhaltensweisen vererbt werden, dass Menschen also biologisch (oder genetisch) dazu neigen, auf eine bestimmte Weise zu handeln oder sich zu verhalten und dass dies unveränderlich ist oder nicht geändert werden kann. Aber Umgebung, Erziehung und Erfahrungen eines Menschen können sein Verhalten beeinflussen. Das bedeutet, Verhaltensweisen könnten erworben sein; zum Beispiel wächst ein Sohn auf und beobachtet die Angst seines Vaters vor dem Klettern auf Leitern; als junger Erwachsener äußert er ebenfalls Angst vor dem Klettern auf Leitern. Daher gibt es eine anhaltende Debatte darüber, ob Verhaltensweisen vererbt (biologisch vorbestimmt) vs. erworben (erlernt) sind, auch bekannt als Natur vs. Erziehung.

Das Feld der Verhaltensgenetik existiert schon seit einiger Zeit, aber man sollte nicht aus dem Namen dieses Feldes schließen, dass Genetik als der vorherrschende Faktor bei der Vorhersage von Verhalten angenommen wird. Stattdessen sollte man es als ein Studienfeld betrachten, das versucht zu bestimmen, inwieweit die Genetik das Verhalten beeinflusst und wie nichtgenetische Faktoren die Rolle oder den Beitrag dieser Gene beeinflussen können (und möglicherweise die Ergebnisse ändern). Neben der komplexen

S. B. Haga, *Das Buch der Gene und Genome*, https://doi.org/10.1007/978-1-0716-3531-5_11

Wechselwirkung zwischen Genen und Umwelt, die zu einem bestimmten Verhalten führen kann, gibt es sehr viele Arten von Verhaltensweisen zu berücksichtigen, jede mit einer breiten Palette von Symptomen und/oder Schweregraden; einige medizinisch und einige nichtmedizinisch, und einige ohne standardisiertes Maß zur Beurteilung. Natürlich ist es kompliziert zu studieren (Abb. 11.1). Mit neuen Entdeckungen der zugrunde liegenden Ursachen von Verhaltensweisen werden ethische, rechtliche und soziale Bedenken aufgeworfen, einige davon anders als die, die durch andere Krankheiten aufgeworfen werden. In diesem Kapitel werden viele dieser Fragen erörtert.

Was ist ein Verhaltensmerkmal?

Stellen Sie diese Frage zehn verschiedenen Personen und Sie werden vermutlich zehn verschiedene Antworten erhalten. Verhalten ist tatsächlich eine recht große Kategorie, die eine breite Palette von komplexen Merkmalen umfasst, einschließlich nichtmedizinischer und medizinischer Zustände sowie solcher, die absichtliche, bewusste Handlungen sowie unterbewusste oder instinktive Handlungen sind. Einige Verhaltensweisen können für bestimmte Arten charakteristisch sein (wie Vogelwanderungen) oder für jedes Individuum einzigartig sein.

Abb. 11.1 Wortwolkenillustration von häufig verwendeten Wörtern einschließlich Ursachen, Symptome und Krankheiten, die mit „abnormaler" Psychologie in Verbindung gebracht werden. (Quelle: Adobe Photo Stock)

Betrachten wir einige Beispiele für Verhaltensweisen. Zum Beispiel ist die Persönlichkeit eines Menschen eine Art von Verhalten – eine Person kann schüchtern und ruhig oder ausdrucksstark und extrovertiert sein, oder könnte in Abhängigkeit von der Situation als beides beschrieben werden. Wahlpräferenzen, Intelligenz und sexuelle Orientierung werden ebenfalls als Verhaltensweisen betrachtet. Emotionen werden als Verhaltensweisen betrachtet – zum Beispiel können einige Menschen sehr schnell wütend werden und genauso schnell wieder zu einem ruhigen Verhalten zurückkehren, während andere möglicherweise für eine lange Zeit wütend bleiben oder sogar gewalttätige Verhaltensweisen an den Tag legen. Darüber hinaus kann Wut auf verschiedene Weisen ausgedrückt werden – eine Person kann schmollen und sehr ruhig werden und sich zurückziehen oder sie schreit und wird aggressiv.

Neben Persönlichkeitsmerkmalen umfassen Verhaltensweisen auch psychische Störungen wie Angst,Aufmerksamkeitsdefizitstörung,Depression oder Persönlichkeitsstörungen. Während einige Persönlichkeitsmerkmale wie Schüchternheit in extremen Fällen als medizinisch anerkannter Zustand betrachtet werden können (eine Person reagiert panisch beim Verlassen ihres Haus, aus Angst, sie könnte auf eine andere Person treffen), werden sie normalerweise nicht als medizinische Störungen anerkannt. Ein Verhalten, das als medizinischer Zustand oder Störung definiert ist, wird von einem Gesundheitsexperten auf der Grundlage der während einer Untersuchung festgestellten Symptome diagnostiziert. Psychische Verhaltensweisen, die als medizinische Störungen anerkannt sind, sind im Diagnostischen und Statistischen Manual Psychischer Störungen (DSM-5) aufgeführt, das regelmäßig aktualisiert wird, um neue medizinische Erkenntnisse widerzuspiegeln.

Bestimmung, ob ein Verhaltensmerkmal genetisch bedingt ist oder nicht

Im Gegensatz zu Mendelschen genetischen Krankheiten, die ein klares Vererbungsmuster aufweisen und typischerweise durch genetische Veränderungen in einem einzigen Gen verursacht werden, ist die zugrunde liegende Ursache von komplexen Krankheiten offensichtlich komplexer und daher schwieriger zu klären. Bei komplexen Merkmalen und Verhaltensweisen, von denen angenommen wird, dass sie genetisch beeinflusst sind, werden Wissenschaftler zunächst Familien studieren, um die sogenannte

Heritabilität zu berechnen. Der Wert der Heritabilität (abgekürzt als h) liegt zwischen 0 und 1 – je höher die Zahl, desto wahrscheinlicher ist es, dass das Merkmal oder Verhalten durch Gene beeinflusst und somit von den Eltern vererbt wird. Je niedriger der h-Wert, desto wahrscheinlicher ist es, dass der Zustand durch Umweltfaktoren beeinflusst wird.

Zwillinge sind ein natürliches Experiment, das dazu beigetragen hat, den Wert von h für viele Erkrankungen zu bestimmen. Eineiige Zwillinge haben die exakt gleiche genetische Ausstattung, während zweieiige Zwillinge 50 % ihrer genetischen Ausstattung teilen (wie jedes Geschwisterpaar). Daher bietet die Untersuchung von Zwillingen ein kontrolliertes Experiment – die meisten Zwillinge werden im selben Haushalt aufgezogen und somit ist ihre Umwelt die gleiche. Wenn die Genetik ein Merkmal stark beeinflusst, würden wir erwarten, dass die Ähnlichkeitsrate (genannt Konkordanz) für eineiige Zwillinge größer ist als für zweieiige Zwillinge. Andererseits, wenn die Umwelt eine Rolle spielt, würden wir erwarten, dass die Konkordanz für beide Arten von Zwillingen etwa gleich ist.

Darüber hinaus können Studien mit adoptierten Kindern einige Einblicke in die Rolle der Genetik geben. Adoptierte Kinder teilen die gleiche Umwelt wie ihre Adoptiveltern und 50 % ihrer genetischen Ausstattung mit ihren biologischen Eltern und Geschwistern (einige von ihnen wachsen möglicherweise in verschiedenen Haushalten auf). Das Verhalten von adoptierten Kindern kann mit dem ihrer Adoptiv- und biologischen Eltern verglichen werden; wenn Adoptierte sich ähnlich wie ihre biologischen Eltern/Geschwister verhalten, kann daraus geschlossen werden, dass die Genetik eine starke Rolle spielt.

Wissenschaftliche Herausforderungen bei der Erforschung der Genetik des Verhaltens

Da komplexe Merkmale durch genetische und umweltbedingte Faktoren beeinflusst werden, kann nur das Gewicht der Auswirkungen von Genen im Vergleich zu Umweltfaktoren durch die Heritabilität angezeigt werden. Verschiedene Arten von Studien sind erforderlich, um die spezifischen Gene oder Umweltfaktoren zu identifizieren, die das Verhalten beeinflussen. Es wird angenommen, dass Verhaltensweisen auf eine Kombination oder Gruppe von Genen zurückzuführen sind (der Effekt wird als polygen bezeichnet); jedes Gen kann einen relativ kleinen Beitrag zum Gesamtverhalten leisten. Darüber hinaus ist noch nicht klar, wie mehrere Gene zur Entwicklung eines bestimmten Verhaltens beitragen. Vielleicht wird der Effekt einer Variante in einem Schlüsselgen, das an einer bestimmten Gehirnfunktion beteiligt ist, durch eine andere Variante in einem Schlüsselgen und dann eine dritte und vierte Variante verstärkt. Dieser additive Effekt kann eine Schwelle erreichen, bei der die Krankheit beginnt, sich zu entwickeln. In anderen Fällen kann ein Gen auf ein anderes Gen einen nichtadditiven Effekt haben. Vielleicht entwickelt sich die Krankheit nur, wenn die Person eine oder mehrere genetische Varianten trägt, die mit dem Verhalten in Verbindung stehen **und** wenn die Person bestimmten Umweltbedingungen ausgesetzt ist (zum Beispiel Missbrauch in der Kindheit) – ein Beispiel für eine Gen(e)-Umwelt-Interaktion.

Um die Sache weiter zu verkomplizieren, ist es nicht möglich, viele Verhaltensweisen leicht zu messen oder zu quantifizieren. Psychische Störungen und bestimmte Verhaltensmerkmale, die als medizinische Zustände gelten, werden auf der Grundlage einer klinisch-psychologischen Untersuchung und einiger standardisierter Tests diagnostiziert, aber dies ist nicht so eindeutig wie die Diagnose eines hohen Cholesterinwerts, wo ein Bluttest die genaue Konzentration quantifiziert. Denken Sie an ein Verhaltensmerkmal wie Distanziertheit oder eine gelassene Persönlichkeit – wie würden Sie tatsächlich feststellen, ob eine Person dieses Merkmal „besitzt"? Man kann kein Merkmal eindeutig feststellen oder einen Score oder Wert (zum Beispiel hoch, moderat, niedrig) ohne eine gewisse Mehrdeutigkeit oder Subjektivität erzeugen. Dies stellt ein großes Problem dar, wenn man versucht, die Ursachen eines bestimmten Verhaltens zu erforschen, wenn Wissenschaftler nicht einmal genau bestimmen können, wer es hat oder nicht hat.

Beispiele für Gene und Verhalten

Wie bereits angedeutet, nehmen viele Menschen an, dass es eine genetische Komponente zu Verhaltensweisen gibt. Warum sonst sollten bestimmte Merkmale in Familien vorkommen? Die Wissenschaft ist endlich technologisch an einem Punkt angelangt, an dem eine Momentaufnahme des gesamten Genoms (das heißt, das gesamte Genom kann zu erschwinglichen Kosten genau sequenziert und analysiert werden) einer großen Anzahl von Menschen gemacht werden kann. So könnte eine Studie durchgeführt werden, bei der die Genome von 1000 Menschen mit schwerer Depression und 1000 Menschen, die noch nie Depressionen hatten, sequenziert werden. Die Genome, insbesondere die Häufigkeit genetischer Varianten, werden zwischen den beiden Gruppen verglichen, um festzustellen, ob es einen statistischen Unterschied gibt.

In den meisten Fällen sind jedoch die ersten Berichte über ein Gen, das mit [füllen Sie die Lücke mit jedem Verhalten oder Krankheit] in Verbindung gebracht wird, nicht haltbar. Mit anderen Worten, eine andere Forschungsgruppe wird nicht in der Lage sein, die ursprüngliche Erkenntnis in einer anderen Studienpopulation zu validieren oder zu replizieren. Für die Unfähigkeit, ein ursprüngliches Ergebnis zu wiederholen oder zu bestätigen, können mehrere Gründe verantwortlich sein.

Nichtsdestotrotz geht die Suche weiter, um die zugrunde liegenden Ursachen von Verhaltensmerkmalen zu identifizieren. Hier sind einige gut untersuchte und manchmal kontroverse Merkmale und das aktuelle Verständnis der genetischen Grundlage.

Schizophrenie

Schon lange wird beobachtet, dass Fälle von Schizophrenie in Familien gehäuft auftreten. Schizophrenie ist gekennzeichnet durch Verwirrung, Paranoia und Halluzinationen, aber der Beginn, die Schwere und die Reaktion auf die Behandlung können zwischen den betroffenen Patienten stark variieren. In einigen Fällen können die Symptome das häusliche Leben, die Unterstützung und die Arbeitssituation negativ beeinflussen, was die Krankheit weiter verschlimmern kann. In anderen Fällen können die schizophrenen Episoden mit Medikamenten kontrolliert werden und nehmen mit zunehmendem Alter ab.

Es wurde spekuliert, dass einige psychische Störungen und Merkmale dazu neigen, gemeinsam aufzutreten und möglicherweise überlappende neurologische Bahnen und somit die gleichen Gene zu betreffen. Dies mag nicht allzu überraschend sein, da psychiatrische Störungen Bahnen im Gehirn betreffen können, die zu verschiedenen Krankheiten führen können, abhängig davon, wann und wie sie beim Einzelnen gestört werden. Zum Beispiel zeigen einige Personen, die an Schizophrenie leiden, auch kognitive Beeinträchtigungen. Einige Forscher untersuchen einen möglichen Zusammenhang zwischen Proteinen, die als Glutamatrezeptoren bezeichnet werden, und kognitiven Beeinträchtigungen bei Patienten mit Schizophrenie. Genetische Varianten in den Genen, die für diese Rezeptoren codieren, wurden in einigen Patientengruppen identifiziert. Die Rezeptoren spielen Schlüsselrollen bei vielen Gehirnfunktionen, einschließlich der Kommunikation zwischen Gehirnzellen, der Gedächtnisbildung und des Lernens. Sie tun dies, indem sie als Andockstation für Neurotransmitter oder für Substanzen im Blut dienen, die eine Kaskade anderer Reaktionen im Gehirn auslösen können. Die Substanzen sind Signalmoleküle, die im Gehirn und Nervensystem Nachrichten übertragen (und spezifische Aktionen auslösen). Einige Beispiele für Neurotransmitter sind Dopamin, Serotonin und Acetylcholin. Die Rezeptoren sind geeignete Ziele für Medikamente, da sie auf der Außenseite der Zellen sitzen und leicht zugänglich sind. Aber weil diese Rezeptoren an so vielen Gehirnfunktionen beteiligt sind, ist es schwierig, die Wirkung eines Medikaments auf nur ein spezifisches Problem zu beschränken und daher können Nebenwirkungen auftreten. Alternativ dazu wurden weitere Medikamente entwickelt, mit denen versucht wird, die Menge an Neurotransmittern zu kontrollieren.

Da es wahrscheinlich mehr als einen Weg zur Entwicklung einer Schizophrenie gibt, muss die Kombination von genetischen Varianten und dem Ausmaß der Exposition gegenüber Umweltfaktoren noch entschlüsselt werden. Bei der Schizophrenie ist das Studium der präklinischen Symptome, die sich zuerst entwickeln, bevor das volle Krankheitsspektrum auftritt, offensichtlich ein Ansatz zur Reduzierung der Komplexität. Als schizotype Merkmale bekannt, umfassen diese moderate psychotische Symptome, sozialen Rückzug und reduzierte kognitive Kapazität. Einige dieser Merkmale können Beziehungen und alltägliche Aufgaben und Interaktionen beeinflussen. Diese Merkmale sind nicht einzigartig für Schizophrenie und könnten auch auf Depressionen, Bipolarität und andere psychotische Störungen hinweisen. Mehrere Gene, die an den Glutamat-Pathways, der Regulation von Dopamin und der Entwicklung von Gehirnzellen beteiligt sind, werden mit schizotypen Merkmalen assoziiert. Dennoch bleibt noch viel zu tun, um ihren Einfluss auf die Gehirnfunktionen und die Entwicklung von Schizophrenie zu klären.

Intelligenz

Die kontroverse Debatte über die Vererbbarkeit von Intelligenz hat im Lauf des letzten Jahrhunderts geschwankt. Bereits Ende des 19. Jahrhunderts versuchte der britische Wissenschaftler Francis Galton zu ermitteln, ob Intelligenz (die er als „menschliche geistige Fähigkeit" bezeichnete) ein vererbtes Merkmal ist, indem er erfolgreiche Männer und ihre Familien studierte. Er stellte fest, dass Eltern aus hohen gesellschaftlichen Klassen und angesehenen Berufen (zum Beispiel Richter) dazu neigten, Kinder zu haben, die ebenfalls erfolgreiche Karrieren für sich selbst aufbauten. Daraus schloss er, dass Intelligenz von erfolgreichen Eltern an ihre Kinder weitergegeben wird. Er stellte auch fest, dass Intelligenz ein quantitatives Merkmal ist, das von sehr niedrig bis hoch reicht. Allerdings widerlegten nachweislich hochintelligente Personen aus weniger wohlhabenden Verhältnissen Galtons Theorie der Vererbung von Intelligenz und zeigten die Bedeutung des Zugangs zu Bildung und anderer Umweltfaktoren.

Die Arbeit von Galton und anderen führte zur Eugenikbewegung im frühen 20. Jahrhundert in Europa und den USA. Es wurden Anstrengungen unternommen, um „selektive Zucht" (oder positive Eugenik) zwischen erfolgreichen Eltern zu fördern, um mehr Kinder mit gesellschaftlich wünschenswerten Merkmalen zu produzieren. Im frühen 20. Jahrhundert wurde auch der Intelligenzquotient (IQ) von einem deutschen Psychologen namens Wilhelm Stern entwickelt. Ziel des IQ-Tests war die Berechnung des Verhältnisses zwischen geistigen Fähigkeiten und Alter. Solche Tests waren zu dieser Zeit in den USA von zunehmendem Interesse, um Rekruten des Ersten Weltkriegs Rollen zuzuweisen, die ihren Fähigkeiten entsprachen.

Mit zunehmender Verwendung des IQ-Tests in verschiedenen Bereichen außerhalb des Militärs deuteten einige Belege darauf hin, dass der Test voreingenommen war und keine faire Beurteilung darstellte. Es gab Hinweise auf kulturelle Verzerrungen und darauf, dass die Zusammenlegung von Grundfertigkeiten und erlernten Fähigkeiten zu einem einzigen Ergebnis irreführend sein könnte. Darüber hinaus kombinierten breit angelegte Tests verschiedene Bereiche wie Sprache (zum Beispiel Wortschatz), Logik und Mathematik. Dies führte zu Veränderungen in der Bewertung des IQ-Tests und zur Entwicklung neuer Intelligenztests. Interessanterweise sind die Punktzahlen im Lauf der letzten Jahrzehnte gestiegen – ein Anstieg, der zu schnell ist, um auf Veränderungen in der genetischen Zusammensetzung der Bevölkerungen zurückzuführen zu sein. Daher könnten Veränderungen in der Umwelt – Schulen, Unterrichtsmethoden und Technologie – irgendeine oder alle gemeinsam zu den steigenden IQ-Werten beigetragen haben, die in diesem kurzen Zeitraum beobachtet wurden.

Zwillings-, Adoptions- und Familienstudien deuten auf eine genetische Grundlage der Intelligenz hin. Vergleiche von eineiigen und zweieiigen Zwillingen zeigen Übereinstimmungsraten von etwa 0,85 bzw. 0,60, was auf Genetik (über Umwelt) hinweist. Seltsamerweise scheinen die Heritabilitätswerte für Intelligenz mit dem Alter zu steigen, ein Phänomen, das bei anderen Merkmalen nicht zu beobachten ist. Wenn die Gene im Laufe des Lebens stabil sind, wie kann sich die Heritabilität von Intelligenz im Lauf der Zeit ändern? Die Erklärung heißt genetische Verstärkung, das heißt, die Wirkung von Genen, die mit Intelligenz assoziiert sind, nimmt zu. Die Gene selbst ändern sich im Lauf der Zeit nicht, aber die Umwelt tut es und verstärkt vermutlich die genetische Wirkung. Mit anderen Worten: Die Umwelteinflüsse werden durch die genetische Zusammensetzung eines Menschen vermittelt.

Sowohl familienbasierte als auch groß angelegte Bevölkerungsstudien haben viele Gene identifiziert, die mit Intelligenz oder einem verwandten Merkmal wie Gedächtnis assoziiert sind, obwohl fast sicher eine gute Anzahl von ihnen falsche Befunde sind. Eine Studie aus dem Jahr 2018 untersuchte DNA-Daten, die von mehr als 269.000 Menschen weltweit für verschiedene Studien gesammelt worden waren, und identifizierte 1016 Gene, von denen die meisten bekanntermaßen an der Gehirnfunktion beteiligt sind. Eine andere Forschungsrichtung nähert sich dieser Frage aus evolutionärer Perspektive und untersucht, ob sich Gene, die mit Intelligenz verknüpft sind, im Lauf der Zeit verändert haben. Parallel zu den physischen Veränderungen während der menschlichen Evolution in Bezug auf die Schädelform und das Gehirnvolumen könnten einige der Gene entwickelt worden sein, die für Merkmale wie Intelligenz, Gedächtnis, Vernunft und Empathie verantwortlich sind, die in niedrigeren Arten nicht vorhanden sind. Andere Forschungen untersuchen die Auswirkungen von genetischen Veränderungen auf die Funktion und Signalübertragung von Gehirnzellen, die mehr Aufschluss über die Funktionsweise der Gene und die Auswirkungen von Varianten geben können.

Aggression

Ein weiterer herausfordernder Bereich der Genforschung ist aggressives Verhalten. Aggression wird allgemein definiert als ein Verhalten, das darauf abzielt, einem anderen Individuum, sich selbst oder der Umgebung Schaden zuzufügen. Es wurden mehrere Arten von Aggression identifiziert, wobei die beiden Haupttypen als proaktiv und reaktiv bekannt sind. Proaktive Aggression bezieht sich auf eine Handlung, die absichtlich oder geplant erfolgt (eine offensive Handlung). Im Gegensatz dazu basiert eine reaktive Form der Aggression auf Impuls und Emotion (ungeplant), oft als Reaktion auf eine wahrgenommene Bedrohung (eine defensive Handlung). Darüber hinaus kann Aggression auf verschiedene Weisen ausgedrückt werden – ein Individuum kann verbal aggressiv, physisch aggressiv oder feindselig sein. Aggressive Verhaltensweisen treten auch als Symptom vieler gängiger Erkrankungen auf, wie zum Beispiel Aufmerksamkeitsdefizit-Hyperaktivitätsstörung (ADHS) und psychische Störungen wie Schizophrenie. Daher wird angenommen, dass diese Zustände gemeinsame Ursachen für die überlappenden Symptome haben.

Wie bei anderen Verhaltensweisen gibt es Hinweise darauf, dass aggressives Verhalten in manchen Familien vorkommt. Zum Beispiel gibt es Familien mit mehreren Mitgliedern, die wegen gewalttätiger Verbrechen verurteilt wurden. Daher stellt sich die Frage, ob dieses gemeinsame Verhalten auf eine gemeinsame Umgebung oder eine gemeinsame Genetik zurückzuführen ist. Wie bei großen populationsbasierten Studien zur Intelligenz ermöglichen fortschrittliche Genomtechnologien und Software die schnelle Sequenzierung und Analyse von genetischen Veränderungen, die in einer Gruppe (mit aggressivem Verhalten) und nicht in einer Vergleichsgruppe (ohne aggressives Verhalten) auftreten. Auf diese Weise können Wissenschaftler Studien durchführen, um potenzielle Gene zu identifizieren, die an der Regulierung dieser spezifischen Verhaltensweisen beteiligt sind. Im Jahr 2018 identifizierte eine europäische Studie 40 Gene, die mit aggressivem Verhalten assoziiert sind.

Viele der Gene, die mit aggressivem Verhalten in Verbindung gebracht werden, sind an der Steuerung der Zell-zu-Zell-Signalübertragung (Nachrichten, die zwischen Zellen gesendet werden, um eine bestimmte Aktion zu signalisieren) im Gehirn beteiligt. Andere Gene, die mit Aggression und Gewalt in Verbindung gebracht werden, sind am Transport des Neurotransmitters Dopamin oder seiner Bindung (Dopaminrezeptor) an Gehirnzellen beteiligt.

Eines der lang untersuchten Gene, das mit aggressivem Verhalten in Verbindung gebracht wird, ist das Monoaminooxidase-A(MAO-A)-Gen. Es ist am Abbau von Schlüsselneurotransmittern wie Serotonin, Noradrenalin und Dopamin im Gehirn beteiligt. Diese Substanzen sind in der Regulierung mehrerer Emotionen involviert, einschließlich Stimmung, Belohnung, Impulskontrolle und Reaktion auf extreme Situationen (Kampf- oder Fluchtreaktion). Die Genvariante führt dazu, dass das von dem MAO-A-Gen codierte Enzym weniger effizient arbeitet, was zu höheren Serotonin-, Dopamin- und Noradrenalinspiegeln führt. Die betroffenen Personen sind möglicherweise überempfindlicher und erleben Stress oder Ängste auf erheblichere Weise als Personen, die die Genvariante nicht tragen. Das Gen befindet sich auf dem X-Chromosom, sodass sich die Genveränderung häufiger bei Männern auswirkt als bei Frauen.

Im Jahr 1993 identifizierte eine Untersuchung einer gewalttätigen niederländischen Familie die MAO-A-Genvariante bei jedem der gewalttätigen Mitglieder der großen Familie. Andere Studien berichteten über den Zusammenhang zwischen der MAO-A-Genvariante und antisozialem

Verhalten bei schulpflichtigen Jungen sowie mit aggressivem und gewalttätigem Verhalten. Es wurde jedoch festgestellt, dass die Auswirkungen der Veränderung des MAO-A-Gens eher bei Kindern auftreten, die missbraucht wurden (verbal oder physisch). Die Wirkung der Genvariante tritt also möglicherweise nicht oder nicht in extremem Maß auf, solange sie nicht durch Trauma und Missbrauch ausgelöst wird.

Irgendwie in unseren Genen, aber doch nicht so richtig

Obwohl sich dieses Buch hauptsächlich auf Veränderungen in der DNA-Sequenz und deren Zusammenhang mit Krankheiten oder verschiedenen vererbten Merkmalen (bei Menschen und anderen Arten) konzentriert, gibt es eine weitere Ebene genetischer Komplexität, die bisher nicht erwähnt wurde. Vielleicht könnte man sie als übersehene Schwester betrachten, die im Schatten ihrer beliebten und brillanten großen Schwester agiert, aber sich heimlich ins Rampenlicht schleicht. Unsere Zellen können auch ohne Veränderung der DNA-Sequenz steuern, wann Gene ein- und ausgeschaltet werden. Dieser Schalter ist reversibel und mobil und taucht auf, wenn die Zelle signalisiert, dass eine Veränderung der An- oder Abwesenheit einer Genfunktion benötigt wird. Der Schalter ist eigentlich eine chemische Modifikation oder Markierung, die sich an die DNA anheftet, aber den Code nicht verändert. Bekannt als epigenetische Modifikationen, können diese chemischen Markierungen einen DNA-Abschnitt für die zur Aktivierung oder Deaktivierung benötigte Maschinerie blockieren oder öffnen.

Eine gängige Art von chemischer Modifikation wird DNA-Methylierung genannt. Eine methylierte DNA-Sequenz kann andere Moleküle daran hindern, sich an die DNA anzuheften und die Expression zu initiieren (das Gen einschalten, um Protein zu produzieren). Es gibt spezifische Proteine (Enzyme) in der Zelle, die dafür verantwortlich sind, die Methylierungsmarkierungen zu spezifischen DNA-Sequenzen hinzuzufügen oder zu entfernen.

Epigenetische Modifikationen wurden mit Krankheiten und anderen Merkmalen, einschließlich Verhalten, in Verbindung gebracht. Epigenetik wurde in Verbindung mit verschiedenen psychiatrischen Erkrankungen wie Schizophrenie und Stimmungsstörungen sowie neurologischen Krankheiten wie Alzheimer untersucht. Es wurde gezeigt, dass mehrere in Gehirnzellen exprimierte Gene oder an der Entwicklung der für Alzheimer-Patienten charakteristischen Gehirnplaques beteiligte Gene abweichende

Methylierungsmuster aufweisen. Wenn solche Veränderungen in der Methylierung durch Medikamente umgekehrt werden könnten, könnte möglicherweise die Gehirnzellenfunktion wiederhergestellt oder zumindest die Verschlechterung des Zustands verlangsamt werden. Zur Behandlung verschiedener Krebsarten wurden einige Medikamente zugelassen, die die Methylierungsmuster von mit dem Krebswachstum assoziierten Genen verändern. Zum Beispiel wird das Medikament 5-Aza-Cytidin zur Behandlung des Myelodysplastischen Syndroms eingesetzt und wirkt durch Entfernung von Methylmarkierungen.

Viele Umweltfaktoren, wie Ernährung und Alter, können epigenetische Modifikationen beeinflussen. Ein interessantes Beispiel ist die Auswirkung von pränatalem Stress und Krankheitsrisiko – Kinder, die kurz nach Zeiten der Not und Umweltstress geboren wurden, wie zum Beispiel während Perioden der Hungersnot während des Zweiten Weltkriegs in Europa, weisen eine erhöhte Prävalenz von Schizophrenie im Erwachsenenalter auf, möglicherweise aufgrund von Veränderungen in der genetischen Modifikation vor der Geburt, die die Gehirnentwicklung negativ beeinflussten. Hormone, die durch Stressereignisse bei der Mutter ausgelöst werden, können sich auf die DNA des Fötus auswirken und durch epigenetische Modifikationen Veränderungen in der Genexpression bewirken.

Risiken und Vorteile der Kenntnis von Genen, die mit Verhaltensweisen assoziiert sind

Neben den wissenschaftlichen und medizinischen Herausforderungen bei der Identifizierung der Ursachen bestimmter Verhaltensweisen, hat das Feld der Verhaltensgenetik einige schwierige ethische, rechtliche und soziale Fragen aufgeworfen. Vorteile eines besseren Verständnisses der Gehirnfunktion und der an der Regulierung von Verhaltensweisen beteiligten Proteine könnten zu neuen Medikamenten und Behandlungen führen. Darüber hinaus könnten Tests zur Verbesserung der Diagnose von medizinischen Störungen, möglicherweise bevor sie auftreten, zu erheblichen Einsparungen von Gesundheitskosten durch Prävention, Überwachung und frühzeitige Intervention führen.

Wie steht es jedoch mit jenen Verhaltensweisen oder Merkmalen, die nicht medizinisch sind, wie Mobbing oder Intelligenz? Was ist der gesellschaftliche Nutzen, wenn wir die genetischen Faktoren kennen, die zu diesen Verhaltensweisen beitragen? Was wäre, wenn wir die Faktoren verstünden, die zu einem hohen IQ beitragen und ein Unternehmen einen Test für Intelligenz entwickeln würde? Wer würde diesen genetischen Test nutzen und zu welchem Zweck? Würden Schulzulassungsstellen Bewerber vorab prüfen, um festzustellen, ob sie wirklich intelligent sind (definiert durch den genetischen Intelligenztest), um diejenigen, die wirklich intelligent sind, von denen zu unterscheiden, die ein fotografisches Gedächtnis haben und deshalb gut in Tests abschneiden? In anderen Fällen kann die Entdeckung einer biologischen Ursache eine Person entschuldigen oder von der persönlichen Verantwortung (Schuld) für ihre Handlungen befreien, so dass sie argumentieren kann, dass sie für ihre Handlungen nicht zur Rechenschaft gezogen werden kann (zum Beispiel die Verteidigungsstrategie „meine Gene haben mich dazu gebracht").

Die Vorteile, die sich aus den Forschungsergebnissen ergeben, sollten gegen die Risiken abgewogen werden, nicht nur für den einzelnen Studienteilnehmer, sondern auch für deren Familienmitglieder, die Gemeinschaft und die Gruppe, mit der sie sich identifizieren. Gruppen können auf viele verschiedene Weise definiert werden – nach Religion, Geschlecht, geografischer Lage, Race oder Ethnie, Beruf usw. Bei einigen Verhaltensweisen wie Freundlichkeit oder perfektem Gehör wird der potenzielle Schaden vielleicht als gering eingeschätzt und überwiegen nicht den Nutzen des wissenschaftlichen Fortschritts und der Enträtselung der komplexen neurologischen Steuerung eines bestimmten Verhaltens und der Rolle der Umwelt. Bei anderen Verhaltensweisen wie Glücksspiel, Mobbing, Kindesmissbrauch oder Alkoholismus, die mit einem starken sozialen Stigma behaftet sind, sollten die Risiken der genetischen Forschung zu diesen Merkmalen sorgfältig abgewogen werden.

Zum Beispiel ergab eine Studie an Māori-Männern (die indigenen polynesischen Menschen von Neuseeland) eine hohe Prävalenz der aggressiven Form des MAO-A-Gens. Nach der Veröffentlichung der Forschungsergebnisse wurde es als Krieger-Gen bezeichnet. Dies wurde von der Māori-Gemeinschaft und innerhalb ihrer Kultur nicht wohlwollend aufgenommen. Während einige behaupten, dies erkläre die Stärke und Widerstandsfähigkeit der Māori, im 14. Jahrhundert über den Pazifik zu segeln und schließlich in Neuseeland zu siedeln, nutzen andere diese Erkenntnis als Erklärung (oder Schuldzuweisung) für aggressives und gewalttätiges Verhalten einiger Māori-Männer. Die potenzielle soziale Stigmatisierung wurde möglicherweise zu Beginn der Studie nicht bedacht; eine sorgfältige Diskussion mit Führungspersonen innerhalb der Gemeinschaft, Soziologen und Anthropologen hätte dazu beitragen können, die Stigmatisierung oder Beschädigung von Einzelpersonen und Gemeinschaften, die an der Forschung teilnahmen, zu vermeiden.

Jedes Verhalten beruht vermutlich auf einzigartigen Gegebenheiten, die sich auf potenziellen Nutzen und Schaden auswirken. Zum Teil hängt es von den gesellschaftlichen Ansichten über bestimmte Verhaltensweisen ab, ob die Forschung überhaupt durchgeführt wird (und wer dafür bezahlt) und wie die Ergebnisse akzeptiert und genutzt werden. Darüber hinaus werden unterschiedliche kulturelle und religiöse Überzeugungen und Werte den wahrgenommenen Nutzen und die Risiken beeinflussen. Daher gibt es kein Patentrezept dafür, wie diese Forschung ethisch durchgeführt werden kann und die Ergebnisse in einer Weise genutzt werden können, die Gesundheit und das Wohlbefinden zu optimieren und gleichzeitig die Wahrscheinlichkeit von Schäden für Einzelpersonen, Familien oder Gruppen zu minimieren.

Schlussfolgerung

Die Komplexität von menschlichen Verhaltensweisen wird mit neuen Technologien untersucht, um Einblicke in die biologischen Mechanismen zu gewinnen. Allerdings stellen das Stigma, das mit einigen Verhaltensweisen verbunden ist, und die damit verbundenen Probleme neue Herausforderungen dar, die parallel (oder vor) der wissenschaftlichen Forschung berücksichtigt werden sollten. Da menschliches Verhalten ein Spektrum von normal bis abnormal, moderat bis extrem, sozial akzeptabel bis nicht akzeptabel abdeckt, kann die Stigmatisierung, die mit der Bestimmung biologischer Ursachen verbunden ist, die Vorteile überwiegen. Die Auswirkungen neuer Forschungsergebnisse sind nicht immer vorhersehbar oder erwartbar, aber das bedeutet nicht, dass vor Beginn der Forschung keine sorgfältige Überlegung stattfinden sollte. Verhaltensgenetik ist ein spannendes Forschungsgebiet, erfordert aber einen gezielteren Diskurs auf vielen Ebenen. Die Expertise weiterer Bereiche wie Recht, Religion und Soziologie können dazu beitragen, die Erforschung von Verhaltensweisen ethisch zu gestalten und die Ergebnisse zur Verbesserung der Gesellschaft zu nutzen.

Literatur

Plomin R, et al. Top 10 Replicated Findings from Behavioral Genetics. Perspect Psychol Sci. 2016 Jan; 11(1): 3–23. Available at https://www.ncbi.nlm.nih.gov/pmc/articles/PMC4739500/

Plomin R, and von Stumm S. The new genetics of intelligence. Nat Rev Genet. 2018 Mar; 19(3): 148–159. Available at https://www.ncbi.nlm.nih.gov/pmc/articles/PMC5985927/

American Association for the Advancement of Science. Behavioral Genetics. 2004. Washington DC. Available at https://www.aaas.org/resources/behavioral-genetics/chapters

Garcia-Arocena, D. The Genetics of Violent Behavior. 2015. Available at https://www.jax.org/news-and-insights/jax-blog/2015/december/the-genetics-of-violent-behavior

Tuvblad, C. and Baker, LA. Human Aggression Across the Lifespan: Genetic Propensities and Environmental Moderators. Adv Genet. 2011; 75: 171–214. Available at https://www.ncbi.nlm.nih.gov/pmc/articles/PMC3696520/

Godar SC et al. The role of monoamine oxidase A in aggression: current translational developments and future challenges. Available at Prog Neuropsychopharmacol Biol Psychiatry. 2016 Aug 1; 69: 90–100.

Richardson, S. A Violence in the Blood. *Discover Magazine.* September 30, 1993. Available at https://www.discovermagazine.com/the-sciences/a-violence-in-the-blood

What is Epigenetics? Available at https://www.whatisepigenetics.com/fundamentals/

12

Ich nehme bitte die gentechnisch veränderten Lebensmittel

Wenn Sie auf einem Markt oder in einem Lebensmittelgeschäft Gemüse einkaufen, haben Sie sich jemals gefragt, wie es dahin gekommen ist? Das ist nicht philosophisch gemeint oder es meint auch nicht, wo oder wie es angebaut wurde – ob lokal, im Gewächshaus, biologisch oder anders. Noch bevor all diese Dinge entschieden werden, muss der Landwirt zuerst entscheiden, welches Saatgut er kaufen soll. Die Wahl, welche Sorte eines bestimmten Obstes oder Gemüses angebaut werden soll, wird von mehreren praktischen Faktoren beeinflusst, wie Kundennachfrage, Arbeit, Zeit, Kosten, Bedarf an Pestiziden, Bodenanforderungen usw. Landwirte haben auch die Wahl, gentechnisch verändertes (GV) Saatgut zu kaufen oder nicht. Was genau sind GV-Lebensmittel?

Was meint gentechnisch verändert?

Wie im ersten Kapitel beschrieben, haben alle Organismen Gene, einschließlich Früchte, Getreide und Gemüse. So wie Mendel die Vererbung bestimmter Merkmale bei Erbsen studierte, hat jedes Gemüse bestimmte Eigenschaften, die genetisch gesteuert sind und von Generation zu Generation weitergegeben werden. Einige dieser Merkmale sind für Landwirte (zum Beispiel die Fähigkeit, unter bestimmten Bedingungen zu wachsen, reduzierte Anfälligkeit für Krankheiten, Robustheit) und Verbraucher (zum Beispiel Geschmack, Aussehen, Nährstoffgehalt) von besonderem Interesse. Daher können Kulturen aus vielen verschiedenen

S. B. Haga, *Das Buch der Gene und Genome*, https://doi.org/10.1007/978-1-0716-3531-5_12

Gründen genetisch verändert werden, um den Ertrag, den Geschmack, die Menge oder das Aussehen zu verbessern. Darüber hinaus können einige Kulturen modifiziert werden, um Vitamine oder Medikamente zu produzieren. Auch Nutztiere können genetisch verändert werden, um die Fleischqualität, den Nährwert und die Menge zu verbessern oder um als Quelle für Organe zur Transplantation zu dienen.

Traditionelle oder konventionelle Züchtungstechniken basieren auf Kreuzbefruchtung, um eine Pflanze mit einem gewünschten Merkmal zu erzeugen (Abb. 12.1). Auch wenn ein bestimmtes traditionelles Züchtungsexperiment auf nur ein Merkmal abzielt, ist es nicht möglich, das Gen oder die Gene, die für dieses Merkmal verantwortlich sind, gezielt zu verändern (zum Beispiel Erdbeeren größer zu machen). Daher werden alle Gene zwischen zwei Pflanzen mit dem gewünschten Merkmal natürlich kombiniert, in der Hoffnung, eine neue Generation mit diesem

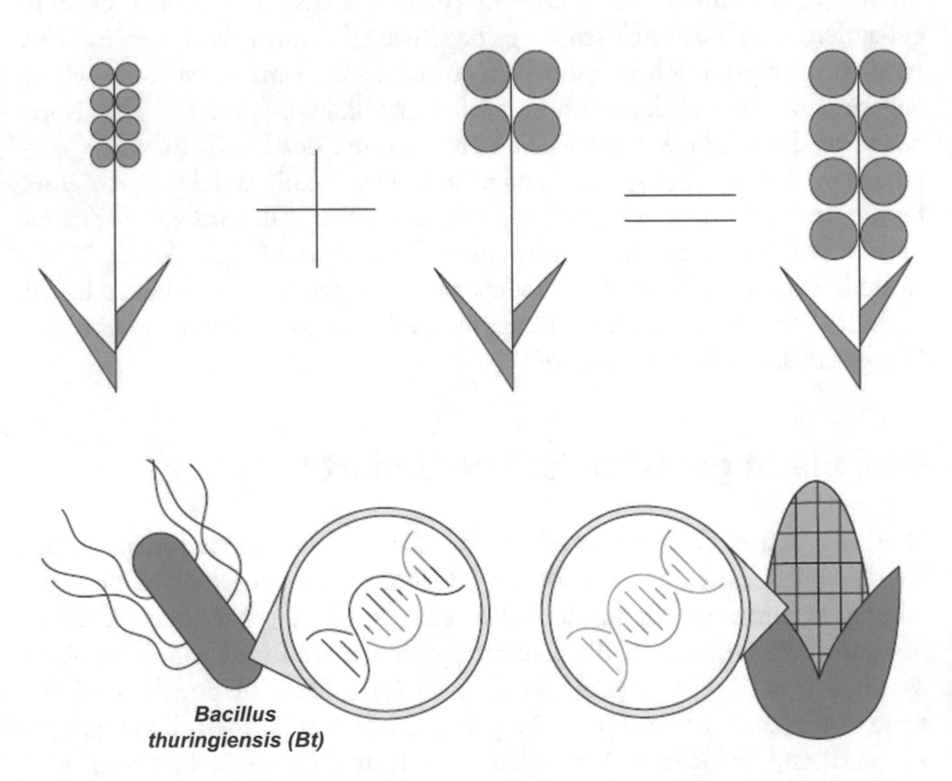

Abb. 12.1 Die obere Illustration zeigt eine traditionelle Kreuzbefruchtung zwischen zwei Pflanzen mit unterschiedlichen Merkmalen, um einen Hybrid zu erzeugen. Die untere Illustration zeigt den gentechnischen Ansatz zur Einfügung eines neuen Gens in die DNA von Mais. (Quelle: US Food and Drug Administration; https://www.fda.gov/food/agricultural-biotechnology/types-genetic-modification-methods-crops)

gewünschten Merkmal zu erzeugen; der Prozess ist jedoch völlig zufällig und kann viele Pflanzengenerationen (Jahre) dauern, bis das gewünschte Merkmal erreicht ist. Und auf diesem Weg treten auch unerwünschte Merkmale in Erscheinung.

Die Genome vieler Pflanzen- und Nutztiere wurden sequenziert, was eine detailliertere Analyse einzelner Gene und ihrer Funktionen ermöglicht. Wissenschaftler können ein Gen oder Gene von einer Art zur anderen „transferieren", um das gewünschte Merkmal zu erreichen. Möchte man beispielsweise eine Pflanze (oder ein Tier) mit einem Merkmal schaffen, das sie nicht natürlicherweise besitzt, kann ein Gen von einem anderen Organismus übertragen und in das Genom dieser Art eingefügt werden. Ein weiterer Ansatz zur genetischen Modifikation besteht darin, die Expression eines bestimmten Gens, das ein bestimmtes Merkmal kontrolliert, zu verändern (entweder zu erhöhen oder zu reduzieren). Ist zum Beispiel die Größe von Erdbeeren das gewünschte Merkmal und die Wissenschaftler wissen, dass Gen A innerhalb des Erdbeergenoms für das Wachstum verantwortlich ist, kann Gen A so modifiziert werden, dass es stärker exprimiert und somit die Menge des Produkts von Gen A erhöht wird. In diesem hypothetischen Beispiel würde die Erdbeere umso größer werden, je mehr von Gen-A-Produkt entsteht. In anderen Situationen kann es vorteilhaft sein, die Expression eines bestimmten Gens zu reduzieren oder ganz auszuschalten.

Alternativ wurden neue Techniken entwickelt, die als Gen- oder Genomeditierung bezeichnet werden, wie in Kap. 9 beschrieben. Diese ermöglichen Wissenschaftlern, sehr präzise Veränderungen (Genmodifikationen) vorzunehmen, um spezifische Gene zu verändern, die mit bestimmten Merkmalen von Interesse verknüpft sind. So ermöglicht die Kombination aus mehr Wissen über die Genetik von Pflanzen und Nutztieren und neuen Techniken zur Genmodifikation die sehr schnelle Entwicklung von Saatgut oder Nachkommen mit einem spezifischen gewünschten Merkmal.

Die Hauptunterschiede zwischen traditioneller Züchtung und genetischer Modifikation sind die Fähigkeit, diskrete Gene zu verändern, und das Ausmaß der Veränderung. Ähnlich wie bei traditionellen Züchtungsprozessen kann jedoch die Veränderung des genetischen Make-ups einer Pflanze oder eines Nutztiers, selbst eines einzelnen Gens, zu unerwarteten Folgen führen, da das Gleichgewicht der Gene (und ihrer entsprechenden Proteine) verändert wird. Nach Einführung eines neuen Gens verliert das Genom möglicherweise die Fähigkeit, zu kontrollieren, wann das neue Genprodukt ein- und ausgeschaltet wird, und daher entwickeln sich die Eigenschaften dieser Pflanze oder dieses Nutztiers nicht wie beabsichtigt.

Genetisch verändert (GV), genetisch veränderter Organismus (GVO) und genetisch editiert (GE) sind Begriffe, die allgemein synonym verwendet werden, um auf die Verwendung von Gentechnologien zur Veränderung der natürlichen genetischen Zusammensetzung von Pflanzen und Nutztieren hinzuweisen. Neben Lebensmitteln können diese Technologien auch für andere Zwecke wie Umweltwissenschaften und Schädlingsbekämpfung angewendet werden. Das Feld hat einige Kontroversen hervorgerufen, die am Ende dieses Kapitels diskutiert werden. Insbesondere kann die Gentechnologie zur Schaffung neuer oder verbesserter Eigenschaften von Lebensmitteln unvorhergesehene Risiken für Menschen und/oder die Umwelt verursachen.

Wie viele gentechnisch veränderte Kulturpflanzen gibt es?

Im Jahr 1990 wurde das erste GV-Produkt, Chymosin, von der FDA für die Produktion von Käse zugelassen. Chymosin ist der aktive Bestandteil von Lab, einem Enzymkomplex, der zur Gerinnung von Milch verwendet wird. Vor dem GV-Chymosin wurde das Enzym aus Kälbermagen gewonnen. GV-Chymosin wurde entwickelt, um die für die Käseproduktion benötigte Verfügbarkeit zu erhöhen – obwohl es in Bakterien produziert wird, unterscheidet es sich nicht von natürlichem Chymosin. Heute werden 80–90 % des in den USA produzierten Käses mit GV-Chymosin geronnen.

Die erste GV-Kulturpflanze wurde 1996 zugelassen und angepflanzt. Bis 2018 wurden fast 500 Millionen Acres (oder fast 200 Millionen Hektar) GV-Kulturen in 26 Ländern angebaut, die meisten davon in den USA, Brasilien und Argentinien. Die meisten der heute kommerziell angebauten GV-Kulturen sind pestizid- oder insektenresistent und viele sind nicht für den menschlichen Verzehr bestimmt (zum Beispiel Tierfutter). Die vier am häufigsten angebauten GV-Kulturen sind Sojabohnen, Mais, Baumwolle und Raps. Laut dem Economic Research Service des USDA waren im Jahr 2000 in den USA 25 % des Mais GV; im Jahr 2019 waren 92 % des Mais GV. Ebenso ist der größte Teil (98 %) der in den USA angebauten Baumwolle GV.

Beispiele für gentechnisch veränderte Kulturpflanzen und Nutztiere

Es gibt eine breite Palette von GV-Kulturpflanzen und Nutztieren, die aus einer Vielzahl von Gründen entwickelt wurden. Die Öffentlichkeit assoziiert die Verwendung von GV-Technologie meist mit der Verbesserung von wünschenswerten Eigenschaften von Lebensmitteln (zum Beispiel Geschmack, Größe, Aussehen) oder mit der Reduzierung des Pestizideinsatzes, es ist jedoch eine Vielzahl weiterer Anwendungen in der Entwicklung. Zum Beispiel sind Lebensmittelverfügbarkeit und -zugänglichkeit ein Anliegen angesichts der wachsenden Weltbevölkerung. Forscher untersuchen die Verwendung von GV-Technologien zur Steigerung des Ertrags, der Robustheit der Pflanzen, der Fruchtgröße usw., um zu erwartende Lebensmittelknappheiten zu bewältigen. Viele GV-Pflanzen werden nicht für den direkten menschlichen Verzehr produziert, sondern indirekt für Produkte wie Maisstärke, Maissirup oder Speiseöl. Nicht alle erreichen den Markt, aber diese Beispiele unterstreichen die Bandbreite an Möglichkeiten.

Verbesserter Geschmack, Aussehen und Größe

Flavr-Savr-Tomate

Eines der ersten GV-Produkte, das entwickelt wurde, aber nicht mehr im Umlauf ist, war die Flavr-Savr-Tomate. Traditionell werden Tomaten geerntet, wenn sie noch grün und fest sind, und reifen nach der Ernte durch chemische Behandlung, um Quetschungen und Verrottung während des Transports zu vermeiden. Die Flavr-Savr-Tomate wurde entwickelt, um den natürlichen Reifungsprozess zu verändern, sodass sie am Strauch reift und nach der Ernte und dem Transport zu den Märkten fest bleibt. Anstatt ein neues Gen in das Tomatengenom einzufügen, modifizierte das kalifornische Biotechnologieunternehmen Calgene einen Tomatenstamm so, dass die Pflanze wesentlich weniger oder gar kein spezifisches Genprodukt erzeugt, das am natürlichen Reifungsprozess beteiligt ist. Ohne das Genprodukt wird der Reifungsprozess gestoppt.

Im Jahr 1994 wurde die Flavr-Savr-Tomate von der FDA zugelassen. Die GV-Tomaten wurden zunächst unter der Markenbezeichnung MacGregor's Tomaten verkauft und als „aus Flavr-Savr-Samen gewachsen“ gekennzeichnet, aber auf dem Etikett wurde nicht ausdrücklich darauf hingewiesen, dass sie genetisch verändert waren. Die Verbraucherreaktion war zunächst positiv, ging aber schnell zurück. In weniger als einem Jahr stellte MacGregor den Verkauf der Flavr-Savr-Tomate ein. Vermutlich trug eine Kombination von Faktoren zu ihrem Verschwinden vom US-Markt bei, einschließlich der Tatsache, dass sie teurer waren als nicht-GV-Tomaten und sie nicht als besonders geschmackvoll befunden wurden, sowie der zunehmenden öffentlichen Aufmerksamkeit für die Unsicherheiten hinsichtlich der gesundheitlichen Auswirkungen von GV-Lebensmitteln.

Im Jahr 1996 stimmten die Safeway-und-Sainsbury-Geschäfte zu, in Großbritannien Tomatenpüree auf Basis von Flavr Savr zu verkaufen. Im Gegensatz zum US-Etikett gab das britische Produkt klar an, dass das Tomatenpüree von genetisch veränderten Tomaten stammte und war billiger als die Nicht-GV-Konkurrenten. Ähnlich wie in den USA waren die Verkäufe zunächst ermutigend, gingen aber allmählich zurück und das Produkt wurde 1999 aus den Regalen genommen.

AquAdvantage Lachs

Im Jahr 2015 genehmigte die FDA einen Antrag, der von AquAdvantage Lachs eingereicht wurde. Dieser GV-Atlantiklachs trägt ein Gen, das für ein Wachstumshormon (vom verwandten Chinook-Lachs) codiert; zusätzlich fügten Wissenschaftler ein weiteres Stück DNA von einem anderen Fisch (dem Ozeanbarsch) ein, um zu steuern, wann das Gen eingeschaltet wird. Aufgrund der größeren Menge an Wachstumshormon kann der AquAdvantage Lachs schneller seine volle Größe erreichen. Der GV-Lachs darf nur in Fischfarmen mit einer Vielzahl an technischen und biologischen Schutzmaßnahmen gezüchtet werden und stellt daher keine Bedrohung für wilde Populationen dar.

GalSafe-Schweine

Im Jahr 2020 hat die FDA einen Antrag für ein genetisch verändertes Schwein genehmigt, das keinen Alpha-Gal-Zucker produziert. Dieses Molekül befindet sich normalerweise an der Außenseite von Schweinezellen. Personen mit Alpha-Gal-Syndrom oder anderen Erkrankungen dürfen kein Schweinefleisch und andere Fleischsorten essen, da sie auf Alpha-Gal-Zucker allergisch reagieren. Neben der Bereitstellung einer sicheren Nahrungsquelle können GalSafe-Schweine auch als Quelle für Medikamente wie das blutverdünnende Medikament Heparin dienen.

Durch Entfernung des Alpha-Gal-Allergens sind diese medizinischen Produkte sicher für Patienten mit Alpha-Gal-Syndrom. Produkte, die Komponenten von Schweinen (oder andere tierische Komponenten) enthalten, wie einige Arten von Make-up, können auch allergische Reaktionen aufgrund von Alpha-Gal verursachen. Somit kann das GalSafe-Schwein helfen, diese negativen Reaktionen zu reduzieren.

Insektenresistenz

Laut der US-Umweltschutzbehörde Agency wurden in den USA im Jahr 2012 fast 9 Milliarden US$ für Pestizide (einschließlich Herbizide, Insektizide, Fungizide und andere Pestizide) ausgegeben. Landwirte geben bis zu 4–5 % ihrer Gesamtkosten für Pestizide aus. Eine Reduzierung des Pestizideinsatzes kann vielen Gruppen zugutekommen – Landwirten, die zusätzliches Geld ausgeben müssen, um ihre Ernten zu retten, Lieferketten und Verbraucher, an die die Kosten weitergegeben werden, und Umwelt. Bei einigen Kulturen sind mehrmalige Pestizidanwendungen erforderlich.

Bt-Mais

Der europäische und südwestliche Maiszünsler ist eine besondere Plage für Landwirte und verursacht jährlich mehr als eine Milliarde Dollar an Verlusten durch Schäden und Kontrollkosten. Wissenschaftler entdeckten, dass ein im Boden vorkommendes Bakterium, *Bacillus thuringiensis (Bt)*, Proteine produziert, die für die Larve (Raupenstadium) des europäischen und südwestlichen Maiszünslers giftig sind. Die Larve, nicht der erwachsene Maiszünsler, verursacht die größte Zerstörung der Kulturen. Seit den 1960er-Jahren wurden *Bt*-Sprays und -Pulver erfolgreich gegen den europäischen Maiszünsler und andere Insektenschädlinge bei einer Vielzahl von Kulturen eingesetzt. Mehrere Anwendungen können notwendig sein, da die Toxine im Insektizid schnell im Sonnenlicht abgebaut oder vom Regen weggespült werden.

Nach der Aufnahme des bakteriellen Endotoxins aktivieren Verdauungsenzyme die toxische Form des Proteins. Das Toxin verursacht Löcher in der Darmwand, was zu massiven tödlichen Infektionen im Blutkreislauf oder Hunger führt. Es stellt kein Risiko für Tiere oder Menschen dar, da die Proteine, die benötigt werden, um das Endotoxin in seine aktive (schädliche) Form umzuwandeln, nicht vorhanden sind. Darüber konnte die

Beeinträchtigung anderer Insekten wie Käfer, Fliegen, Bienen und Wespen nicht nachgewiesen werden. Allerdings zögern Landwirte, Insektizide aufgrund der hohen Kosten und Umweltbedenken zu verwenden.

Das Gen, das für das *Bt*-Endotoxin kodiert, wurde schließlich entdeckt. Mittlerweile wurden GV-Maisstämme geschaffen, die das *Bt*-Endotoxin-Gen enthalten. Im Jahr 1996 wurde *Bt*-Mais eingeführt. Im Vergleich zu Insektiziden kann *Bt*-Mais bis zu 96 % der Maiszünslerlarven kontrollieren, während ein Insektizid etwa 67–80 % kontrolliert. Heute werden neben *Bt*-Mais auch *Bt*-Kartoffeln und *Bt*-Süßmais angebaut. Es gibt verschiedene Stämme von *Bt*-Mais, die auf andere Schädlinge, beispielsweise Maiswurzelbohrer, abzielen.

Herbizidtoleranz

Herbizide werden häufig von Landwirten zur Bekämpfung von Unkraut eingesetzt, das Ertrag und Qualität der Ernte durch Konkurrenz um Wasser, Bodennährstoffe und Sonnenlicht erheblich beeinträchtigen kann. Herbizide sind teuer und einige sind schädlich für die Umwelt. Von den 9 Milliarden US$, die 2012 in den USA für Pestizide (einschließlich Herbizide) ausgegeben wurden, wurden 58 % (5 Milliarden US$) speziell für Herbizide ausgegeben. Die Chemikalie Glyphosat ist ein häufig verwendetes Herbizid und hat sich als weniger umweltschädlich erwiesen. Es wirkt, indem es Proteine in Pflanzen deaktiviert, um sie zu töten. Da die meisten Pflanzen diese Proteine enthalten, unterscheidet Glyphosat nicht zwischen „guten" Pflanzen (Kulturpflanzen) und „schlechten" Pflanzen (Unkräuter) und ist deswegen auch als „Breitband-Killer" bekannt. Eine beliebte Marke heißt Roundup™, vermarktet von der Firma Monsanto, und wird sowohl von Landwirten als auch von Hausbesitzern verwendet. Mit dem Aufkommen der Gentechnik entwickelte Monsanto mehrere GV-Kulturen, die gegen ihr Roundup™-Herbizid resistent sind. Insbesondere wurde ein bakterielles Gen, das Resistenz gegen Glyphosat verleiht, in Sojabohnen eingeführt, sodass das Herbizid sicher auf Sojabohnenfeldern angewendet werden kann.

Der Einsatz von GV-herbizidtoleranten Kulturen reduziert den Einsatz von teuren und umweltschädlichen Pestiziden sowie das Pflügen zur Unterbrechung des Unkrautwachstums. Heute gibt es mehrere Roundup™-Ready-Kulturen einschließlich Sojabohnen, Mais, Raps, Luzerne, Baumwolle und Hirse.

Pharmazeutische Kulturpflanzen

Pharmazeutische Kulturpflanzen sind GV-Kulturpflanzen, die so modifiziert wurden, dass sie Medikamente oder Impfstoffe für den menschlichen Gebrauch produzieren. Da eine Reihe biotechnologischer Medikamente wie Insulin in Bakterien und anderen Organismen produziert werden, ist die Idee, Medikamente in Kulturpflanzen zu produzieren, nicht so abwegig. Wie andere GV-Kulturpflanzen sind Pharma-Kulturpflanzen oder pflanzlich hergestellte Pharmazeutika umstritten und die FDA hat bisher keine Medikamente oder andere Substanzen genehmigt, die in Pharma-Kulturpflanzen für den Einsatz als Pharmazeutika produziert wurden. Die Idee hinter dem Konzept ist, dass Medikamente billiger produziert und langfristig im Saatgut gelagert werden können, bis sie benötigt werden. Pharma-Kulturpflanzen können in den gleichen Regionen angebaut werden, in denen auch ihre Nahrungspendants angebaut werden, oft von den gleichen Landwirten. Reis, Mais, Gerste, Tabak und Färberdistel sind nur einige der Kulturpflanzen, die genetisch verändert wurden, um Medikamente wie Impfstoffe, menschliche Antikörper und menschliche Blutproteine zu produzieren. Eine Sorge, die aufgekommen ist, ist die mögliche Kontamination von Nahrungspflanzen und die Bedrohung der Lebensmittelversorgung.

Darüber hinaus sind verschiedene Nutztiere anfällig für Krankheiten, was die Möglichkeit aufwirft, Tiergenome zu modifizieren, um Infektionen zu reduzieren. Zum Beispiel ist die Afrikanische Schweinepest eine virale Krankheit, die in einigen afrikanischen Ländern große Probleme bei Schweinen verursacht. Einige Schweine sind aufgrund eines einzelnen Gens natürlich resistent gegen Infektionen. Wissenschaftler haben dieses Gen von resistenten Schweinen in Hausschweine eingeführt, um eine resistente Rasse zu schaffen.

Goldener Reis

Reis ist für die Hälfte der Weltbevölkerung ein Grundnahrungsmittel und die Reisproduktion steigt stetig weiter. Im Jahr 2003 wurden 395 Millionen Tonnen geschälter Reis produziert, was Reis zum zweitmeisten produzierten Getreide der Welt macht. Im Jahr 2018 wurden fast 500 Millionen Tonnen geschälter Reis produziert. West- und Ostasien produzieren den Großteil des weltweiten Reises, wobei China und Indien allein mehr als 50 % der gesamten Reisproduktion ausmachen (China und Indien konsumieren auch die höchsten Mengen).

Da Reis die Hauptquelle an Kalorien für viele Menschen ist, insbesondere für diejenigen, die in Ländern mit niedrigem Einkommen leben, ist der Nährwert von Reis ein wichtiger Faktor für die Gesundheit vieler Bevölkerungsgruppen. Reis ist reich an komplexen Kohlenhydraten und eine gute Quelle für viele Vitamine und Mineralien; jedoch geht ein Großteil des Nährwerts durch den Schälprozess verloren. Daher fordert die US-Gesetzgebung, dass weißer Reis mit den Vitaminen B1 und B3 sowie mit Eisen angereichert wird.

Das Fehlen von Vitamin A im Reis hat zu Vitamin-A-Mangel in vielen Teilen der Welt beigetragen, was zu Millionen von Fällen schwerer Augenprobleme einschließlich dauerhafter Blindheit und ein bis zwei Millionen Todesfällen jährlich führt. Anfang der 1990er-Jahre begannen europäische Wissenschaftler damit, einen gängigen Reisstamm genetisch zu verändern, damit dieser den Provitamin-A-Nährstoff Beta-Carotin produziert. Dazu fügten sie drei Gene ein – zwei aus dem Narzissengenom und eines aus einem bakteriellen Genom. Die Zugabe dieser Gene führt zur Produktion von Lycopin (Tomaten sind reich an dieser Substanz), das von Enzymen, die natürlicherweise im Reis enthalten sind, in Beta-Carotin umgewandelt wird (was dem Reis eine goldene Farbe verleiht). Ende der 1990er-Jahre wurde „Goldener Reis" der Welt vorgestellt und als großer Durchbruch für die Biotechnologie gefeiert. Seitdem haben Wissenschaftler ein viertes Gen hinzugefügt, diesmal aus dem Maisgenom, um die Produktion von Beta-Carotin näher an die empfohlene Tagesdosis zu bringen.

Goldener Reis stellt ein Beispiel für Bioanreicherung im Vergleich zu aktuellen Praktiken der Anreicherung von Pflanzen- und Milchprodukten dar. Andere Sorten sind in Entwicklung, einschließlich Goldener Weizen, Goldene Baumwolle und Goldene Kartoffel.

Seit 2017 haben mehrere Länder die Produktion von Goldenem Reis genehmigt, darunter die Philippinen, Australien, Kanada, Neuseeland und die USA. Dies stellt einen großen Schritt nach vorn dar und könnte schließlich dazu führen, dass Landwirte Goldenes Saatgut nutzen.

Tabak mit reduziertem Nikotingehalt

Es ist allgemein bekannt, dass Nikotin in Tabakprodukten Sucht und Abhängigkeit fördert. Was wäre, wenn es eine Möglichkeit gäbe, den Nikotingehalt so weit zu senken, dass er für den Menschen nicht schädlich ist? Die genetische Veränderung von Genen, die an der Nikotinproduktion beteiligt sind, könnte Tabak mit reduzierten Nikotinmengen ergeben.

Wissenschaftler eines Unternehmens namens Vector Tobacco in North Carolina haben genau das getan, indem sie einen GV-Tabakstamm entwickelt haben, der deutlich reduzierte Nikotinmengen produziert. Nach dem gleichen Ansatz wie bei der Herstellung der Flavr-Savr-Tomate reduzierten die Wissenschaftler die Aktivität eines für die Produktion von Nikotin und verwandten Substanzen wichtigen Gens. Bekannt als Vector 21–41, wurde dieser GV-Tabakstamm Ende der 1990er-Jahre in mehreren Bundesstaaten, darunter Hawaii, Illinois, Mississippi und Louisiana, getestet. Das USDA stellte fest, dass es die Kriterien erfüllte, um als „nicht regulierter" GV-Anbau eingestuft zu werden. Im Jahr 2003 stellte Vector Tobacco Zigarettenmarken mit niedrigem Nikotingehalt und ohne Nikotin namens Quest her. In drei Nikotinstufen erhältlich, sollten Quest-Produkte Rauchern helfen, schrittweise nikotinfreies Rauchen zu erreichen. Dieses Produkt wurde 2010 eingestellt, aber die Forschung zur Untersuchung von GV-Tabak geht weiter.

Impfstoffe

Infektionskrankheiten bleiben eine Hauptursache für Morbidität in vielen Ländern mit niedrigem Einkommen. Impfstoffe können die mit diesen Krankheiten verbundene Morbidität und Mortalität erheblich reduzieren. Die Kosten für Entwicklung, Produktion und Lieferung stellen jedoch große Herausforderungen für die Bereitstellung dieser Medikamente für diejenigen dar, die sie am dringendsten benötigen. Die Idee eines essbaren Impfstoffs wurde entwickelt, um Impfstoffe leicht durch Grundnahrungsmittel zu produzieren und zu verteilen. Zum Beispiel wurden Bananen genetisch verändert, um einen Impfstoff gegen *E.-coli-* und *Vibrio-cholera*-verursachten Durchfall zu erhalten. GV-Tomaten wurden ebenfalls entwickelt, um einen essbaren Impfstoff gegen das Hepatitis-B-Virus zu produzieren. Tierstudien zeigten, dass GV-Kartoffeln und GV-Luzernen geeignet sind, eine Immunantwort gegen Durchfall und Cholera zu erzeugen.

Genetisch veränderte Enzyme für die Lebensmittelproduktion

Die Lebensmittelherstellung erfordert viele Zutaten und Schritte zur Erzeugung des Endprodukts. Viele Lebensmittel bestehen aus einer Vielzahl von Zutaten (lesen Sie einfach das Etikett eines beliebigen verpackten

Produkts), einschließlich natürlicher Zutaten und anderen, die gekauft oder durch eine Reihe von Schritten hergestellt werden können. Für einige Dinge, wie Käse, Brot und Bier und Wein, werden Enzyme benötigt, um die Zusammensetzung zu erreichen. Zum Beispiel kaufen wir Bäckerhefe, um zu Hause aus Mehl, Milch, Eiern und anderen natürlichen Zutaten Brot oder Zimtschnecken zu backen. Ebenso, aber in viel größerem Maßstab, benötigen Lebensmittelhersteller auch Enzyme zur Herstellung bestimmter Produkte. Daher stellen industrielle Enzymhersteller diese Enzyme in großen Mengen her und verkaufen sie an Lebensmittelhersteller sowie an Papier-, Textil- und Pharmaindustrie.

Möglicherweise gibt es verschiedene Versionen eines bestimmten Enzyms. Obwohl jede Version die gleiche chemische Reaktion durchführt, können sie leicht anders funktionieren. Zum Beispiel konvertiert ein Enzym namens Glukose-Isomerase die übliche Form von Zucker (Glukose) in eine andere Form (Fruktose) mit einem leicht süßeren Geschmack, die die Hauptzutat von High-Fructose-Maissirup ist. High-Fructose-Maissirup ist ein Süßungsmittel, das in vielen Produkten wie Limonade, Süßigkeiten, Konservenfrüchten und Säften verwendet wird. Bakterien haben natürlicherweise ein Gen für das Enzym Glukose-Isomerase, um Zellulose als Nahrungsquelle abzubauen. Verschiedene Bakterienstämme haben jedoch leicht unterschiedliche Versionen des Glukose-Isomerase-Gens. Einige Bakterien, die Thermophile genannt werden, leben in sehr warmen Umgebungen und können bei hohen Temperaturen überleben (was bedeutet, dass ihre Enzyme bei hohen Temperaturen funktionieren müssen, was auch eine notwendige Bedingung von einigen Lebensmittelherstellungsprozessen ist). Daher haben Wissenschaftler die Eigenschaften von Glukose-Isomerase aus Thermophilen und anderen Bakterienstämmen untersucht, um effizientere und stabilere Versionen des Enzyms für verschiedene Bedingungen in der Lebensmittelherstellung zu finden. Um eine gegebene Version zu bewerten, können Wissenschaftler untersuchen, wie das Enzym unter verschiedenen Bedingungen arbeitet. Sobald ein passender Stamm gefunden ist, kann das Enzym durch den nativen Bakterienstamm in großen Mengen produziert werden oder das Gen wird in eine andere Art von Bakterium (wie *E. coli*) eingefügt, das leicht gezüchtet werden kann. Das Enzym wird aus den Bakterien extrahiert, gereinigt und an Lebensmittelhersteller verkauft.

Gene, die für Glukose-Isomerase oder andere Enzyme codieren, können modifiziert werden, um die Effizienz, die Stabilität oder andere Eigenschaften des Enzyms zu verbessern. DNA-Sequenzen können hinzugefügt oder modifiziert werden, um die Eigenschaften des Enzyms zu ändern, damit es unter bestimmten Lebensmittelverarbeitungsbedingungen besser funktioniert. So kann es sein, dass Lebensmittelhersteller zwar ausschließlich „natürliche" Zutaten für ihre Produkte verwenden, unter diesen jedoch GV-Enzyme sind.

Regulierungsaufsicht bei gentechnisch veränderten Lebensmitteln

In den USA überwachen drei Bundesbehörden die Zulassung und die Verwendung von GV-Pflanzen, -Tieren und -Produkten: die Food and Drug Administration (FDA), das US-Landwirtschaftsministerium (USDA) und die Umweltschutzbehörde (EPA). Jede Behörde hat eine spezifische Funktion: Die FDA überwacht die Sicherheit und Kennzeichnung aller aus GV-Pflanzen gewonnenen Lebensmittel und Futtermittel; der Animal and Plant Health Inspection Service des USDA überwacht die Feldversuche mit neuen GV-Pflanzen; und die EPA überwacht Pflanzen, die Pestizide produzieren. GVO unterliegen in der Europäischen Union strengeren Regulierungen als in den USA. Der Überprüfungs- und Zulassungsprozess der FDA für GVO basiert auf Risiken. Es muss nachgewiesen werden, dass die GV-Pflanze oder das GV-Tier für den Verzehr durch Menschen und Tiere sicher ist und kein oder nur ein begrenztes Risiko für die Umwelt besteht. Aus regulatorischer Sicht muss das neue Produkt als im Wesentlichen äquivalent oder sehr ähnlich dem natürlichen Lebensmittel oder Vergleichsprodukt betrachtet werden können. Sicherheitsbeurteilungen berücksichtigen die physischen und/oder biologischen Maßnahmen, die entwickelt wurden, um die Auswirkungen auf die Umwelt zu minimieren. Physische Eindämmung kann beschränkte Orte umfassen, an denen GV-Pflanzen oder -Tiere angebaut werden können (zum Beispiel Fischfarm). Biologische Eindämmung bezieht sich auf Veränderungen, die am Organismus vorgenommen wurden, um die Fortpflanzung und die Ausbreitung der GV-Pflanze oder des GV-Tieres in die Wildpopulation zu verhindern, beispielsweise sterile Pflanzen oder Tiere.

Die Regulierungen werden ständig überarbeitet, da neue Erkenntnisse gewonnen und Technologien entwickelt werden. Im Jahr 2018 kündigte das USDA an, dass Pflanzen mit kleinen genetischen Veränderungen an ihren nativen Genen (DNA der Pflanze) oder die Einführung von Genen aus verwandten Pflanzenarten keiner Regulierung mehr unterliegen werden.

Produktkennzeichnung

In den USA war ursprünglich keine besondere Kennzeichnung von GV-Lebensmitteln erforderlich, da GV-Lebensmittel nicht als materiell unterschiedlich von ihren traditionellen Gegenstücken angesehen wurden. Im Lauf der Jahre haben sich jedoch mit wachsendem öffentlichen Bewusstsein die Kennzeichnungspolitiken geändert. Im Jahr 2016 wurde die Gesetzgebung zum National Bioengineered Food Disclosure Standard verabschiedet, die vorschreibt, dass Lebensmittel für Menschen, die GE enthalten, gekennzeichnet werden müssen, um anzuzeigen, dass sie biotechnisch hergestellt wurden. Das USDA wurde beauftragt, einen verpflichtenden Standard für die Offenlegung einzuführen, dass ein Lebensmittel biotechnisch hergestellt wurde. Im Jahr 2018 erließ das USDA eine Verordnung zur Umsetzung dieses Gesetzes. In der Europäischen Union müssen alle Produkte, die mehr als 0,9 % eines zugelassenen GVO enthalten, ebenfalls gekennzeichnet werden. Einige Hersteller haben sich dazu entschieden, ihre Produkte als GVO-frei zu kennzeichnen (Abb. 12.2).

Öffentliche Meinung und Debatte über GV-Lebensmittel

Wie bereits erwähnt, wurden GV-Technologien neben der Anwendung bei Pflanzen und Nutztieren für viele verschiedene Zwecke eingesetzt. Der Einsatz von GV-Technologien ermöglichte in den frühen 1980er-Jahren die Produktion von Insulin, der dringend benötigten Behandlung für Diabetiker (denken Sie daran, dass Insulin vor der Produktion durch Biotechnologie aus Tieren für den medizinischen Gebrauch extrahiert werden musste; Kap. 6). Obwohl es in den 1970er-Jahren, als diese Methode erst-

Abb. 12.2 Beispiele für einige Labels, die auf Produkten verwendet werden, um anzuzeigen, dass sie keine GVO-Zutaten enthalten. (Quelle: Adobe Photo Stock)

mals eingeführt wurde (vor der erfolgreichen Entwicklung von menschlichem Insulin), eine frühe Opposition gegen die Verwendung von Biotechnologien gab, schienen viele der Bedenken mit dem Ausbleiben gemeldeter Schäden zu verschwinden. Ähnlich verhielt es sich, als die ersten GVO zum Verkauf zugelassen wurden: Ein Teil der Öffentlichkeit war vehement dagegen. Obwohl die Akzeptanz zu steigen scheint, vielleicht aufgrund der begrenzten Nachweise von Schäden, sind einige Gruppierungen heute immer noch dagegen.

Die Darstellung von GVO als „Frankenfoods" in den frühen 1990er-Jahren wirkte sich sehr negativ auf die Öffentlichkeit aus: GVO wurden als unnatürlich, beängstigend und als Schöpfung rücksichtsloser Wissenschaftler dargestellt. Bevor die Öffentlichkeit ein echtes Verständnis für die Wissenschaft, potenzielle Vorteile und Nachweise von Schäden durch GVO bekommen konnte, lösten die Bilder und die Sprache in Bezug auf GVO Ängste aus und führten in einigen Ländern zu einer Gegenreaktion. Organisationen, die gegen GVO sind, und Anti-GVO-Aktivisten organisierten Proteste, verbrannten und zerstörten Felder mit GV-Pflanzen und drängten Regierungen dazu, die Genehmigung oder Einfuhr von GV-Pflanzen zu blockieren. Der Widerstand war in Teilen Afrikas, Asiens und Westeuropas stärker als in den USA.

Es gibt mehrere Gründe für die Debatten um GV-Lebensmittel. Generell kann man sie in drei Hauptbereiche einteilen: 1) Umweltbedenken, 2) Gesundheitsbedenken und 3) ethische Fragen im Zusammenhang mit der genetischen Veränderung und Züchtung von Pflanzen und Nutztieren.

Umweltbedenken

Zur Verwendung von GM-Pflanzen und -Nutztieren wurden mehrere Umweltbedenken geäußert. Am stärksten wäre wahrscheinlich das Ökosystem in der Nähe der GV-Pflanzen betroffen, potenziell können sich auch nachgelagerte Effekte zeigen. Es ist nicht möglich, die Auswirkungen von GV-Pflanzen auf jeden Organismus in einem Ökosystem zu bewerten und daher können nach der Genehmigung der GV-Pflanze oder des GV-Nutztieres potenziell negative Auswirkungen auftreten. Es wird viel Forschung betrieben, um die Umweltauswirkungen auf bestimmte Pflanzen und Arten zu bewerten. In den Anfangstagen der GV-Technologie wurde an der Cornell University eine kleine Studie durchgeführt, die ergab, dass Monarchfalter unter Laborbedingungen möglicherweise durch den Verzehr von *Bt*-Maispflanzenpollen geschädigt werden könnten. Im Jahr 2001 veröffentlichten Wissenschaftler des USDA eine Reihe von Studien, die keinen Effekt auf Monarchfalter unter natürlichen Feldbedingungen zeigten, woraufhin sich die öffentliche Aufregung über die ursprünglichen Ergebnisse legte. Diese Art von scheinbar widersprüchlichen Ergebnissen tritt in der Wissenschaft häufig auf, wenn Forscher beginnen, eine spezifische Frage zu untersuchen und neue Methoden zur Bewertung von Schäden zu entwickeln und frühere Studien zu wiederholen und zu erweitern.

Andere mögliche Folgen könnten aus unerwarteter Kreuzung entstehen. Zum Beispiel könnte sich, obwohl das unwahrscheinlich ist, ein Unkraut mit *Bt*-Mais kreuzen und einen neuen Unkrautstamm erzeugen, der dann resistent gegen das Glyphosat-Herbizid ist. *Bt*-Mais oder anderen Stämme könnten eine Insektizidresistenz entwickeln, die alle Vorteile dieser Pflanzen zunichte machen würde. Wie bei jeder Pflanzenart können sich auch in GVO Änderungen in der DNA ergeben, die die Krankheitsanfälligkeit, das Wachstum oder andere Eigenschaften beeinflussen können, was sie weniger effizient machen würde.

Trotz Hunderter genehmigter GV-Pflanzen gibt es nur begrenzt Nachweise für Umweltschäden. Eine Folge, die jedoch bestätigt wurde, ist die Entwicklung von Resistenzen bei Schädlingen und Unkräutern gegenüber GV-Pflanzen. Zum Beispiel wurden einige Fälle gemeldet, in denen Insekten wie der Maiszünsler eine Resistenz gegen *Bt*-Pflanzen entwickelten. Dies kann auftreten, wenn ein Insekt sich durch genetische Veränderungen an seine neue Umgebung anpasst und es ihm so ermöglicht, *Bt*-Pflanzen zu fressen, ohne zu sterben. Diese vorteilhafte genetische Veränderung kann dann in einer Population fortbestehen, wodurch ein neuer resistenter Stamm entsteht.

Gesundheitsbedenken

Zu den wichtigsten Gesundheitsbedenken für den Menschen gehört die Möglichkeit, dass GV-haltige Lebensmittel Allergien oder andere negative Auswirkungen aufgrund von Toxizität oder einer Immunreaktion verursachen könnten. Wenn Gene einer Art in eine andere eingebracht werden, könnten Personen mit einer Allergie gegen die Herkunft des Gens (zum Beispiel Erdnüsse) eine allergische Reaktion auf das GV-Lebensmittel entwickeln. Die Herkunft des Gens im GV-Produkt wird möglicherweise nicht auf dem Etikett angegeben. In anderen Fällen könnten einige Personen eine Art von Immunreaktion entwickeln, wenn der Körper das neue Protein nicht erkennt oder abbaut.

Weitere mögliche Bedenken, die sich aus dem Verzehr von GVO ergeben, stehen im Zusammenhang mit der Entwicklung von Antibiotikaresistenzen. Dieses Problem ist etwas anders gelagert als beim Einsatz von Antibiotika in der Tierhaltung. Im Zusammenhang mit GVO verwenden Wissenschaftler häufig Antibiotikaresistenzgene bei der Manipulation von DNA. Um festzustellen bzw. messen zu können, ob die zusätzliche DNA in den Zellen des Organismus angekommen ist, fügen die Wissenschaftler noch ein zusätzliches Stück DNA hinzu, das zum Beispiel für einen fluoreszierenden Marker oder eben eine Antibiotikaresistenz codiert. Bei einem fluoreszierenden Marker würden die manipulierten Zellen ein fluoreszierendes Licht erzeugen (denken Sie an das Licht, das ein Glühwürmchen ausstrahlt). Wird ein Antibiotikaresistenzgen verwendet, prüfen die Wissenschaftler die manipulierten Zellen, ob sie in An- oder Abwesenheit eines Antibiotikums wachsen. Ist das Antibiotikaresistenzgen vorhanden ist, wachsen die Zellen in Anwesenheit des Antibiotikums, ist es nicht da ist, wachsen die Zellen nicht.

Es ist möglich, dass diese Gene auf Menschen oder Organismen in der Umwelt „übertragen“ werden können, die die GVO-Pflanze oder das GVO-Tier konsumieren. Diese Phänomen, das als horizontaler Gentransfer bezeichnet wird, wurde beispielsweise zwischen Bakterien nachgewiesen, aber noch nie nach dem Verzehr eines GVO-Lebensmittels. Wenn Antibiotikaresistenzgene in GVO auf Bakterien übertragen werden würden, könnten sie möglicherweise Antibiotikaresistenz erwerben. Antibiotikaresistente Bakterienstämme (unabhängig von GVO) stellen eine zunehmende Bedrohung für die menschliche Gesundheit dar, da aktuelle Antibiotikabehandlungen bei infizierten Patienten möglicherweise nicht wirken. Für Pflanzen oder andere Tiere in der Umwelt wird angenommen, dass der horizontale Gentransfer äußerst selten ist.

Ethische Bedenken

Es gibt die wiederkehrende Frage bezüglich menschlicher Eingriffe in die natürliche Welt. Gehen Wissenschaftler zu weit, indem sie Kulturen manipulieren und Gene von einer Art auf eine andere übertragen, um menschlichen Vorlieben gerecht zu werden oder Umweltschäden zu reduzieren? Beschleunigen sie nicht in Wirklichkeit nur einen ansonsten natürlichen Prozess zur Auswahl besonders wünschenswerter Eigenschaften durch Modifikation innerhalb der DNA einer Art, wie zum Beispiel bei der Flavr-Savr-Tomate oder bei nikotinfreien Zigaretten? Ist es akzeptabel, Tiergene gegen Tiergene und Pflanzengene gegen Pflanzengene auszutauschen, aber inakzeptabel, Gene zwischen Tieren und Pflanzen zu mischen? Wo ziehen wir die Grenze, um zu verhindern, dass jemand zu weit geht? Oder hat die GV-Technologie bereits die Grenzen überschritten, die wir als Gesellschaft ziehen wollen? Einfach ausgedrückt: Nur weil wir etwas tun können, sollten wir es auch tun?

Es gibt viele Fragen und, je nachdem, wen Sie fragen, eine breite Palette von Antworten, jedoch keine klaren Lösungen.

Schlussfolgerung

Zurück im Supermarkt, läuft die Entscheidung auf persönliche Vorlieben hinaus? Was leitet die Menschen eher: Umweltbedenken, Nährwert, Geschmack, Qualität, Aussehen oder Angst vor dem Unbekannten oder potenziellen Schäden? Wenn Sie die Wahl hätten, wie würden Sie die Entscheidung treffen, ob Sie ein GV-Produkt kaufen oder nicht?

Die praktischen bzw. pragmatischen Umstände, die die Entwicklung von GV-Lebensmitteln, beispielsweise der Wunsch, den Pestizideinsatz zu reduzieren oder die Produktionsmengen zu erhöhen, um mehr Menschen zu ernähren, vorangetrieben haben, sind verständlich und lobenswert. Da die Weltbevölkerung weiter wächst, scheint es logisch, neue Technologien zu nutzen, um Hunger, Mangelernährung und damit verbundene Krankheiten zu lindern. Da wir weiterhin die Grenzen der Landnutzung ausreizen, wir gegen sich verschlechternde Bodenbedingungen durch Übernutzung oder Abträge kämpfen und die schädlichen Auswirkungen von Düngemitteln auf umliegende Ökosysteme versuchen zu reduzieren, erscheint es erneut nicht nur logisch, sondern auch klug, neue Technologien zu nutzen, um das aktuelle Wachstum und die Produktion zu erhalten und zu verbessern. Andererseits müssen die Vorteile, die durch die Gentechnik erzielt werden können, nicht nur gegen die ethischen Bedenken, sondern auch gegen den Drang, sorgfältige wissenschaftliche Experimente und Tests einschließlich Umwelt- und Humanstudien zu beschleunigen und die Notwendigkeit, die Öffentlichkeit über diese Produkte aufzuklären, abgewogen werden. Ein Teil der Ablehnung gegenüber GV-Lebensmitteln könnte darauf zurückzuführen sein, dass die Daten nicht gesammelt oder offen an die Öffentlichkeit kommuniziert wurden.

Letztlich treffen wir die Entscheidung, diese Produkte wegen ihres verbesserten Geschmacks, Aussehens, Nährwerts, niedrigerer Kosten oder einfach aus Bequemlichkeit zu kaufen, auf der Grundlage unserer eigenen

Vorlieben und Werte. Für einige macht es absolut keinen Unterschied, dass ein Lebensmittel gentechnisch verändert wurde und es besteht kein Bedarf an einem speziellen Etikett, wenn das Lebensmittel als gleichwertig zu seinem natürlichen Produkt eingestuft wurde. Für andere kann die Tatsache, dass die Gene des Lebensmittels manipuliert wurden, ethische, religiöse oder einfach allgemeine Unruhe verursachen, trotz seiner nachgewiesenen Sicherheit. Die Zurückhaltung, GV-Lebensmittel zu essen, aufgrund der unbekannten Herkunft der Gene im modifizierten Lebensmittel ist bei Personen mit bestimmten Lebensmittelallergien (zum Beispiel Erdnussallergien), aus religiösen Gründen (zum Beispiel Muslime und Schweinefleisch) oder persönlichen Vorlieben (Vegetarier) leicht zu verstehen. Transparenz über GV-Lebensmittel und öffentliche Mittel können den Verbrauchern helfen, fundierte Entscheidungen zu treffen.

Literatur

U.S. Department of Agriculture. Biotechnology FAQs. Available at https://www.usda.gov/topics/biotechnology/biotechnology-frequently-asked-questions-faqs

U.S. Department of Agriculture. Economic Research Service. Adoption of Genetically Engineered Crops in the U.S. Available at https://www.ers.usda.gov/data-products/adoption-of-genetically-engineered-crops-in-the-us.aspx

U.S. Department of Agriculture. List of Bioengineered Foods. Available at https://www.ams.usda.gov/rules-regulations/be/bioengineered-foods-list

U.S. Food and Drug Administration. Understanding new plant varieties. Available at https://www.fda.gov/food/food-new-plant-varieties/understanding-new-plant-varieties

U.S. Food and Drug Administration. Agricultural Biotechnology. Available at https://www.fda.gov/food/consumers/agricultural-biotechnology

U.S. Environmental Protection Agency. Pesticides Industry Sales and Usage 2008–2012 Market Estimates. Available at https://www.epa.gov/pesticides/pesticides-industry-sales-and-usage-2008-2012-market-estimates

Ricepedia. Available at http://ricepedia.org/rice-as-food/the-global-staple-rice-consumers

Golden Rice Project. Available at http://www.goldenrice.org/

International Service for the Acquisition of Agri-biotech Applications. 2018. Global Status of Commercialized Biotech/GM Crops: 2018. ISAAA *Brief* No. 54. ISAAA: Ithaca, NY. Available at https://www.isaaa.org/resources/publications/pocketk/16/

US Department of Agriculture USDA (2018) Secretary Perdue Issues USDA Statement on Plant Breeding Innovation https://content.govdelivery.com/accounts/USDAAPHIS/bulletins/1e599ff

13

Reinigung der Umwelt

Umweltverschmutzung ist ein globales Problem, das mit Urbanisierung, Entwicklung und Reduzierung von natürlichen Flächen (Waldrodung) weiter zunimmt. Schadstoffe umfassen sowohl Schwermetalle als auch organische Verbindungen und können Boden, Luft und Wasser kontaminieren. Pflanzen, Tiere und Mikroorganismen, die in oder in der Nähe von kontaminierten Gebieten leben, können durch schädliche Auswirkungen aufgrund von Exposition oder Verzehr von verschmutzten Materialien beeinträchtig werden und die Auswirkungen können bis zur Spitze der Nahrungskette – dem Menschen – reichen.

Obwohl vielerlei Ansätze zur Überwachung und Dekontamination von verschmutzten Gebieten zur Verfügung stehen, haben das Ausmaß und die Reichweite des Problems die aktuellen Lösungen überholt. So wie genetische und genomische Technologien zur Verbesserung der Gesundheit des Menschen eingesetzt werden können, können sie auch zur Verbesserung der Umwelt und zur Bewältigung von Problemen aufgrund natürlicher Ursachen oder menschlicher Aktivitäten eingesetzt werden. Und wie bei medizinischen Anwendungen ist die Sicherheit das vorrangige Anliegen, das bei der Entwicklung einer gentechnischen Intervention zur Bewältigung eines Umweltproblems angegangen werden muss. Aber im Gegensatz zu einem einzelnen Patienten, kann eine gentechnische Intervention in einem Lebensraum oder einem Ökosystem mehr Sicherheiten (oder Kontrollen) erfordern, um unbeabsichtigte Schäden an anderen Arten in diesem Lebensraum und in anderen Lebensräumen zu begrenzen, sollte die Intervention möglicherweise zu anderen entfernten Lebensräumen, einschließlich

S. B. Haga, *Das Buch der Gene und Genome*, https://doi.org/10.1007/978-1-0716-3531-5_13

Menschen, getragen oder übertragen werden. Daher muss die Sicherheit genetischer und genomischer Technologien, obwohl sie großes Potenzial zur Bewältigung von Umweltproblemen haben, nachgewiesen werden und es müssen geeignete Kontrollen etabliert sein, um potenzielle Schäden zu begrenzen.

Anwendungen

Weltweit haben Verunreinigungen von Böden- und Wasser große wirtschaftliche, landwirtschaftliche und Umweltprobleme verursacht. Umweltprobleme können entweder natürlich sein (tier- oder pflanzenbasiert wie ein infektiöses Unkraut oder eine große Mückenpopulation) oder von menschlichen Aktivitäten herrühren (zum Beispiel Atommüll, Ölpest). Schwermetalle wie Zink, Blei, Quecksilber und Cadmium sind Nebenprodukte vieler Herstellungsprozesse in der petrochemischen, agrochemischen, Kohle- und Bergbauindustrie. Bekannt als anorganische Schadstoffe, kommen viele dieser Metalle überall in geringen Mengen vor, werden aber in höheren Konzentrationen für Ökosysteme und Menschen toxisch, wenn sie sich im Boden oder in Wasserwegen ablagern. Darüber hinaus tragen Stickstoff und Phosphor aus Düngemitteln und Tierabfällen zur Verschmutzung von Wasserwegen bei. Eine weitere Gruppe von Schadstoffen wird als organische Schadstoffe bezeichnet, oft abgekürzt aufgrund ihrer langen chemischen Namen wie polychlorierte Biphenyle (PCB). Organische Schadstoffe lösen sich nicht in Wasser und neigen dazu, sehr lange in der Umwelt zu verbleiben.

In vielen Fällen von Umweltverschmutzung kann das verunreinigte Gebiet mit herkömmlichen Methoden gereinigt werden, einschließlich der Entfernung von kontaminiertem Boden (Entsorgung in einer Deponie) oder Ex-situ-Sanierung, Bodenverbrennung, Bodenwäsche mit Chemikalien und Grundwasserbehandlungspumpen. Weitere Geräte können installiert werden, um die Menge an Verschmutzung zu reduzieren, wie Luft- oder Wasserfilter. Allerdings sind herkömmliche Methoden möglicherweise kostspielig und nicht sehr effektiv und/oder für einige Standorte oder Gebiete nicht anwendbar (beispielsweise könnten verschmutzte Gebiete zu groß sein). Darüber hinaus können Methoden zur Entfernung von Kontaminationen und Abfallprodukten wiederum zusätzliche Schadstoffe erzeugen oder anderen Schaden an Boden oder Wasser verursachen.

In den Umweltwissenschaften konzentriert sich ein großer Teil der Forschung auf die Entwicklung neuer Methoden und Technologien zur Erkennung, Überwachung und Dekontamination von Schadstoffen, die herkömmliche Methoden ergänzen oder ersetzen können. Insbesondere wurden biologische oder gentechnische Interventionen zur Kontrolle von Populationen und zur Schadstoffbeseitigung untersucht, um Risiken für die menschliche Gesundheit zu reduzieren und/oder den vorherigen Zustand des Lebensraums oder der Region wieder herzustellen. Ein Beispiel für eine aktuelle biologische Methode zur Förderung der Zersetzung ist ein Kompostbioreaktor oder ein komplexerer Kompostierungsprozess. Diese Methoden variieren in Kosten, Ausrüstung oder Einrichtungen, Zeit und Machbarkeit. Der Einsatz von Gentechnologien kann helfen, Barrieren zu überwinden, die von aktuellen Ansätzen zur Dekontamination aufgeworfen werden, obwohl sie auch selbst zu neuen Problemen führen können. Eine Auswahl von gentechnologischen Ansätzen, die derzeit untersucht werden, wird im nächsten Abschnitt beschrieben.

Schädlingsbekämpfung

Ein wichtiger Bereich der Umweltforschung ist die Bekämpfung von Schädlingen, insbesondere von Insekten, die als Träger (bekannt als Vektoren) fungieren und Krankheiten auf Menschen übertragen können (als vektorübertragene Krankheiten bezeichnet). Mücken sind häufig Träger vieler verheerender Krankheiten wie Malaria, Zika und Dengue-Fieber. Zecken sind Träger von Bakterien, die Lyme-Borreliose und Rocky-Mountain-Fleckfieber verursachen. Da einige Arten derzeit eine wichtige Rolle in bestimmten Ökosystemen spielen, müssen die Auswirkungen der Reduzierung oder Eliminierung einer Art sorgfältig auf breiter Ebene bewertet werden (sonst führt es möglicherweise zu einem weiteren Problem). Bei traditionellen Eingriffen werden chemischen Anwendungen (Pestizide) zur Reduzierung des Larvenwachstums (Ei), Fang/Köder und physikalische Barrieren (zum Beispiel Netze) zur Reduzierung der Populationsgröße und/oder der Interaktionen mit Menschen eingesetzt.

Ein Bereich der Genforschung zur Kontrolle von Schädlingspopulationen beinhaltet eine Technologie namens Gene Drive (Abb. 13.1). Ein Gene Drive ist eine Technik, die eine bestimmte Version eines Gens in die nächste Generation (oder Nachkommen) einführt. Während der natürliche Prozess (die Weitergabe der Genversion von den Eltern an die Nachkommen) völlig zufällig ist, ermöglicht ein Gene Drive die Weitergabe einer

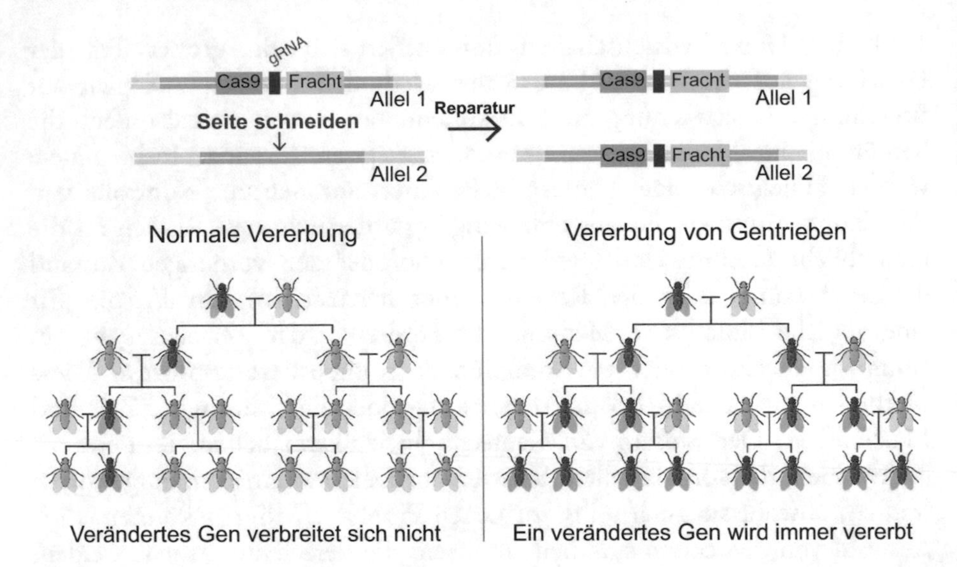

Abb. 13.1 Eine Darstellung, wie ein Gene Drive mit der CRISPR-Gentechnik erstellt wird und wie er funktioniert. (Quelle: Marius Walter, CC BY-SA 4.0 <https://creativecommons.org/licenses/by-sa/4.0, via Wikimedia Commons)

spezifischen Version des Gens an zukünftige Generationen. Wollte beispielsweise ein Forscher besonders große Erdbeeren züchten, würde ein Gene Drive für die spezielle Genversion für Größe oder Wachstum erstellt, die an jede neue Erdbeerernte weitergegeben wird. Ein Gene Drive nutzt die kürzlich entdeckte Geneditierungstechnik (genannt CRISPR – diskutiert in Kap. 9), die an das zu übertragende Gen angehängt wird. Als „Kopier- und Einfügefunktion" für Gene bezeichnet, wird ein Gene Drive das gewünschte Gen ausschneiden und einfügen.

Gene Drives wurden hinsichtlich der Kontrolle von Mücken untersucht. Da bestimmte Umweltbedingungen große Populationsschübe begünstigen können (zum Beispiel hoher Niederschlag), die Risiken einer erhöhten Verbreitung von vektorübertragenen Krankheiten für Menschen darstellen, könnte mithilfe eines Gene Drive die Fruchtbarkeit weiblicher Mücken reduziert werden, was die Zunahme der Mückenpopulation drastisch verlangsamen würde. Ein anderer Ansatz zur genetischen Kontrolle des Populationswachstums ist die Erhöhung der Anzahl männlicher Individuen in einer Population.

Ein weiterer Ansatz zur Schädlingsbekämpfung ist die Genmodifikation. Wie in Kap. 12 diskutiert, wurde sie umfangreich im Agrarsektor eingesetzt, um den physischen Zustand von Pflanzen und Tieren so zu verändern, dass sie bestimmte gesellschaftliche Nahrungsvorlieben (größere Erdbeeren) oder Bedürfnisse (größere Lachse) erfüllen. Die gleichen Techniken der Genmodifikation können verwendet werden, um ein Merkmal einer Art zu verändern, die für den Menschen schädlich ist. Zum Beispiel könnte eine Genmodifikation in Mücken, die deren Fähigkeit zur Übertragung eines infektiösen Pathogens (wie den Malaria-Parasiten) deaktiviert, enorme Vorteile für die menschliche Gesundheit haben, ohne das natürliche Ökosystem zu stören. Die Gesundheit und das langfristige Überleben der gentechnisch veränderten Arten müssen in Pilotstudien sorgfältig untersucht werden. Das Entfernen bestimmter Merkmale durch Genmodifikation verändert möglicherweise das langfristige Überleben dieser Individuen in einer Wildpopulation. Zum Beispiel könnten wilde Individuen Unterschiede erkennen oder wahrnehmen und die gentechnisch veränderten Individuen nicht zur Paarung auswählen.

Biologische Sanierung und biologischer Abbau

Traditionelle Reinigungsmethoden sind für großflächige Umweltverunreinigungen möglicherweise schlecht geeignet, was eine Nische für biologische Lösungen schafft. Zwei biologisch basierte Ansätze, die biologische Sanierung und der biologische Abbau, werden aktiv untersucht, da sie geringere strukturelle Schäden und Umweltschäden an einem Standort verursachen könnten, obwohl in manchen Fällen die Reinigung einen längere Zeitraum beansprucht. Bei der biologischen Sanierung werden Nährstoffe und andere Faktoren genutzt, um das Wachstum natürlich vorkommender Organismen zu beschleunigen, die helfen können, verschmutzte Gebiete zu entfernen oder zu entgiften. Ähnlich sind *Biostimulation* und *Bioaugmentation* Teile der gesamten Bemühungen zur biologischen Sanierung. Beim biologischen Abbau werden Organismen zur Zersetzung von Bestandteilen verschmutzter Gebiete eingesetzt.

Sowohl Pflanzen als auch Mikroorganismen wie Bakterien wurden als Lösungen zur biologischen Sanierung und zum biologischen Abbau untersucht, wobei Pflanzen als mögliche langfristige und nachhaltige Interventionen und Bakterien als schnell einsetzbare Lösung dienen. Die Zersetzung einiger Schadstoffe in eine ungiftige Form erfordert einen mehrstufigen Prozess; daher wird, abhängig vom Ausmaß der Verschmutzung, eine erhebliche Menge an Pflanzen oder Mikroorganismen benötigt. Mithilfe der Gentechnik können Pflanzen und Tieren verändert werden, um das Wachstum und die Effizienz des Abbauprozesses zu beschleunigen. Wird mehr als ein Gen für eine mehrstufige chemische Reaktion zum Abbau eines

Schadstoffs benötigt, können Ingenieure die Gesamteffizienz der Kette verbessern und die Geschwindigkeit und die Effizienz einer Reaktion „stärken“, indem sie weniger effiziente Komponenten der Reaktion ersetzen (denken Sie an ein Montageband oder passender, ein Demontageband). Eine chemische Reaktion beginnt mit einem Ausgangsmaterial (dem Schadstoff), den ich A nenne. A wird in eine andere Form namens B umgewandelt, die dann in C umgewandelt wird; jeder Schritt ergibt eine potenziell weniger toxische Form des Schadstoffs. Nachdem der letzte Schritt dieses chemischen Pfads erreicht ist, ist der Schadstoff abgebaut.

Bakterien

Es existieren eine Vielzahl von Bakterienarten, die sich in ungewöhnlichen Umgebungen entwickelten und an extreme Bedingungen angepasst haben, zum Beispiel an extreme Temperaturen, hohen Säuregehalt und knappe Nahrungsquellen. Neue Gentechnologien haben es Wissenschaftlern ermöglicht, Gene zu identifizieren, die einzigartig für diese Bakterien sind und sie mit diesen einzigartigen Überlebensvorteilen ausstatten. Wie sich herausstellt, sind sich einige dieser Gene nützlich für bestimmte Anwendungen wie biologischer Abbau oder biologische Sanierung.

Zur Lösung zweier großer Umweltprobleme – Ölverschmutzungen und die wachsende Bedrohung durch Plastikmüll – werden genveränderte Bakterien erforscht. Die verheerenden unmittelbaren und langfristigen Folgen von Ölverschmutzungen sind ausführlich dokumentiert. Ölkatastrophen aller Größen sind weltweit aufgetreten, obwohl die Zahl der Unfälle seit Mitte der 1970er-Jahre laut der International Tanker Owners Pollution Federation erheblich zurückgegangen ist. In jüngster Erinnerung sind die beiden großen Ölkatastrophen in US-Gewässern die Exxon-Valdez-Ölpest in Alaska im Jahr 1989 und die Explosion der Plattform BP Deepwater Horizon vor der Küste von Louisiana im Jahr 2010.

Eindämmung, Entfernung und Abbau sind die wichtigsten Strategien zur Bewältigung einer Ölkatastrophe. Die Eindämmung der Verschmutzung beinhaltet das Errichten von physikalischen oder mechanischen Barrieren, wie zum Beispiel einer Sperre, die das Öl auf einen begrenzten Bereich beschränkt und, wenn sie sich in der Nähe der Küste befindet, verhindern kann, dass das Öl dichter besiedelte Ökosysteme wie Sümpfe erreicht. Eine Sperre ähnelt einem langen Schwimmkörper, kann aber auch eine Art „Rock“ sein, der unter der Wasseroberfläche hängt, um das Öl in einem begrenzten Bereich einzufangen. Das eingefangene Öl wird abgepumpt, abgeschöpft oder mit Sorptionsmittel (ein Material, das Öl aufsaugt) aufgenommen.

Zusätzlich zu mechanischen und physikalischen Strategien stehen chemische und biologische Optionen zur Verfügung. Chemische Dispersionsmittel sind Substanzen, die Öl in kleinere Tröpfchen zerlegen. Obwohl es Diskussionen über Wirksamkeit (sie funktionieren in der Regel besser in wärmeren Gewässern und unmittelbar nach dem Auslaufen) und Umwelttoxizität gibt, wurden Dispersionsmittel zur Entfernung der Exxon-Valdez- und der Deepwater-Horizon-Ölpest eingesetzt. Die Untersuchung der bei der Deepwater-Horizon-Ölpest eingesetzten Dispersionsmittel zeigte, dass sie das Wachstum von natürlich vorkommenden Bakterien anregte, die sich von Öl ernähren können. Es gibt mehrere Arten von Bakterien, die im Wasser leben und Bestandteile von Erdöl (Öl) verdauen oder abbauen können. Moleküle, die als Kohlenwasserstoffe bezeichnet werden, sind Hauptbestandteile von Öl, und kohlenwasserstoffabbauende Bakterien, oder technischer ausgedrückt, hydrocarbonoklastische Bakterien, werden als Lösung für Ölverschmutzungen erforscht. Da diese Bakterien in der Natur nicht weit verbreitet sind oder nicht in ausreichender Menge vorkommen, um sich sofort auf einen sich schnell ausbreitenden Ölteppich einzuwirken, könnten biologische Sanierung und der Einsatz von bakterienfreundlichen Dispersionsmitteln das Wachstum anregen.

Alternativ könnten gentechnisch veränderte Bakterien entwickelt werden, um Öl schnell abzubauen – eine möglicherweise weniger toxische Lösung für Wildtiere und Lebensräume im Vergleich zu Dispersionsmitteln. Die ersten gentechnisch veränderten Bakterien wurden 1971 von Wissenschaftlern von General Electric angekündigt. Zu vielen Fragen wird aktuell geforscht, beispielsweise, wie schnell sich genveränderte Bakterien in die natürliche Umwelt eingliedern, wie schnell sie sich vermehren (um zu bestimmen, wie viele in einem bestimmten Bereich eingebracht werden sollten), und wie sie sich auf die Umwelt auswirken, wenn das Öl erheblich reduziert wurde oder sich verteilt hat. Zur Begrenzung schädlicher Auswirkungen auf die Umwelt, könnte ein Suizidgen in genveränderten Bakterien eingebaut werden, damit die Bakterien aufhören sich zu teilen, sobald die Nahrungsquelle verschwunden ist (zum Beispiel Öl). Darüber hinaus werden neue Mechanismen zur schnellen Anwendung oder Verteilung von ölabbauenden Bakterien erforscht. Zum Beispiel könnten gefriergetrocknete ölabbauende Bakterien eine schnelle und großflächige Einbringung ermöglichen, potenziell per Flugzeug oder Schiff.

Bakterien werden auch erforscht, um ein weiteres wachsendes Problem zu lösen: die riesigen Mengen an Kunststoffen, die die Ozeane verschmutzen.

Zum Beispiel wurden zwei Enzyme (Proteine) in Bakterien identifiziert, die Polyethylenterephthalat (PET), einen häufig in Lebensmittelverpackungen verwendeten Kunststoff, abbauen können.

Eine Art der biologischen Sanierung beinhaltet das Engineering sogenannter „bakterieller Mikrokompartimente. Diese Mikrokompartimente existieren natürlicherweise in Bakterien und fungieren als eine Art Lager- oder Reaktionsort. Daher sind die Inhalte der Mikrokompartimente vom Rest der Bakterienzelle getrennt, vielleicht als Schutz vor toxischen Substanzen. Das Engineering bakterieller Mikrokompartimente kann einen sehr speziellen Zweck haben: es ermöglicht Bakterien, bestimmte Schadstoffe in eigentlich toxischen Mengen aufzunehmen, abzubauen und zu speichern. Auch in Pflanzen können künstliche Mikrokompartimente, in denen sie durch die Wurzeln aufgenommene Schadstoffe speichern, zur Reduzierung toxischer Effekte geschaffen werden.

Das Engineering von Mikrokompartimenten in Bakterien werden nicht die strukturellen Komponenten künstlich geschaffen, sondern es werden die bakteriellen Gene, die für die Erstellung der Kompartimente verantwortlich sind, modifiziert. Wissenschaftler können auch die Enzyme (Proteine, die an chemischen Reaktionen beteiligt sind), die innerhalb spezifischer Mikrokompartimente vorhanden sind, so modifizieren, dass sie spezifische Schadstoffe abbauen.

Pflanzen

Phytoremediation bzw. Phytosanierung ist ein Prozess, bei dem Pflanzen Schadstoffe entfernen oder den Boden entgiften. Einige einheimische Pflanzenarten sind in der Lage, Schadstoffe über ihre Wurzeln aufzunehmen und sie auf diese Weise aus dem Boden zu entfernen. Moleküle, die als Transporter bezeichnet werden, transportieren die Schadstoffe zu anderen Bereichen innerhalb der Pflanze, wo sie abgebaut und/oder gespeichert werden. Gene, die für Moleküle codieren, die an der Aufnahme, am Transport, am Abbau und an der Speicherung von Substanzen beteiligt sind, können verändert oder in Pflanzen verstärkt exprimiert werden, um spezifische Aufgaben bei der biologischen Sanierung zu erfüllen. Zum Beispiel können Wissenschaftler Pflanzen so manipulieren, dass sie einen Absorptionsprozess entwickeln, der natürlicherweise nicht existiert, oder vielleicht einen natürlich vorhandenen verstärken. Die gentechnisch veränderten Pflanzen können in dem kontaminierten Gebiet gesät, geerntet und entsorgt werden. Für Wasserschadstoffe werden Algen als potenzieller Phytoremediator für verschmutzte Seen und Wasserwege erforscht.

Pflanzen können auch bei der biologischen Sanierung von Kunststoffen eingesetzt werden. Zum Beispiel arbeiten Wissenschaftler daran, Algen genetisch so zu verändern, dass sie zwei Schlüsselenzyme produzieren, mit dem Ziel, PET in Wasserwegen und Ozeanen abzubauen.

Biosensoren

Im Zusammenhang mit der Umwelt ist ein Biosensor eine biologisch basierte Methode zur Erfassung oder Erkennung von Substanzen, beispielsweise von Schadstoffen, die nicht leicht visuell oder durch Geruch identifizierbar sind. Darüber hinaus können Biosensoren auch zur Überwachung der Pflanzengesundheit eingesetzt werden, da viele gängige landwirtschaftliche Kulturen anfällig für Krankheiten sind, was Millionen von Dollars an Ernteverlusten kostet. Davon zu unterscheiden sind Biosensoren, die zu medizinischen Zwecken entwickelt wurden, um Moleküle im menschlichen Körper zu erkennen, die auf Krankheiten hindeuten. Die Bereiche Biologie und Nanotechnologie haben sich zusammengetan, um nanoinspirierte Biosensoren zu produzieren. Nanotechnologie bezieht sich auf die Entwicklung und Verwendung von sehr kleinen Geräten (gemessen in Nanometern; 1 cm entspricht 10.000.000 nm). Von der Nanotechnologie inspirierte Geräte werden für den Nachweis von pflanzlicher Virus- oder Pilz-DNA und von Molekülen bewertet, die in der Pflanze unter Stressbedingungen (Schadstoffe, Dürre usw.) freigesetzt werden. Es wurden nicht nur Pflanzenbiosensoren zur Erkennung von Umweltschadstoffen und Pflanzenkrankheiten entwickelt, sondern sie waren auch besonders nützlich bei der Aufklärung natürlicher Prozesse wie dem Pflanzenwachstum. Eine weitere Anwendung eines Biosensors besteht darin, Schadstoffe im Trinkwasser zu überwachen. Der Zugang zu sicherem Trinkwasser ist in vielen Teilen der Welt eine große Herausforderung.

Eine Art von Biosensor ist die sogenannte mikrobielle Brennstoffzelle. Mikrobielle Brennstoffzellen sind gleichbedeutend mit einer traditionellen Brennstoffzelle, außer dass sie typischerweise Bakterien (oder Hefe) und Sauerstoff als Brennstoff zur Erzeugung von elektrischem Stroms (anstelle von Brennstoff und Sauerstoff) verwenden. In einer mikrobiellen Brennstoffzelle unterstützen Mikroben die Umwandlung von chemischer Energie in elektrische Energie. Ist ein Schadstoff der Brennstoff, wird in Abhängigkeit vom Schadstoffgehalt Strom erzeugt. Folglich kann eine mikrobielle

Brennstoffzelle leicht als Biosensor fungieren, basierend auf dem linearen Zusammenhang zwischen der Menge an Schadstoff und der erzeugten Elektrizität. Obwohl es seit den 1900er-Jahren verschiedene Arten von mikrobiellen Brennstoffzellen gibt, wurden sie erst seit den 2000er-Jahren zur Entfernung von Abwasserverschmutzung und zur Erkennung von Schwermetallen und organischen Verbindungen eingesetzt (mikrobielle Brennstoffzellen können in Wasser- oder Bodenumgebungen arbeiten). Im Jahr 2018 berichteten Forscher über die erste papierbasierte Version einer mikrobiellen Brennstoffzelle. Dieser papierbasierte Sensor kann ohne Strom oder spezielle Reagenzien leicht überall eingesetzt werden und ermöglicht die Erkennung von bioaktiven Verbindungen in Wasserproben.

Genetisch codierte Biosensoren weisen bestimmte Substanzen durch eine biologische Reaktion nach, die durch die Produktion eines Proteins, zum Beispiel eines fluoreszierenden Proteins, ausgelöst wird, wenn es sich mit einem bestimmten Molekül im System verbindet. Beispielsweise sendet ein Kalzium-Biosensor, wenn er Kalzium erkennt und bindet, ein Signal aus, das leicht erkannt werden kann. In einigen Fällen zeigt das erzeugte Signal den Gehalt des spezifischen Moleküls in einer Pflanze, im Boden, im Wasser oder in einer anderen Umgebung an.

Bedenken

Wie bereits früher diskutiert, hat die Entwicklung von lebensmittelbezogenen GVO eine Reihe von Bedenken hinsichtlich der Sicherheit veränderter Pflanzen- und Tierarten für andere Pflanzen und Tiere in einem gegebenen Lebensraum sowie des sicheren Verzehrs durch Menschen aufgeworfen. Die gleichen Bedenken gelten auch für GVO, die für Umweltanwendungen entwickelt wurden (biologische Sanierung und Biosensoren). Im Gegensatz zu landwirtschaftlichen Umgebungen, die eingegrenzt oder umschlossen sind (zum Beispiel Gewächshäuser oder eine Fischfarm), werden bei der Sanierung und Überwachung GVO in natürlichen (nicht umschlossenen) Umgebungen eingesetzt. Daher sind die Sicherheitsbedenken hinsichtlich des natürlichen Lebensraums und der Ökosysteme größer und erfordern die Entwicklung interner Kontrollen, damit die GVO wieder aus der Umwelt verschwinden, beispielsweise einen Selbstzerstörungsmechanismus oder das Vorenthalten von lebensnotwendigen Nahrungsquellen. Umfangreiche Tests (Feldtests) sind erforderlich, um zu verstehen, wie gut die Intervention funktioniert und welche Umweltauswirkungen sie hat, einschließlich möglicher Schäden für den Menschen.

Neben Umweltschäden kann die unkontrollierte Ausbreitung eines gentechnischen Eingriffs zu Problemen führen, da er lokale oder nationale Grenzen überschreiten kann. Gemeinschaften, die einen solchen Eingriff nicht unterstützen oder verwenden möchten, haben eventuell keine Möglichkeit, die Ausbreitung zu kontrollieren oder zu blockieren. Die Vermischung gentechnisch veränderter Individuen mit Individuen der natürlich vorkommenden Art könnte Auswirkungen auf den Wirtschaftshandel (in Bezug auf die Landwirtschaft) haben, ethische oder religiöse Überzeugungen verletzen oder andere lokale Bedenken aufwerfen. Daher kann es äußerst schwierig sein, in einer großen Region einen Konsens über den Einsatz von gentechnischen Interventionen zu erzielen, was sich auf deren Einsatz insgesamt auswirkt.

Schlussfolgerung

Angesichts der vielen verschiedenen gentechnischen Verfahren, die derzeit evaluiert werden, ist mit weiteren Pilotversuchen oder deren Einführung in verschiedenen Regionen zu rechnen, um die unzähligen Umweltprobleme zu lösen, die es anzugehen gilt. Dennoch sind sorgfältige Bewertungen und Studien erforderlich, um die Sicherheit für Lebensräume und Ökosysteme sowie für Menschen zu maximieren. Offene Diskussionen, Transparenz und die Beteiligung von Gemeinschaften und Interessengruppen können zur Entwicklung akzeptabler Leitlinien und Protokolle beitragen sowie das lokale öffentliche Bewusstsein und die Unterstützung erhöhen.

Literatur

Rylott EL, Bruce NC. How synthetic biology can help bioremediation. Current Opinion in Chemical Biology 2020, 58:86–95. https://doi.org/10.1016/j.cbpa.2020.07.004

Burén S, López-Torrejón G, Rubio LM. Extreme bioengineering to meet the nitrogen challenge. Proc Natl Acad Sci U S A. 2018 Sep 4;115(36):8849–8851. https://doi.org/10.1073/pnas.1812247115.

Chouler J, Cruz-Izquierdo Á, Rengaraj S, Scott JL, Di Lorenzo M: A screen-printed paper microbial fuel cell biosensor for detection of toxic compounds in water. Biosens Bioelectron 2018, 102:49–56.

Lee et al. Biotechnological Advances in Bacterial Microcompartment Technology. Trends Biotechnol. 2019 Mar;37(3):325–336. https://doi.org/10.1016/j.tibtech.2018.08.006.

Kahn J. The Gene Drive Dilemma: We Can Alter Entire Species, but Should We? The New York Times Magazine. Available at https://www.nytimes.com/2020/01/08/magazine/gene-drive-mosquitoes.html?action=click&module=Editors%20Picks&pgtype=Homepage

Our World in Data. Oil Spills (2013). Available at https://ourworldindata.org/oil-spills

US National Oceanic and Atmospheric Administration. Who Thinks Crude Oil Is Delicious? These Ocean Microbes Do. Available at https://response.restoration.noaa.gov/about/media/who-thinks-crude-oil-delicious-these-ocean-microbes-do.html

Nina Dombrowski, John A. Donaho, Tony Gutierrez, Kiley W. Seitz, Andreas P. Teske, Brett J. Baker. Reconstructing metabolic pathways of hydrocarbon-degrading bacteria from the Deepwater Horizon oil spill. *Nature Microbiology*, 2016; 16057 https://doi.org/10.1038/NMICROBIOL.2016.57

McFarlin et al. Biodegradation of dispersed oil in Arctic seawater at −1 °C. PLoS One. 2014; 9(1): e84297. Available at https://www.ncbi.nlm.nih.gov/pmc/articles/PMC3885550/

14

Genetik und der Tatort: Genau wie im Fernsehen?

Ist es nicht eine Ironie des Schicksals, dass wir immer wieder mit einer Sache beginnen und dann an einem ganz anderen Ort enden, als wir begonnen haben? Manchmal stellt sich das als gute Sache heraus, manchmal nicht. Dieses Szenario tritt in der Wissenschaft häufig auf, weil wir nicht immer eine klare Vorstellung davon haben, wohin die Forschung uns führen wird. In der Wissenschaft führt die Beantwortung einer Frage nur zu vielen weiteren Fragen. So verlief auch die Geschichte des DNA-Fingerabdrucks und seiner nun routinemäßigen Verwendung in strafrechtlichen Ermittlungen.

Die Allgegenwart der DNA-basierten Identifikation, vom realen, Aufsehen erregenden O.J.-Simpson-Prozess bis hin zu Promi-Vaterschaftsklagen und zahlreichen fiktiven Fernsehkrimis, macht es schwer, sich an eine Zeit zu erinnern, in der wir uns nicht auf diese Technologie verlassen haben. Trotz ihrer heutigen Durchdringung ist die Verwendung der DNA-Identifikation in der Forensik relativ jung und geht auf die 1980er-Jahre zurück. Wie bei allen neuen Technologien haben sich DNA-basierte Identifikationstechnologien erheblich weiterentwickelt und es sind viele gesellschaftliche und ethische Bedenken geäußert worden.

S. B. Haga, *Das Buch der Gene und Genome,* https://doi.org/10.1007/978-1-0716-3531-5_14

Identifikationstests vor der DNA

Bereits in den 1920er-Jahren war die gängigste Art des Identitätstests die Blutgruppenbestimmung. Es gibt vier Blutgruppen: A, AB, B und 0. Diese Blutgruppen sind auf die Vererbung verschiedener Varianten eines einzelnen Gens zurückzuführen. Zum Beispiel hat eine Person mit Blutgruppe AB eine A-Version (oder Allel) von einem Elternteil und ein B-Allel vom anderen Elternteil geerbt. Da es nur vier Blutgruppen gibt, hat der Blutgruppentest keine hohe Ausschlussrate – mit anderen Worten, die Kenntnis der Blutgruppe kann nur etwa 30 % der Bevölkerung ausschließen. Daher kann der Test, selbst wenn eine positive Übereinstimmung zwischen einem Verdächtigen und einer Probe vom Tatort gefunden wird, eine Person nicht definitiv als Täter identifizieren, da die die einzelnen Blutgruppen häufig sind.

In den 1930er-Jahren wurde der Serumtest eingeführt – ein Test auf mehrere weitere Biomarker im Blut –, wodurch die Genauigkeit der Identifikation erhöht wurde. Viele dieser Marker werden klinisch vor Bluttransfusionen und Organtransplantationen getestet, um die Kompatibilität zwischen Spender und Empfänger zu bestimmen. Wie bei der Blutgruppe sind Unterschiede zwischen diesen Markern häufig und eher dazu geeignet, einzelne Personen auszuschließen.

In den 1970er-Jahren ersetzten zusätzliche Biomarker, die mit dem Immunsystem einer Person zusammenhängen und noch individueller sind, die vorherigen Biomarker. Bekannt als HLA-Marker, werden diese routinemäßig verwendet, um Spender und Empfänger für Organtransplantationen abzugleichen. Je besser die Übereinstimmung, desto wahrscheinlicher ist es, dass der Empfänger das Spenderorgan nicht abstößt. Deshalb ist der beste Spender oft ein naher Verwandter, da er die höchste Wahrscheinlichkeit hat, die gleichen HLA-Marker zu haben. Wiederum, abhängig davon, wie häufig der HLA-Marker in der allgemeinen Bevölkerung ist, kann es möglich sein oder auch nicht, eine Übereinstimmung zwischen einem Verdächtigen und einer am Tatort hinterlassenen Probe definitiv zu bestätigen.

Das Aufkommen von DNA-Tests

Wann begannen also Kriminalermittler mit der Durchführung von DNA-Tests und was beinhaltet dies? DNA-Fingerabdruck, wie er heute bekannt ist, entstand tatsächlich auf unerwartete Weise. Ende der 1970er-Jahre arbeitete ein britischer Wissenschaftler namens Alec Jeffreys daran, den Evolutionsprozess einer Gruppe von Genen durch die Untersuchung kleiner genetischer Veränderungen oder Variationen zu verstehen. Diese variablen DNA-Sequenzen wurden als Marker oder Wegweiser auf einer genomischen Karte bezeichnet, um die Reihenfolge oder Anordnung der Gene zu bestimmen. In gewisser Weise könnte man sie als genetische Landmarken betrachten. Zu dieser Zeit arbeiteten Wissenschaftler sozusagen blind daran, herauszufinden, wo Gene im riesigen Genom lokalisiert waren.

In den 1980er-Jahren, in Fortsetzung seiner Arbeit zur Evolution von Genfamilien, studierten Jeffries und seine Kollegen ein Gen, das aus dem Skelettmuskelgewebe einer Robbe namens Myoglobin isoliert worden war. Ein Bereich des Gens hatte eine merkwürdige Sequenz von kurzen Sequenzwiederholungen, oder eine Reihe von Buchstaben, die sich wiederholten wie TA-TA-TA-TA-TA. Wie sich herausstellte, waren DNA-Wiederholungsregionen nicht einzigartig für das Myoglobin-Gen, sondern sind im gesamten Genom in vielen verschiedenen Arten, einschließlich Menschen, vorhanden. Diese Wiederholungen reichten von zwei Basenpaaren oder Buchstaben (im obigen Beispiel) bis zu mehr als 100 Basenpaaren. Darüber hinaus wurden diese Wiederholungsregionen als hochvariabel zwischen Individuen gefunden, wobei eine Person in einer bestimmten Region 20 Wiederholungen haben kann und eine andere Person nur fünf.

Durch Bestimmung der Anzahl der Wiederholungen in mehreren dieser variablen DNA-Bereiche kann ein genetisches Profil für eine bestimmte Person erstellt werden (Abb. 14.1). Zum Beispiel könnte die variable Region Nummer eins von 4 bis 36 Wiederholungen reichen, die variable Region Nummer zwei könnte von 40 bis 90 reichen und die variable Region Nummer drei von 14 bis 56. Je mehr Regionen analysiert werden, desto unverwechselbarer wird das erstellte genetische Profil. Die Wahrscheinlichkeit einer Übereinstimmung wird auf der Grundlage der Häufigkeiten für jede Variante an einer gegebenen Stelle berechnet. Denken Sie an eine Lotterieziehung von sechs Gewinnzahlen, die von 1 bis 100 ausgewählt werden – wie hoch sind die Chancen, alle sechs Zahlen richtig zu bekommen?

Person 1: ATGG ATGG ATGG ATGG ATGG ATGG ATGG ATGG ATGG ATGG ATGG
(11 Wiederholungen)

Person 2: ATGG ATGG ATGG
(3 Wiederholungen)

Person 3: ATGG ATGG ATGG ATGG ATGG ATGG ATGG
(7 Wiederholungen)

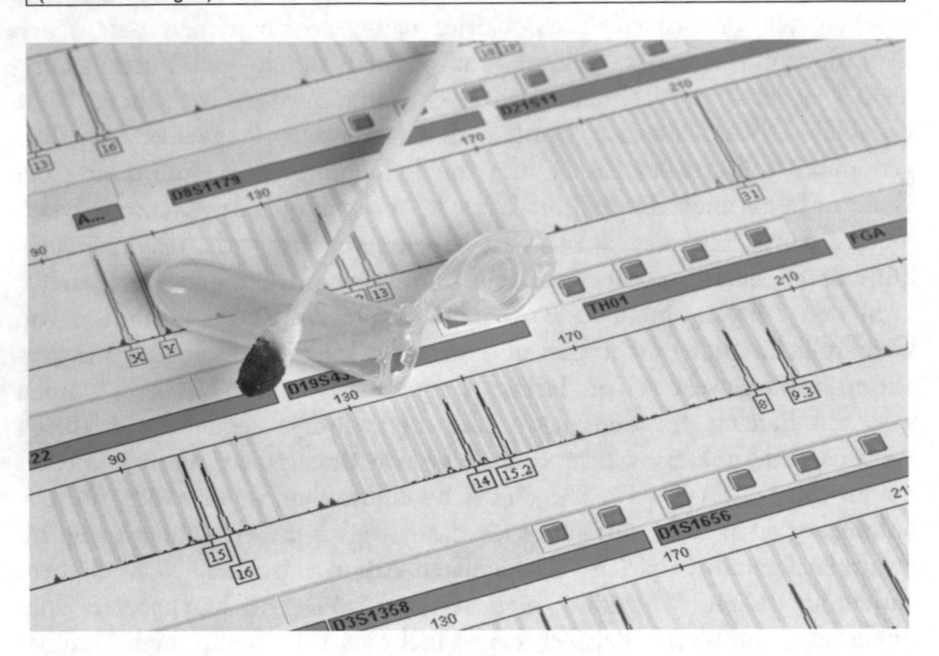

Abb. 14.1 Ein Beispiel für eine unterschiedliche Anzahl von wiederholten DNA-Segmenten (ATGG) bei drei verschiedenen Personen (oben). Das Foto eines Ausdrucks eines DNA-Profils zeigt die unterschiedlichen Längen für mehrere Wiederholungen im Genom. Denken Sie daran, dass jede Person an jedem Ort zwei Versionen haben wird (von jedem Elternteil geerbt), daher werden für jeden spezifischen Ort zwei Zahlen angezeigt. (unten; Quelle: Adobe Photo Stock)

Die Analyse dieser variablen Wiederholungsbereiche in der DNA einer Person wird nicht nur zur Identifizierung, sondern auch zur Feststellung oder Bestätigung von familiären Beziehungen angewendet, da Familienmitglieder überlappende (oder gemeinsame) genetische Profile haben. In seiner Dankesrede im Jahr 1992 für eine Auszeichnung, die seine Leistungen ehrte, räumte Jeffreys ein, dass auf der Grundlage seiner frühen Forschung „die Implikationen für die individuelle Identifikation und die Verwandtschaftsanalyse offensichtlich waren".

In den Anfangstagen der DNA-Forensik war die Sequenzierungstechnologie nicht verfügbar. Stattdessen erstellten Wissenschaftler genetische Profile auf der Grundlage der Größe von DNA-Fragmenten. Diese als

Restriktionsfragmentlängenpolymorphismus (RFLP) bezeichnete Technik beruht auf dem Einsatz von enzymatischen Proteinen, die die DNA an bestimmten Bereichen definierter Sequenz schneiden, wodurch Fragmente unterschiedlicher Größe entstehen, abhängig von der Anzahl der Wiederholungen in einem gegebenen DNA-Bereich (Abb. 14.1). So wird eine Person mit 4 Wiederholungen in einem bestimmten DNA-Bereich ein kleineres Fragment erzeugen als eine Person mit 20 Wiederholungen in der gleichen Region. Obwohl die tatsächliche Sequenz der Region mit dieser Methode nicht bestimmt werden konnte, konnten die Unterschiede in der Sequenz aus der Größe der DNA-Fragmente abgeleitet und daraus eine Art DNA-Barcode erzeugt werden.

DNA kann aus nahezu jedem Gewebe isoliert werden. Bei Menschen schließt dies Speichel, Haut, Haare, Sperma und natürlich Blut ein. Etwa zur gleichen Zeit, als die Variation von DNA und deren Verwendung zur Identifizierung für Personen erkannt wurde, wurde eine neue Technologie namens Polymerasekettenreaktion (PCR) entwickelt. PCR ist eine Methode, mit der jeder gegebene DNA-Bereich verstärkt oder kopiert werden kann – ein sehr wertvolles Werkzeug, das die Analyse von DNA ermöglicht, die aus kleinen Mengen von Proben, wie einem Bluttropfen oder einem einzelnen Haar (und somit sehr kleinen Mengen an DNA), gewonnen wurde. Später, in den 1990er-Jahren, als DNA-Sequenziermaschinen entwickelt wurden und DNA schnell und genau sequenziert werden konnte, verschob sich die bevorzugte Methode der DNA-Analyse zur kombinierten PCR- und Sequenzierungsmethode, die noch heute in Gebrauch ist.

Die erste auf DNA basierende Kriminalermittlung

Im Jahr 1986 wurde die DNA-Forensik vermutlich erstmals in einem Kriminalfall eingesetzt. Es handelte sich um die Vergewaltigung und Ermordung von zwei Schulmädchen in England, die im Abstand von zwei Jahren verübt wurden. Ein junger Mann, der die Morde gestanden hatte, war in Haft, aber Tests ergaben, dass seine DNA nicht mit der DNA der bei den Opfern gefundenen Spermaproben übereinstimmte. Daher führte der erste Einsatz von DNA-Forensik zur Entlastung eines Verdächtigen. Aus dem DNA-Test ging jedoch hervor, dass beide Verbrechen von ein und demselben Mann verübt worden waren. Nach der Freilassung des unschuldigen Mannes bat die Polizei alle Männer im Alter von 13 bis 24

Jahren in den beiden Städten, in denen die Verbrechen begangen wurden, um eine freiwillige DNA-Spende. Mehr als 5500 Männer kamen zur Blutentnahme; nur ein Mann weigerte sich, einen Bluttest zu machen, die Polizei hatte jedoch sein Alibi bereits bestätigt. Da bereits bekannt war, dass der Täter Blutgruppe A hatte, wurden die im Rahmen der Rasterfahndung gesammelten Blutproben auf Blutgruppen untersucht. Nur die Proben, die der Blutgruppe A entsprachen, wurden dann einem DNA-Test unterzogen.

Wie Sie sich vorstellen können, war der Täter der Verbrechen etwas zögerlich, seine DNA-Probe freiwillig zu spenden. Also überredete er einen Kollegen, sich für ihn auszugeben und eine Blutprobe abzugeben, damit die Polizei nicht misstrauisch würde. Wie so oft prahlte der Kollege eines Nachts in der örtlichen Bar mit dem Bluttausch. Eine Frau, die das Gespräch mitgehört hatte, meldete es der Polizei, die den Verdächtigen festnahm, der dann beide Morde gestand.

Der Rasterfahndungsansatz wirft eine Reihe von Fragen hinsichtlich der Bürgerrechte auf. Ein Einzelner kann aus einer Vielzahl von Gründen, die nichts mit dem Verbrechen zu tun haben, die Abgabe einer Blutprobe ablehnen, aber der Anschein von Schuld, der mit der Weigerung, eine Blutprobe abzugeben, verbunden ist, ist für viele Grund genug, zuzustimmen. Eine Sorge im Zusammenhang mit einer Rasterfahndung ist, was mit der Blutprobe geschieht, nachdem der Fall gelöst und der Täter gefasst wurde. Einige Polizeidienststellen versprechen, die Proben nach Abschluss des Falls zu vernichten, während andere die Proben und/oder Profile möglicherweise unbegrenzt aufbewahren. Die Verletzung der persönlichen Privatsphäre stand im Mittelpunkt einer Debatte über den Aufbau einer nationalen DNA-Datenbank. Darüber hinaus haben Rasterfahndungen nicht immer zur Ergreifung des Täters geführt und sind sehr teuer in der Durchführung.

Die Entwicklung der DNA-basierten Forensik

Neben der Verwendung von DNA-Analysen in strafrechtliche Ermittlungen traten auch andere Anwendungsmöglichkeiten zutage, beispielsweise die Verwendung von DNA-Analysen zur Feststellung von Verwandtschaftsverhältnissen in Vaterschafts- und Einwanderungsfällen. Vom ersten Einsatz von DNA-Forensik zur Feststellung von Verwandtschaftsverhältnissen wurde 1985 berichtet. Dr. Jeffreys wurde von einem Anwalt kontaktiert, der wissen wollte, ob DNA-Tests zur Bestätigung einer Verwandtschaft eingesetzt werden können. Ein junger Junge sollte in sein Heimatland abgeschoben werden, es sei denn, es würden Beweise vorgelegt werden können, die dokumentierten, dass der Junge Mitglied der Familie war. Der Nachweis der Blutgruppe überzeugte das Gericht nicht ausreichend, dass der Junge ein Mitglied der Familie war. Der DNA-Test bestätigte jedoch, dass der Junge ein Familienmitglied war und das Gericht stellte das Abschiebeverfahren ein. Kurz darauf, im Jahr 1986, wurde der erste Vaterschaftsfall mit DNA-Test als Beweis für die Vaterschaft vor einem britischen Gericht verhandelt.

Mit den gleichen Technologien wie bei der DNA-Identifizierung ist der Vaterschaftstest im Lauf der Zeit genauer und schneller geworden. Mit Zugang zu Gewebe (normalerweise Blut oder Wangenzellen) von Mutter und Kind kann die Wahrscheinlichkeit, dass eine Person der vermutete Vater ist, leicht bestimmt werden. Im Gegensatz zu DNA-Identifizierungstests, bei denen eine 100%ige Übereinstimmung erforderlich ist, erfordert ein positiver Vaterschaftstest eine 50%ige Übereinstimmung der DNA-Regionen zwischen dem mutmaßlichen Vater und dem Kind. Denken Sie daran, dass ein Kind 50 % seiner DNA vom Vater und 50 % von der Mutter erbt. In Situationen, in denen die Mutter nicht verfügbar ist, kann der Vaterschaftstest dennoch durchgeführt werden und die Ergebnisse sind ebenso schlüssig.

In den USA wurde, als die Verwendung von DNA-forensischen Beweisen von den Gerichten akzeptiert wurde, bald deutlich, dass ein standardisiertes genetisches Profil festgelegt werden musste. Ohne ein standardisiertes Profil könnten Polizeilabore Proben, die in verschiedenen Laboren getestet wurden, nicht vergleichen und Datenbanken mit genetischen Profilen wären nahezu nutzlos, wenn jedes Labor auf eine andere Gruppe von DNA-Regionen zur Erstellung ihrer Profile testen würde. Daher wählte das US Federal Bureau of Investigation (FBI) 13 verschiedene DNA-Stellen zur Analyse für forensische Zwecke aus. Jede dieser 13 Regionen wurde aufgrund ihrer stark variablen Natur ausgewählt, die ein unverwechselbares Profil jeder Person erzeugen würde. Daher ist es sehr unwahrscheinlich, dass zwei Personen das gleiche DNA-Profil zeigen. Diese 13 Regionen sind nicht universell anerkannt, da andere Länder unterschiedliche Standards entwickelt haben.

Forensische DNA-Datenbanken

Da viele Verbrechen ungelöst bleiben, auch wenn Beweise gesammelt und DNA-Profile erstellt werden, begannen kriminaltechnische Labore, diese DNA-Dateien zu speichern, um einen Vergleich mit Beweisen von anderen Tatorten und neuen Verdächtigen zu ermöglichen. Da die DNA-Profile elektronisch gespeichert werden konnten, wurden diese Datenbanken zunächst auf lokaler Ebene entwickelt und später auf nationale Ebene erweitert. Im Jahr 1988 war Colorado der erste Staat, der Gesetze erließ, die die Speicherung von genetischen Profilen von Sexualstraftätern in einer Kriminaldatenbank vorschrieben. Im Jahr 1990 wurde Virginia der erste Staat, der Gesetze erließ, die DNA von allen Hauptverbrechern verlangten. Der US-Kongress verabschiedete 1994 den DNA Identification Act, der offiziell das **Co**mbined **D**NA **I**ndex **S**ystem (CODIS) einrichtete, ein Netzwerk von Datenbanken auf lokaler, staatlicher und nationaler Ebene mit DNA-Profilen von verurteilten Straftätern, ungelösten Tatortbeweisen und vermissten Personen. Das FBI startete im Jahr 1998 die CODIS-Datenbank. Alle DNA-Profile werden auf lokaler Ebene erstellt und dann in die staatlichen und nationalen Datenbanken aufgenommen.

Bis 1996 hatten die meisten Bundesstaaten DNA-Datenbanken für Sexualstraftäter erstellt und begannen kurz darauf, DNA-Datenbanken auf andere Gewaltverbrechen und Einbrüche auszuweiten. Im Jahr 2005 hatten 43 Bundesstaaten All-Crimes-Datenbanken. Heute hat jeder Bundesstaat Richtlinien zur DNA-Sammlung und -Analyse von Verhafteten und verurteilten Personen bestimmter Verbrechen, was ein Netz von Richtlinien im ganzen Land schafft. Die Ausweitung der DNA-Datenbanken auf Verhaftete war (und ist) eine umstrittene Politik, da die DNA vieler unschuldiger Menschen in diesen Datenbanken gesammelt und gespeichert wird. Bis 2018 hatten 31 Bundesstaaten Gesetze, die die Sammlung von DNA von Verhafteten (Personen, die verhaftet oder angeklagt, aber nicht verurteilt wurden) erlauben. Die staatlichen forensischen Labore sind mit Proben, die auf eine Analyse warten, überlastet (oder im Rückstand). Laut einer Umfrage des US Bureau of Justice Statistics von 2014 waren etwa eine halbe Million Proben von mehr als 400 öffentlich finanzierten Tatortlaboren in den USA noch nicht bearbeitet worden.

So können DNA-Profile, die aus am Tatort gesammelten Beweisen erstellt wurden, mit DNA-Profilen in lokalen, staatlichen oder nationalen Kriminal-DNA-Datenbanken auf eine mögliche Übereinstimmung oder Treffer verglichen werden. Werden bei der Durchsuchung der lokalen Datenbank keine Übereinstimmungen gefunden, können kriminaltechnische Labore ihre Suchen auf staatliche oder nationale Datenbank ausweiten. Laut dem FBI waren im Juli 2020 fast 14 Millionen Täterprofile in Datenbanken im ganzen Land gespeichert. Darüber hinaus hat die Datenbank mehr als 500.000 Treffer oder Übereinstimmungen erbracht.

Ein Problem, das bei der Suche in Datenbanken Aufmerksamkeit erregt hat, ist die Möglichkeit von Teiltreffern. Da biologische Familienmitglieder je nach Verwandtschaftsgrad einen bestimmten Prozentsatz ihrer DNA teilen (bei näheren Verwandte ist der Prozentsatz höher als bei entfernteren Verwandten), besteht die Möglichkeit, dass ein Teiltreffer gefunden wird, wenn das DNA-Profil eines Verwandten in der Datenbank gespeichert ist. Ein Teiltreffer bedeutet, dass einige der 13 Teile des DNA-Profils übereinstimmen. Die Bundesstaaten haben unterschiedliche Richtlinien bezüglich Teiltreffern, wobei Maryland und der District of Columbia sie verbieten und eine Handvoll anderer Bundesstaaten sich dafür entschieden haben, diese Suchstrategie nur dann zu verwenden, wenn keine anderen Methoden eine Übereinstimmung erbracht haben.

DNA-Genealogiedatenbanken und Kriminalermittlungen

Wie in diesem Buch beschrieben, gibt es mittlerweile viele verschiedene Anwendungen der DNA-Analyse. Eine der beliebten nichtmedizinischen Anwendungen der DNA-Analyse ist die Bestimmung der eigenen Abstammung oder Herkunft. Dies ist aufgrund der Erkenntnis möglich, dass bestimmte Regionen der Welt unterschiedliche DNA-Muster zeigen, die nicht mit Genen oder bestimmten Merkmalen zusammenhängen. Diese bleibenden Muster in den Genomen der Menschen dienen als allgemeine Verbindung zu verschiedenen geografischen Standorten. Auch wenn sie in der Regel nicht präzise genug sind, um Standorte exakt zu bestimmen oder entfernte Verwandte von vor Hunderten von Jahren zu entdecken, können sie doch gemeinsame Abstammungen aufzeigen (Sie und Christoph Kolumbus haben ein gemeinsames DNA-Muster!), ein allgemeines Bild Ihrer Herkunft vermitteln und vielleicht unerwartete Verbindungen zu verschiedenen Teilen der Welt oder Kulturen aufdecken.

Diese DNA-basierten genealogischen Dienste sind über eine Reihe von Online-Unternehmen verfügbar, bei denen Sie ein Testkit bestellen können, um eine Speichelprobe oder eine Wangenprobe zu sammeln, und Ihre Ergebnisse über ein Online-Konto abrufen können.

Um eine breitere Analyse und den Vergleich zwischen Individuen zu ermöglichen, können die Ergebnisse des Abstammungstests in einer Datenbank gespeichert werden. Da einige Datenbanken nur verlangen, dass Sie ein Konto einrichten, sind sie im Grunde für jeden zugänglich. Diese Tatsache entging einigen cleveren Kriminalermittlern nicht, die an einem Fall arbeiteten, der seit Jahrzehnten ungelöst war. Der Fall betraf eine Reihe von Raubüberfällen, Vergewaltigungen und Morden, die Kalifornien in den 1970er- und 1980er-Jahren terrorisierten (bekannt als der „Original Night Stalker" und „Golden State Killer"). Die Ermittler glaubten, dass sie eine DNA-Probe des Täters von einem Vergewaltigungstatort hatten, die von einem der Opfer gesammelt wurde. Sie konnten jedoch kein passendes DNA-Profil in einer der staatlichen oder nationalen Kriminaldatenbanken finden. Sie reichten die Probe dann bei einem Abstammungstestunternehmen ein, getarnt als normaler Verbraucher. Das Unternehmen verglich die Ergebnisse mit ihrer Datenbank; jedoch wurden keine starken Übereinstimmungen identifiziert. Die Ermittler luden dann das DNA-Profil des unbekannten Täters in eine andere Genealogiedatenbank hoch, was eine teilweise Übereinstimmung ergab und auf einen potenziellen Verwandten hindeutete. Durch weitere Untersuchung der Übereinstimmung und der Familienmitglieder der Person sowie mithilfe der physischen Beschreibung des Täters durch Augenzeugenberichte konnten die Ermittler die Suche eingrenzen und einen einzigen Verdächtigen identifizieren – einen ehemaligen Polizeibeamten, der nicht weit von einigen der Tatorte lebte. Die Analyse der DNA auf einem vom Verdächtigen weggeworfenen Kaffeebechers ergab eine perfekte Übereinstimmung zwischen dem Verdächtigen und der DNA aus dem Vergewaltigungsfall. Joseph James DeAngelo Jr. wurde 2018 in seinem Haus in Citrus Heights im Sacramento County festgenommen, dem gleichen County, in dem er seine Verbrechensserie begonnen hatte. Dies war die erste Demonstration der Verwendung einer DNA-Genealogiedatenbank und der erfolgreichen Identifizierung und Festnahme eines Verdächtigen. Anschließend wurden weitere Fälle mithilfe dieses Verfahrens gelöst. Dies hat jedoch auch Bedenken hinsichtlich der DNA-Privatsphäre und der Weitergabe von DNA-Daten an öffentliche Datenbanken aufgeworfen.

Humanitäre Einsatzmöglichkeiten

Die DNA-Forensik wurde zur Identifizierung menschlicher Überreste eingesetzt, die nach natürlichen Katastrophen oder von Menschen verursachten Gräueltaten geborgen wurden. Sie wird in der Regel für Identifizierungszwecke verwendet, wenn physische Identifizierungsmethoden (zum Beispiel direkte Gesichtserkennung und Identifizierung basierend auf einzigartigen physischen Merkmalen wie Narben oder Tätowierungen, Zahnabdrücken oder Fingerabdruckanalyse) aufgrund extremer Degradation der Überreste nicht machbar sind, und hat sich als äußerst erfolgreich erwiesen und hat Tausenden von Familien Aufschluss über den Verbleib von Vermissten gegeben sowie die Verfolgung von Kriegsverbrechern unterstützt. DNA kann aus Knochen, Zähnen oder Haaren isoliert werden, abhängig vom Zustand der Überreste. Im menschlichen Körper ist der Zahnschmelz die härteste Substanz, die produziert wird, und bietet einen ausgezeichneten Schutz der DNA, die sich in der Mitte des Zahns, dem Zahnmark, befindet. Das DNA-Profil von den nicht identifizierten Überresten wird mit dem DNA-Profil von einer bekannten Probe des Opfers verglichen (zum Beispiel von einer Zahnbürste, Haarbürste oder einer übrig gebliebenen Blutprobe).

Die für forensische Analysen verwendete DNA befindet sich im Zellkern (denken Sie an den Kern als das zentrale Kommandozentrum einer Zelle) – jene 23 Chromosomenpaare, die in Kap. 1 beschrieben wurden. Bei alten und stark beschädigten Überresten (zum Beispiel durch Feuer) kann die DNA im Kern abgebaut sein und daher nicht analysiert werden. Unter diesen Umständen kann eine andere Art von DNA, die sich an einer anderen Stelle der Zelle befindet, bekannt als Mitochondrien, noch intakt sein und für die DNA-Analyse verwendet werden. In der Zelle sind die Mitochondrien vom Kern separiert. Darüber hinaus enthält eine Zelle mehrere Mitochondrien (im Vergleich zu einem Kern je Zelle) und jedes Mitochondrium enthält mitochondriale DNA. Da mehrere Mitochondrien in einer Zelle vorhanden sind, kann mitochondriale DNA unter extremen Bedingungen im Vergleich zur Kern-DNA intakt bleiben. Das mitochondriale Genom ist auch viel kleiner (nur 16.000 Basen – kleiner als jedes einzelne Chromosom) als das Kern-Genom. Aber mitochondriale DNA wird nur von der Mutter vererbt, während Kern-DNA von beiden Eltern vererbt wird. Daher wird ein mitochondriales DNA-Profil mit einem DNA-Profil verglichen, das entweder aus einer Probe der vermissten Person, wenn verfügbar, oder einem Verwandten mütterlicherseits erstellt wurde.

Die DNA-Identifizierung von menschlichen Überresten wurde weltweit eingesetzt, beispielsweise bei den Massengräbern in Bosnien-Herzegowina, den Überresten von Mitgliedern der Davidianer-Sekte, die bei einem Brand in Waco, Texas, ums Leben kamen, und den Opfern der Anschläge vom 11. September in New York, Washington, DC, und Pennsylvania. Eine der ersten historischen Analysen menschlicher Überreste war die der russischen Romanow-Familie. Im Jahr 1918 durch Gewehrfeuer hingerichtet, versuchten die Mörder, die Körper zu verbrennen, verlegten sie dann aber und begruben sie an einem anderen Ort. Einige der Körper wurden 1979 entdeckt, aber die Überreste wurden erst 1991 exhumiert. Nicht überraschend waren die Überreste so stark beschädigt und zerbrochen, dass eine Identifizierung auf der Grundlage der Skelettanalyse unmöglich war. Die DNA-Analyse wurde von US- und russischen Wissenschaftlern durchgeführt, die die Profile mit lebenden (wenn auch recht entfernten) Mitgliedern der königlichen Familien in Teilen Europas verglichen und bestätigten, dass es sich um die Überreste der russischen Familie handelt.

Ein weiteres Beispiel für den Einsatz der DNA-Analyse zur Identifizierung erfolgte nach dem Sturz der Militärdiktatur 1976 in Argentinien, wo schätzungsweise 30.000 Argentinier „verschwanden", einschließlich Säuglingen und Kindern, einige von ihnen wurden von Frauen geboren, die zum Zeitpunkt ihrer Entführung schwanger waren. Im Jahr 1977 gründeten die Großmütter der entführten Kinder eine Gruppe, um ihre vermissten Enkelkinder zu finden. Die Großmütter nutzten lokale Ressourcen, um das Verschwinden ihrer Enkelkinder zu untersuchen, insbesondere verdächtige Adoptionen in den umliegenden Gemeinden, und sammelten eine Fülle von Indizien zum Verbleib vieler Kinder. Die Identitäten der Kinder konnten jedoch nicht abschließend festgestellt werden. Acht Jahre nach ihrem Verschwinden gründete eine neue argentinische Regierung eine Kommission, um den Aufenthaltsort und das Schicksal der Kinder zu untersuchen. Unter der mitfühlenden Leitung von Dr. Mary-Claire King, einer Genetikerin an der University of Washington, wurde ein Vergleich der mitochondrialen DNA junger Männer und Frauen, von den vermutet wurde, dass sie als Säuglinge entführt worden waren, und den mitochondrialen genetischen Profilen der Großmütter durchgeführt. Mehrere positive Identitäten wurden festgestellt, sodass die Enkelkinder wieder mit ihren biologischen Großeltern und anderen Familienmitgliedern vereint werden konnten.

Seit mehr als zehn Jahren sammelt die International Commission on Missing Persons Daten, um festzustellen, welche Überreste, die von Massengräbern stammen, zu den mehr als 40.000 Jungen und Männern gehören, die nach dem Zusammenbruch des ehemaligen Jugoslawiens verschwunden sind. Die genetischen Profile von Tausenden von Familienmitgliedern, die auf der Suche nach den Überresten verlorener Verwandter sind, werden in einer zentralen Datenbank gespeichert, die von der ICMP eingerichtet wurde. Bis 2006 waren die Überreste von 10.000 Menschen durch DNA-Analyse positiv identifiziert worden. Neben der schieren Zahl der Opfer stellte auch die DNA-Identifizierung eine große Herausforderung dar, da die Überreste häufig vom ursprünglichen Bestattungsort weggebracht wurden, um die Entdeckung der Verbrechen zu verhindern. Die Verlagerung der Leichen führte dazu, dass die Skelettreste auf mehrere Grabstätten verteilt wurden und die Überreste aus verschiedenen Massakern stammen.

Weitere Anwendungen der DNA-basierten Forensik

Obwohl die meisten von uns wahrscheinlich an Strafprozesse denken, wenn wir an DNA-Forensik denken, ist ihre Anwendung keineswegs auf Menschen beschränkt. DNA kann auch aus Geweben anderer Arten isoliert werden, was zu einigen interessanten und unvorhergesehenen Anwendungen der DNA-Forensik geführt hat. Eine Branche, die von der Genomik profitiert, die einem jedoch vielleicht nicht sofort in den Sinn kommt, ist die Weinindustrie. Aber gerade diese Branche profitiert von der Genomik, da es viele Sorten von Trauben gibt und diese sowohl anfällig für Krankheiten als auch für Fälscher sind.

Im Jahr 2007 wurde die erste Weinrebe durch eine gemeinsame Anstrengung von französischen und italienischen Wissenschaftlern sequenziert. Die Rebsorte, *Vitis vinifera,* stammt von Pinot Noir ab und wird als Obst und für Getränke angebaut (denken Sie an Tafeltrauben, Traubensaft, Wein und Rosinen). Als erste Obstpflanze, deren Genom sequenziert wurde, ist die Weinrebe die am häufigsten angebaute Frucht und macht mehr als 7 Millionen Hektar aus und wird auf jedem Kontinent außer der Antarktis angebaut. Italien, Spanien und Frankreich sind die größten Produzenten mit jeweils über 1 Million Hektar.

Einige interessante Erkenntnisse sind aus der Forschung zur Genomik der Traube hervorgegangen. Das Genom der Weinrebe enthält 480 Mio. Basen, die auf 19 Chromosomen angeordnet sind; es wird geschätzt, dass sie mehr als 30.000 Gene hat. Es gibt zwei Haupttraubensorten – weiß und rot – aufgrund des Vorhandenseins oder Fehlens eines einzigen Farbstoffs, das als Anthocyan in der Traubenhaut bekannt ist. Es stellt sich heraus, dass weiße Trauben tatsächlich eine Laune der Natur sind aufgrund von Mutationen in zwei Genen, die an der Produktion von Anthocyan beteiligt sind. Diese Mutationen blockieren die Produktion von Anthocyan, was zum Fehlen der roten Beerenfarbe führt. Nicht überraschend ergab die Analyse des Genoms der Weinrebe eine große Anzahl von Genen, die mit dem Weingeschmack in Verbindung stehen. Es gibt mehr als 100 Gene und ehemalige Gene (bekannt als Pseudogene), die an der Produktion von Terpenoiden und Tanninen beteiligt sind, den Substanzen, die zu Aroma und Geschmack eines Weins beitragen.

Die Sequenzierung des Traubengenoms könnte Winzern aus zwei Hauptgründen zugutekommen. Erstens sind Trauben anfällig für mehrere Pilzkrankheiten wie Schwarzfäule und Falschen Mehltau, die zu erhöhten

Produktionskosten aufgrund der Beseitigung der unerwünschten, durch die Krankheit verursachten Substanzen, zu einer geringeren Haltbarkeit, zu einer verminderten Weinqualität, zu Sekundärinfektionen und schließlich zu Ernteverlusten führen können. Zweitens sind Trauben extrem empfindlich gegenüber heißen oder trockenen Klimabedingungen, die die Erntezeiten, die Zuckerproduktion und den Reifungsprozess beeinflussen. Daher könnten hitzetolerante oder trockenheits- oder krankheitsresistente Sorten für Züchter äußerst attraktiv sein. Darüber hinaus könnten Winzer daran interessiert sein, die genetischen Mechanismen hinter den Aromen und Geschmacksrichtungen bestimmter Trauben zu verstehen, die schließlich zur Entwicklung neuer Sorten führen könnten. Allerdings schaffen die hohe Vertrautheit der Verbraucher mit jahrhundertealten Weinsorten erhebliche Marktherausforderungen für die Einführung neuer gentechnisch veränderter Sorten, unabhängig von verbessertem Geschmack oder reduzierten Kosten, was diese gentechnisch veränderten Stämme in absehbarer Zeit unwahrscheinlich macht.

Die Kenntnis der DNA von Trauben kann auch zur Aufdeckung von Fälschern genutzt werden. Die Praxis des DNA-Profiling von Trauben existiert nun, um unbekannte Arten zu identifizieren, die Identität einer Rebe zu bestätigen oder zu zertifizieren und die Identität von Trauben zu bestimmen, die an Weingüter verkauft werden. Die University of California (UC) Davis hat die größte Datenbank von Trauben-DNA-Profilen der Welt erstellt und pflegt sie. Die Datenbank ermöglicht es Wissenschaftlern, das DNA-Profil einer gegebenen Traube mit mehr als 600 Profilen von wichtigen Weintrauben, Tafeltrauben, Rosinen und Unterlagsreben, die in Kalifornien und Frankreich angebaut werden, zu vergleichen. Sechs bis acht DNA-Marker (denken Sie daran, dass beim Menschen 13 Marker getestet werden) werden getestet, um ein Trauben-DNA-Profil zu erstellen, das dann mit der Datenbank verglichen wird.

Im Jahr 1999 schockierten Wissenschaftler der UC Davis die Weinindustrie, als sie entdeckten, dass 16 französische Weine, darunter der hoch angesehene Chardonnay und Pinot, verwandt sind. Aber am überraschendsten war, dass ihr neugefundenes Erbe in der Wein-Community nicht gerade eine Quelle des Familienstolzes war. Durch DNA-Profiling wurde festgestellt, dass diese Trauben Produkte der hoch angesehenen Pinot-Sorte und der mittelmäßigen Gouais Blanc-Sorte (in Frankreich nicht mehr angebaut) sind. Ebenso wurde entdeckt, dass Sauvignon Blanc (weiß) und Cabernet Franc (rot) die Eltern von Cabernet Sauvignon (rot) sind. So ist es nun, wie bei Menschen, möglich, die Abstammung von Rebsorten zu kartieren.

Ein langjähriges Rätsel nordamerikanischer Trauben wurde auch durch DNA-Profiling gelöst. Zwei Rotweinsorten, bekannt als Norton und Cynthiana, gelten als die ältesten einheimischen nordamerikanischen Sorten, die heute kommerziell angebaut werden. Im 19. Jahrhundert war die Norton-Sorte eine Grundlage der Weinindustrie in Virginia. Im nächsten Jahrhundert wanderte die Ernte nach Westen nach Missouri und Arkansas, wo sie den Namen Cynthiana erhielt oder als „Cabernet of the Ozarks" bezeichnet wurde. Weine, die als Norton gekennzeichnet sind, sind in der Regel dunkle und aromatische Weine mit Anklängen an Himbeere, Kaffee und Schokolade. Im Gegensatz dazu sind Weine, die als Cynthiana gekennzeichnet sind, leichter und frischer. Diese Unterschiede sind wahrscheinlich auf Umweltfaktoren wie Boden und Temperatur zurückzuführen. Basierend auf Vergleichen der DNA-Profile der beiden mutmaßlichen Stämme wissen wir jedoch jetzt, dass Norton und Cynthiana tatsächlich ein und dasselbe sind, obwohl ihre Herkunft noch zur Debatte steht.

Schlussfolgerung

Zweifellos ist die Verwendung von DNA bei strafrechtlichen Ermittlungen und in anderen Branchen zur eindeutigen Identifizierung der Quelle einer DNA-Probe revolutionär gewesen. Die Kombination neuer Technologien und die Entdeckung unverwechselbarer Merkmale im menschlichen genetischen Code sowie bei anderen Arten hat eine äußerst genaue und vielfältig einsetzbare Identifizierungsmethode hervorgebracht. In dem Maß, wie sich die Technologien weiterentwickeln, die eine schnellere Analyse kleinster Proben ermöglichen, und die wissenschaftlichen Datenbanken um neue genetische Codes erweitert werden, kann mit einer breiteren Anwendung gerechnet werden. Wie bei anderen genomischen Anwendungen sollten auch bei der Erfassung, Speicherung und Entfernung von genetischen Profilen aus lokalen und bundesweiten Datenbanken die Privatsphäre der einzelnen Personen und die Ziele der öffentlichen Sicherheit berücksichtigt werden.

Literatur

Bureau of Justice. Publicly Funded Forensic Crime Laboratories: Resources and Services, 2014. (November 2016). Available at https://www.bjs.gov/index.cfm?ty=pbdetail&iid=5827

Lee, HC and F. Tirady. Blood Evidence. Perseus Publishing. Cambridge, MA: 2003.
Jeffreys AJ. 1992 William Allan Award Address. Am J Hum Genet 53: 51–55, 1993.
National Conference of State Legislatures. Forensic Science Laws Databases. Available at https://www.ncsl.org/research/civil-and-criminal-justice/dna-laws-database.aspx
National Institute of Justice. What Is STR Analysis? 2011. Available at https://nij.ojp.gov/topics/articles/what-str-analysis
S. Panneerchelvam and M.N. Norazmi. Forensic DNA Profiling and Database. Malays J Med Sci. 2003 Jul; 10(2): 20–26. Available at https://www.ncbi.nlm.nih.gov/pmc/articles/PMC3561883/
Arnaud CH. Thirty years of DNA forensics: How DNA has revolutionized criminal investigation. Clinical and Engineering News 2017; 95(37). Available at https://cen.acs.org/articles/95/i37/Thirty-years-DNA-forensics-DNA.html
US Federal Bureau of Investigation. CODIS—NDIS Statistics (July 2020). Available at https://www.fbi.gov/services/laboratory/biometric-analysis/codis/ndis-statistics
Katz B. DNA Analysis Confirms Authenticity of Romanovs' Remains. Available at https://www.smithsonianmag.com/smart-news/dna-analysis-confirms-authenticity-remains-attributed-romanovs-180969674/

15

Sind Menschen mit Höhlenmenschen verwandt?

Wir haben alle die Witze gehört und die Cartoons über Höhlenmenschen gesehen. Im Allgemeinen, basierend auf dem Stereotyp des Höhlenmenschen, waren sie nicht besonders hell, trugen Knüppel und Lendenschurze aus Fell und waren meistens Männer. Natürlich gibt es keine schriftlichen Aufzeichnungen oder Fotografien dieser frühen Menschen, dennoch haben Archäologen und Genetiker viel gelernt, um unser Verständnis vom Leben, der Bewegung und der Geschichte unserer Vorfahren zu erweitern. Was die frühen Menschen betrifft, die vor mehreren tausend Jahren lebten, so erfahren wir aus der Untersuchung ihrer Hinterlassenschaften immer noch etwas über ihr Leben, ihre Krankheiten und ihre Lebensweise. Durch archäologische Studien wurde bereits viel gelernt, doch genetische und genomische Analysen können weitere Erkenntnisse über Beziehungen, Bewegung und Gesundheit liefern. Infolgedessen werden sich unsere Stereotypen vielleicht ändern und das widerspiegeln, was wir in den letzten Jahren gelernt haben.

Etwas Alte Geschichte

Wie zu erwarten, zerfallen über die Zeit, insbesondere über Tausende von Jahren, die biologischen Materialien im menschlichen Körper und hinterlassen hauptsächlich einen versteinerten Datensatz ihrer Existenz. Basierend auf diesen Fossilien wird geschätzt, dass moderne Menschen seit etwa 500.000 Jahren die Erde durchstreifen. Der menschliche Körper hat sich

S. B. Haga, *Das Buch der Gene und Genome*, https://doi.org/10.1007/978-1-0716-3531-5_15

in dieser Zeit stark verändert (wie auch unsere Umwelt und Lebensweise). Insbesondere die Form und die Größe des Gehirns und Schädels, die Körpergröße und die Gesichtszüge haben sich entwickelt.

Es wird angenommen, dass es vor den modernen Menschen *(Homo sapiens)* mehrere Arten von primitiven oder archaischen Menschen gab. Die ältesten fossilen Beweise für moderne Menschen wurden in Afrika entdeckt und datieren auf etwa 300.000 Jahre zurück. Frühere menschliche Arten waren *Homo habilis* und *Homo erectus*, die aus Afrika auszuwanderten, und Beweise zeigen, dass sie Feuer nutzten. Es gibt andere Gruppen von Menschen, die weniger gut verstanden sind und mit den Hauptgruppen koexistierten.

Viel vom Verständnis der frühen Menschen wurde aus versteinerten Überresten und Behausungen abgeleitet, die gemessen, datiert und kartiert wurden. Mit den aktuellen genetischen Analyse- und Sequenzierungstechnologien ist die Analyse von DNA, die aus Fossilien extrahiert wurde, möglich geworden und gibt mehr Einblicke in Beziehungen und Bewegungen über Kontinente hinweg.

Wie lange ist DNA stabil?

Eine der offensichtlichen Fragen, die man sich stellen muss, ist: Wie lange kann die DNA bestehen bleiben? Wahrscheinlich Zehntausende von Jahren, vielleicht 100.000 Jahre, unter idealen Bedingungen. Aber versteinerte Überreste werden im Allgemeinen nicht unter idealen Bedingungen gefunden, und in den meisten Fällen ist die DNA stark abgebaut oder nicht in nachweisbaren Mengen vorhanden. Darüber hinaus ist eines der Hauptprobleme bei der Extraktion von DNA aus alten Geweben, insbesondere solchen, die über lange Zeiträume den natürlichen Elementen ausgesetzt waren, die Kontamination durch andere DNA-Quellen, insbesondere andere Menschen (einschließlich der Wissenschaftler) und Bakterien. Bakterielle Kontamination ist aufgrund der einzigartigen Eigenschaften von bakteriellen Genen und den Unterschieden zwischen bakterieller DNA und anderen Arten leichter zu erkennen.

Mitochondriale DNA, könnte aufgrund ihrer kleineren Größe und der mehrfach vorhandenen Kopien pro Zelle in höheren Mengen in alten Überresten vorhanden sein. Der Kompromiss besteht darin, dass die Daten, die aus der Analyse der mitochondrialen DNA bezüglich der evolutionären Geschichte oder Gesundheit der Art gewonnen werden können, begrenzter sind. Aber Methoden zur Amplifikation (Herstellung vieler Kopien) von begrenzter Mengen an DNA sind jetzt möglich.

Genetische Analyse alter DNA

Das Feld Paläogenetik wurde also aufgrund des teilweisen Erfolgs der genetischen Analyse von fossilisierten Überresten geboren und kann traditionellere Methoden der Analyse von fossilisierten Überresten ergänzen. Beispielsweise ist die Kohlenstoffdatierung die am häufigsten verwendete Technik zur Datierung von fossilisierten Überresten – Knochen, Zähne, Rinde usw. Diese Technik misst die Menge des chemischen Elements Kohlenstoff, das in allen organischen Materialien vorkommt. Da Wissenschaftler die Zerfallsrate von Kohlenstoff kennen, können sie das Alter eines Exemplars auf der Grundlage der gegenwärtigen Menge an vorhandenem Kohlenstoff schätzen. Heute können Wissenschaftler einige Überreste mit einer Methode datieren, die als DNA-Datierung bekannt ist. Ähnlich wie die Methode der Kohlenstoffdatierung basiert diese Technik auf der Annahme, dass Mutationen mit einer konstanten Rate auftreten. Je mehr Mutationen in einem Exemplar festgestellt werden, desto älter wird die Probe voraussichtlich sein. Darüber hinaus können Wissenschaftler, da die Genome vieler Arten sequenziert und öffentlich zugänglich sind, die DNA verschiedener Proben alter Arten mit den heutigen Arten vergleichen (Abb. 15.1). Bei Menschen können DNA-Veränderungen in medizinisch relevanten Genen einige Einblicke in Krankheiten, Gesundheitsrisiken oder andere Merkmale geben.

Neandertaler

Die Neandertaler *(Homo neanderthalensis)* haben wahrscheinlich die meiste Aufmerksamkeit der menschlichen Arten außer uns selbst *(Homo sapiens)* auf sich gezogen. Neandertaler sind die engsten bekannten menschlichen Verwandten des modernen Menschen. Diese beiden Gruppen koexistierten in ganz Europa und Asien, aber es ist nicht klar, wann oder wo die Trennung zwischen modernen Menschen und den Neandertalern stattfand. Fossilisierte Überreste wurden in ganz Europa und Teilen Westasiens gefunden, die bis zu 400.000 Jahre zurückdatieren. Sie unterschieden sich vom modernen Menschen durch ihre Körpergröße (kleiner), ihre breite Brust und ihren stämmigen Körperbau. Das Klischee einer unintelligenten

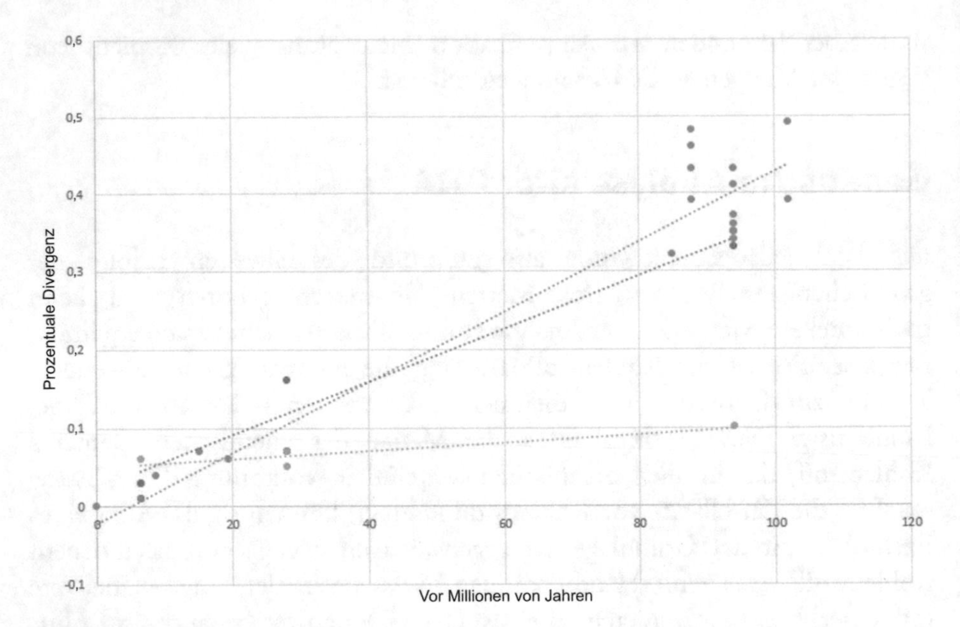

Abb. 15.1 Die Grafik zeigt einen Vergleich des Grads der Veränderungen (Divergenz) von drei Genen im Lauf der Zeit: Cytochrom C (grau), Fibrinogen (orange) und PRR30 (blau). Das Gen der grauen Linie unten zeigt die geringste Veränderung im Lauf der Zeit. (Quelle: Wikimedia)

Spezies wurde durch Entdeckungen über die Verwendung von Feuer und den Bau von Feuerstellen, Kleidung und Decken, Booten und die Verwendung von Pflanzen zu medizinischen Zwecken widerlegt. Es wird geschätzt, dass die Neandertaler vor etwa 30.000 Jahren verschwanden, wobei die letzten Populationen in Spanien und Portugal gefunden wurden. Moderne Menschen sollen vor etwa 45.000 Jahren aufgetaucht sein. Es wird angenommen, dass moderne Menschen die Neandertalerpopulation in gewissem Maß aufgrund von Wettbewerb ausgelöscht haben, während andere den Klimawandel für ihr Aussterben vorschlagen. Obwohl die genetische Analyse wahrscheinlich die genauen Gründe für das Aussterben der Neandertaler nicht aufdecken wird, wurde sie genutzt, um das Ausmaß der Interaktion zwischen der Neandertalerpopulation und modernen Menschen besser zu verstehen.

Die ersten Überreste von Neandertalern wurden 1856 im Neandertal in Deutschland gefunden, daher sein Name (einige haben ein „h" am Ende hinzugefügt, um seine phonetische Aussprache nachzuahmen – Neanderthal–, während andere Neandertal verwenden). Versuche, DNA aus 24 Überresten von Neandertalern zu extrahieren, führten nur bei vier

Proben zu tatsächlicher Neandertaler-DNA. Stattdessen wurde in den meisten Proben moderne menschliche DNA sowie DNA von Höhlenbären aus denselben Höhlen gefunden, was das erhebliche Problem der Kontamination alter Überreste hervorhebt. Einer der führenden Forscher auf dem Gebiet der genetischen Analyse von Neandertalern ist Dr. Svante Pääbo vom Max-Planck-Institut für evolutionäre Anthropologie in Deutschland. Im Jahr 1997 berichteten Dr. Pääbo und Kollegen über ihre DNA-Analyse des ersten Neandertaler-Exemplars. Sie hatten mitochondriale DNA aus dem Humerus(Bein)-Knochen extrahiert und konnten ein wenig sequenzieren. Nach der Analyse der mitochondrialen DNA-Sequenz schätzten sie, dass die Trennung zwischen frühen Menschen und Neandertalern vor etwa 550.000 bis 690.000 Jahren stattfand, was der Schätzung basierend auf archäologischen Daten entspricht. Diese Schlussfolgerung basierte jedoch auf der DNA-Analyse nur eines einzigen Neandertaler-Exemplars; die Genauigkeit der DNA-Datierung musste noch durch die Analyse weiterer entdeckter Exemplare bestätigt werden.

Im Jahr 2000 wurde die ursprüngliche Erkenntnis bestätigt, als die Analyse der DNA eines 29 000 Jahre alten Neandertaler-Kinderrippenknochens, der im nördlichen Kaukasus (Südrussland) gefunden wurde, wenig Ähnlichkeit mit dem modernen Menschen zeigte. Darüber hinaus zeigte der Vergleich der deutschen Neandertaler-Probe mit der Probe aus dem nördlichen Kaukasus, dass sie beide von derselben Population stammten. Mindestens zehn weitere Neandertaler-Exemplare wurden analysiert und alle zeigen, dass sie einander ähnlicher sind als dem modernen Menschen.

Von besonderem Interesse ist, ob Neandertaler sich mit frühen Menschen kreuzten oder nicht. Archäologische Beweise deuten darauf hin, dass Interaktionen zwischen Neandertalern und modernen Menschen stattgefunden haben (zum Beispiel wurden Steinwerkzeuge, die mit modernen Menschen in Verbindung gebracht werden, gemeinsam mit Neandertaler-Überresten gefunden), obwohl die Analyse der Struktur von Knochen, die aus diesem Gebiet entnommen wurden, darauf hindeutet, dass keine Kreuzung stattfand. Im Jahr 2003 wurde eine Studie eines italienischen Teams veröffentlicht, in der mitochondriale DNA von Neandertalern, Cro-Magnon-Menschen (früher moderner Mensch) und modernen Menschen analysiert wurde. Es wurden Ähnlichkeiten in der mitochondrialen DNA-Sequenz zwischen Cro-Magnon und modernen Menschen gefunden, jedoch sehr wenig Ähnlichkeit zwischen Neandertalern und modernen Menschen. Daher kamen sie zu dem Schluss, dass Neandertaler keinen Beitrag zum Genpool der heutigen Menschen geleistet haben – mit anderen Worten, es fand keine Kreuzung zwischen Neandertalern und frühen Menschen statt.

Im Jahr 2006 isolierten Dr. Pääbo und sein Team DNA aus einem 38.000 Jahre alten Neandertaler-Fossil aus Kroatien. Bisher konnte nur die kleine mitochondriale DNA aus Neandertaler-Überresten extrahiert werden. Obwohl die DNA-Stücke aufgrund von Degradation viel kleiner waren als normalerweise, konnten die Forscher insgesamt etwa eine Million Basenpaare sequenzieren. Kontamination ist immer ein Problem, aber es wurde geschätzt, dass 94 % der aus dem Knochen extrahierten DNA Neandertaler-Ursprungs war. Dies ist an sich schon eine enorme Leistung angesichts des Alters des Exemplars und bietet beispiellose Einblicke in das Verständnis der evolutionären Geschichte des modernen Menschen.

Aktuelle DNA-Nachweise deuten darauf hin, dass der gemeinsame Vorfahre von Neandertalern und modernen Menschen bis zu 500.000 Jahre zurückreicht, viel früher als ursprünglich geschätzt. Die neue Datierung basiert auf der Analyse eines einzelnen Gens namens FOXP2, ein Gen, das mit menschlicher Sprache und dem Sprechen in Verbindung gebracht wird. Schimpansen haben auch eine Kopie des FOXP2-Gens, aber mit einer leicht anderen Sequenz in einem Schlüsselteil des Gens, der vermutlich wichtig für das Sprechen ist. Die Analyse der Sequenz des FOXP2-Gens in zwei Neandertaler-Proben, die aus Überresten gewonnen wurden, die in einer Höhle in Nordspanien gefunden wurden, zeigte, dass die gleiche Sequenz bei modernen Menschen vorhanden ist, was darauf hindeutet, dass der Beginn der Genveränderung vor der Trennung der gemeinsamen Vorfahren von Neandertalern und Menschen liegt.

Im Jahr 2006 kündigte ein Team von US-amerikanischen und deutschen Wissenschaftlern (unter der Leitung von Dr. Pääbo) an, so viel wie möglich vom Neandertaler-Genom sequenzieren zu wollen. Ein Entwurf der Sequenz des Neandertaler-Genoms wurde 2010 veröffentlicht. Aufgrund der Degradation der DNA wurde DNA aus drei Neandertaler-Überresten extrahiert und die Genomsequenz wurde durch Ausrichtung der kurzen Sequenzfragmente wiederhergestellt, um eine so vollständige Sequenz wie möglich zu erhalten. In ihrer Veröffentlichung schlussfolgerte das Team, basierend auf dem Vergleich mit moderner menschlicher DNA, dass sich Neandertaler wahrscheinlich mit modernen Menschen verkreuzt haben. Speziell berichtet das Papier, dass 1–4 % der Neandertaler-DNA in modernen Menschen gefunden werden kann. Diese Interpretation der Daten war jedoch umstritten, wobei andere Forschungsgruppen den Schluss, dass eine Kreuzung zwischen Neandertalern und modernen Menschen stattgefunden hat, bestritten, da eine genetische Identität von etwa 99,5 % zwischen beiden Gruppen gefunden wurde. Seit 2010 haben andere Veröffentlichungen weitere Nachweise einer Kreuzung erbracht, was diese Kontroverse möglicherweise beendet: Die Analyse von Neandertaler-DNA zeigt Spuren moderner menschlicher DNA, und die Analyse moderner menschlicher DNA zeigt Spuren von Neandertalern. Diese Austausche fanden in ganz Europa und Asien statt.

Zwei Veröffentlichungen aus dem Jahr 2014 untermauern die Schlussfolgerung der Kreuzung mit zwei interessanten Behauptungen: 1) die Neandertaler-DNA könnte den modernen Menschen zugute gekommen sein, indem sie ihnen Eigenschaften zur Verfügung stellte, um in kälteren nördlichen Regionen zu überleben, und 2) die Kinder von Neandertalern und modernen Menschen könnten unfruchtbar gewesen sein, was effektiv die Ausbreitung dieser gemischten menschlichen Population stoppte.

Gesundheit des Höhlenmenschen

Es gibt viele interessante Geschichten, die uns helfen, das Leben (und die Gesundheitsprobleme!) unserer entfernten Vorfahren in verschiedenen Teilen der Welt zu verstehen. Zum Beispiel war das Bakterium, das für Sodbrennen (oder GIRD) verantwortlich ist, *Helicobacter pylori (H. pylori)*, das heute viele Menschen beeinträchtigt, auch vor mehreren tausend Jahren ein Gesundheitsproblem. Heute wird geschätzt, dass mehr als die Hälfte aller Menschen mit *H. pylori* infiziert sind, obwohl nur etwa 10 % der Menschen tatsächlich Krankheitssymptome entwickeln. In mehreren prähistorischen Überresten wurden *H.-pylori*-Sequenzen nachgewiesen. Im Jahr 2016 veröffentlichte ein internationales Team von Forschern die Sequenz von *H. pylori* basierend auf der DNA-Sequenzierung von Mageninhalt einer 5300 Jahre alten männlichen Mumie aus Südeuropa, nahe der östlichen italienischen Alpen (europäische Kupferzeitmumie; interessanter Fakt: die Nahrung, die dieser Mann kurz vor seinem Tod zu sich nahm, konnte durch Bildanalyse seines Mageninhalts ermittelt werden).

Da dieses Bakterium schon so lange existiert und sich DNA-Sequenzen häufig im Lauf der Zeit (Evolution) verändern, konnten Wissenschaftler die Wanderungen oder Migration unserer Vorfahren auf der Grundlage der DNA-Sequenzen dieses Bakteriums nachverfolgen. So wurde eine Karte und Zeitleiste der menschlichen Migration erstellt. So ist beispielsweise die isländische Sequenz von *H. pylori* in Island vermutlich asiatischen Ursprungs, basierend auf der Ähnlichkeit zu einer Sequenz, die aus menschlichen Überresten in Asien gewonnen wurde, in ganz Europa verbreitet. *H.-pylori*-Stämme aus Afrika waren noch nicht nach Europa gewandert, aber Beweise aus neueren versteinerten Überresten zeigen eine

Vermischung zwischen afrikanischen und asiatischen *H.-pylori*-Stämmen in Europa, was zu einem hybriden europäischen Stamm führte.

Wenn wir zu neueren Zeiten und der Coronaviruspandemie vorspulen, berichten Forscher, dass eine bestimmte Gruppe von Genen auf Chromosom 3 (genau gesagt sechs Gene) mit einem höheren Risiko für schweres Covid-19 (die Krankheit, die durch das Coronavirus verursacht wird) in Verbindung gebracht wurde. Im November 2020 berichtete eine Studie, dass dieser DNA-Abschnitt auf Chromosom 3 vom Neandertaler stammt. Interessanterweise stellt sich heraus, dass es in der Welt große Unterschiede in der Anzahl von Personen gibt, die diese spezielle Genvariante tragen. Während Unterschiede typischerweise zwischen Genvarianten in verschiedenen Populationen existieren, ist die Bandbreite der Menschen, die diese Neandertaler-Version tragen, ziemlich groß. In Bangladesch wird geschätzt, dass 63 % der Menschen eine Kopie der Neandertaler-Version tragen, während ihr Anteil in Europa auf nur 16 % geschätzt wird. In einer anderen Studie, die im Juni 2020 veröffentlicht wurde, fand ein Vergleich von italienischen und spanischen Patienten, die schwer erkrankten, und solchen, die nicht erkrankten, dass die Neandertaler-Gene häufiger bei denen waren, die schwer erkrankten. Die Bedeutung dieser Gene ist zu diesem Zeitpunkt noch unklar, aber Forscher suchen weiterhin nach Hinweisen, um die enorme Bandbreite der Ergebnisse nach einer Infektion zu erklären, die von asymptomatisch bis zum Tod reicht.

Ägyptische Mumien

Die älteste bekannte ägyptische Mumie datiert zurück bis 3300 v. Chr. und wurde wegen ihrer Haarfarbe Ginger genannt. Obwohl nicht so berühmt wie einige ägyptische Mumien (nämlich die Pharaonen), hatte Ginger eine bescheidene Grabstätte, umgeben von Keramik. Das Wort Mumie stammt vom mittelalterlichen lateinischen Wort „mumia" ab, das seinerseits vom arabischen Wort „mūmiyyah" abgeleitet wurde, was Bitumen bedeutet – eine schwarze, klebrige, teerähnliche Verbindung, die im Einbalsamierungsprozess verwendet wurde. Es wurde angenommen, dass die Mumifizierung einen sicheren Übergang ins Jenseits gewährleistet.

Die Praxis der Mumifizierung führt zur Erhaltung von Weichgewebe wie Haut und Muskulatur. Manchmal ist die Erhaltung so gut, dass die Gesichtszüge Tausende Jahre nach dem Tod noch erkennbar sind. Mumifizierung war kein schneller Prozess und dauerte bis zu 70 Tage ab dem Todeszeitpunkt, wobei viel Zeit für das Austrocknen des Körpers aufgewendet wurde. Dies konnte natürlich geschehen (ausgetrocknet durch extreme Temperaturen) oder durch einen chemischen Prozess, der als Einbalsamierung bekannt ist. Dieses Ritual der Mumifizierung wurde nicht für jeden durchgeführt. Es war in der Regel hohen Beamten, Priestern und anderen Adligen am königlichen Hof vorbehalten, aber jeder, der es sich leisten konnte, konnte mumifiziert werden. Es wird geschätzt, dass über einen Zeitraum von 3000 Jahren 70 Millionen Ägypter mumifiziert wurden. Die Praxis der Mumifizierung ging zurück, als die Ägypter das Christentum annahmen und an diese Praxis nicht mehr glaubten.

Trotz der riesigen geschätzten Anzahl von Mumien wurden die meisten von ihnen von Vandalen und Schatzjägern zerstört. Glücklicherweise hatten die wichtigsten Personen die größten und aufwendigsten Grabstätten, die sie bis heute schützen. Archäologen können viel über die Person und die Kultur der Zeit erfahren, indem sie den Bestattungsort und die Artefakte im Grab untersuchen sowie die Knochenstruktur analysieren, um die Todesursache, den Lebensstil und das Alter und das Geschlecht der Person zu bestimmen.

Wahrscheinlich der berühmteste der ägyptischen Herrscher war König Tutanchamun oder kurz König Tut. Ein Knabenkönig, der im Alter von 19 Jahren starb, nachdem er sechs oder sieben Jahre regiert hatte; seines ist das einzige Pharaonengrab, das 1922 im ägyptischen Tal der Könige intakt entdeckt wurde. Es wird angenommen, dass er an Tuberkulose starb, obwohl ein Knochenbruch in seinem linken Oberschenkelknochen durch einen CT-Scan des eingewickelten Körpers offenbart wurde. Obwohl König Tut vermutlich königlicher Abstammung ist, ist seine genaue Abstammung unklar, da er entweder der Sohn von König Amenhotep III oder Amenhoteps Sohn Akhenaten sein könnte. Eine DNA-Analyse könnte die wahre Abstammung von König Tut offenbaren. Die ägyptische Regierung hatte die Erlaubnis zur Entnahme einer Gewebeprobe von König Tut für eine DNA-Analyse erteilt und wieder zurückgezogen. Angesichts des verfallenen Zustands der Mumie bezweifeln jedoch einige, dass überhaupt verwertbare DNA extrahiert werden könnte, wenn die Erlaubnis erneut erteilt würde.

Im Jahr 1985 veröffentlichte Dr. Pääbo den ersten Bericht über die Extraktion von DNA aus einer ägyptischen Mumie. Dreiundzwanzig Mumien, die bis zur sechsten Dynastie bis zur Römerzeit (~2370 bis 2160 v. Chr.) datieren, wurden beprobt. Die meisten der Mumienproben enthielten keine DNA, mit Ausnahme der eines 2400 Jahre alten einjährigen Jungen. Diese Arbeit bestätigte Berichte anderer, dass intakte DNA eher in oberflächlichen Geweben als in Geweben aus der Körperhöhle gefunden wird, vermutlich aufgrund des harschen Austrocknungsprozesses des Körpers.

Im Jahr 1993 wurde Dr. Woodward von der Brigham Young University gefragt, ob er die DNA von sechs ägyptischen Mumien aus der vierten und fünften Dynastie (2570–2290 v. Chr.) analysieren könnte. Die Museumsverwalter waren besonders daran interessiert, das Geschlecht zu bestätigen und die Beziehungen zwischen diesen sechs Personen zu klären. Basierend auf der visuellen Inspektion schien es sich um eine Familie aus drei Generationen zu handeln – zwei Großeltern, zwei Eltern und zwei Kinder. Die Gesichtsmasken und die Namen, die auf fünf der Sarkophage geschrieben waren, gaben an, ob die Insassen männlich oder weiblich waren. Die DNA-Analyse ergab, dass diese sechs Personen tatsächlich eine Familie waren. Die DNA-Analyse des Geschlechts der beiden Eltern zeigte jedoch, dass die Körper vertauscht worden waren (der Mann wurde im weiblich gekennzeichneten Sarkophag gefunden). Die Röntgenanalyse zeigte, dass die Familie hingerichtet worden war, da jeder einen gebrochenen Hals hatte.

Weitere Arbeiten von Dr. Woodward und seinem Team stellten Beziehungen zwischen mehreren Pharaonen her, die Ende des 19. und Anfang des 20. Jahrhunderts entdeckt wurden. König Ramses III., Ramses II., Sethos I., Amenhotep I., Seknet-ra und andere sind im Kairoer Museum ausgestellt. Dr. Woodward erhielt noch nie dagewesenen Zugang zu jeder der Mumien, als sie in eine neue Ausstellungshalle verlegt wurden. Von elf entnommenen Proben wurde DNA aus sieben Mumien extrahiert. DNA-Analysen bestätigten, dass Ahmose I. seine Vollschwester, Seknet-re, heiratete, da sie mitochondriale DNA-Sequenzen teilten, die direkt von ihrer Mutter weitergegeben worden war. Darüber hinaus wurde festgestellt, dass die mitochondriale DNA von Amenhotep von der von Ahmose abwich, was zu erwarten war, da seine Mutter keine direkte Nachfahrin war.

Die Molekularanalyse von ägyptischen Überresten hat auch etwas über die Krankheiten offenbart, die zu dieser Zeit weit verbreitet waren. Wie anderswo scheinen Infektionskrankheiten im alten Ägypten recht häufig gewesen zu sein. Infektionskrankheiten wurden in alten ägyptischen medizinischen Papyri beschrieben und die genetische Analyse bot die Möglichkeit, das Vorhandensein oder Fehlen von mikrobieller DNA zu erkennen. Im Jahr 2003 wurde eine Untersuchung von 85 ägyptischen Mumien aus Theben West, Oberägypten, einem Gebiet, das bekanntermaßen für Bestattungen der oberen sozialen Klassen genutzt wurde, durchgeführt, um festzustellen, ob der Parasit *Mycobacterium tuberculosis* in den alten Überresten vorhanden war. *M. tuberculosis* wurde positiv in 25 Proben identifiziert, was frühere Berichte über die Tuberkulose in alten Völkern bestätigt.

Im Jahr 2006 enthüllte eine ähnliche DNA-Analyse, dass Personen im alten Ägypten von einer Krankheit betroffen waren, die heute noch existiert: der Leishmaniose. Leishmaniose ist eine ansteckende Hauterkrankung, die besonders schmerzhaft sein kann und in einigen Fällen tödlich ist. Fast eine halbe Million Menschen weltweit sterben jedes Jahr an dieser Krankheit. In Indien als Schwarzes Fieber bezeichnet, wird der Ursprung der Krankheit von einigen im heutigen Sudan vermutet. Aufgrund der Verbreitung in Nordostafrika, dem Nahen Osten und Zentral- und Südamerika, waren die Forscher neugierig, ob die alten Ägypter von dieser Krankheit betroffen waren. Ein Team von Forschern unter der Leitung von Professor Albert Zink von der Ludwig-Maximilians-Universität in München, Deutschland, analysierte DNA, die aus Knochenproben von 91 ägyptischen Mumien und 70 aus dem alten Nubien – dem modernen Sudan – extrahiert wurde. Das Team entdeckte Mitochondrien-DNA des Leishmaniose-Parasiten in neun der nubischen Mumien und vier der ägyptischen Mumien. Die nubischen Mumien stammen aus dem Jahr 550 n. Chr. und die ägyptischen Mumien sind viel älter und stammen aus den Jahren 2050 bis 1650 v. Chr. Interessanterweise wurden in ägyptischen Mumien, die vor oder nach diesem Zeitraum datiert wurden, keine Krankheitsspuren gefunden.

Eine weitere häufige Infektionskrankheit, die immer noch Tausende von Afrikanern betrifft, war im alten Ägypten verbreitet. Schistosomiasis, oder allgemein bekannt als Schneckenkrankheit, wird durch einen Plattwurm verursacht, der oft Menschen durch die Haut infiziert, nachdem sie mit kontaminiertem Flusswasser in Kontakt gekommen sind. Der Parasit wurde 2014 in Proben der Leber und des Darms von zwei Mumien durch genetische Analyse nachgewiesen und gemeldet.

Implikationen für die Evolution

Es ist offensichtlich, dass man Menschen des Altertums und andere Organismen nicht studieren kann, ohne die evolutionären Wege bis zur Gegenwart zu überdenken. Einfach ausgedrückt, einige Arten sind ausgestorben, einige haben sich auseinanderentwickelt und einige entwickelten sich zu den heutigen Arten. Für Menschen ist der letzte gemeinsame Vorfahre des modernen Menschen und der Neandertaler noch ungewiss. In ganz Asien existierte eine weitere Art, die Denisovaner genannt wird. Die Beziehungen zwischen modernen Menschen, den Neandertalern und den Denisovanern wurden als relativ begrenzt angesehen, obwohl genetische Daten bestätigen, dass moderne Menschen Spuren von Neandertaler-DNA haben, wie zuvor beschrieben, was darauf hinweist, dass einige Interaktionen stattgefunden haben. Der Geburtsort der modernen Menschen ist Afrika und die Auswanderung aus Afrika führte zur endgültigen Verdrängung und Ausrottung der Neandertaler (oder sie verschwanden zufällig zu dieser Zeit).

Die genetische Analyse hat und wird auch in Zukunft die evolutionären Beziehungen und die zeitlichen Abläufe revidieren oder verfeinern, wenn dies auf der Grundlage archäologischer Daten und der Datierung von Fossilien bisher nicht möglich war. DNA-Sequenzen ändern sich kontinuierlich im Lauf der Zeit – einige werden bestehen bleiben und einige werden verschwinden. Die Veränderungen, die bestehen bleiben und mit jeder Generation an Häufigkeit zunehmen, tragen zum Evolutionsprozess bei. Mikroevolution ist ein Begriff, der sich auf Veränderungen in der Häufigkeit von genetischen Variationen in einer gegebenen Art bezieht. Während die meisten einzelnen Genveränderungen nicht zu offensichtlichen physischen oder verhaltensbezogenen Merkmalsveränderungen führen, führt die Anhäufung dieser Veränderungen im Lauf der Zeit zum allmählichen Übergang zu verschiedenen messbaren Formen. Im Gegensatz dazu bezieht sich Makroevolution auf globalere Veränderungen, die mehrere Arten oder Populationen betreffen. Während die Wissenschaft weiterhin Veränderungen im Leben dokumentiert, die den heutigen Menschen vorausgingen, stellt sich die Frage, welche Faktoren diese Veränderungen verursacht haben.

Für diejenigen, die an andere Theorien über die menschliche Evolution und Herkunft glauben, werden diese Daten wahrscheinlich nichts an ihren persönlichen Überzeugungen ändern, und sie werden vielleicht insbesondere mit Skepsis betrachten, dass sich der moderne Mensch aus niedrigeren Arten entwickelt hat. Die Verbindung zwischen modernen Menschen und der stereotypisch dargestellten „minderen" Menschenart der Neandertaler kann als Beleidigung empfunden werden, obwohl archäologische Daten zeigen, dass die Neandertaler intelligente und geschickte Jäger mit ihrem eigenen Kommunikationssystem waren. Angesichts der riesigen Datenmenge und des wachsenden Beitrags der Genetik und der Umwelteinflüsse glauben einige, dass die Komplexität nur das Werk göttlicher Intervention sein kann.

Schlussfolgerung

Die genetische Analyse versteinerter Überresten könnte das derzeitige Verständnis der Entstehung des Menschen revidieren oder sogar neu schreiben. Es ist möglich, dass es mehr als eine Geschichte gibt, da die Populationen verschiedener Kontinente möglicherweise von verschiedenen Vorfahren abstammen. Zum Beispiel gibt es eine Debatte über einige Überreste in China, die als Peking-Mensch bezeichnet werden und wie diese Gruppe zu der Geschichte der menschlichen Migration passt. Neben der Kenntnis der menschlichen Ursprünge und der Verwandtschaft zwischen den Gruppen und mit dem modernen Menschen wurden aus der genetischen Analyse fossiler Überreste auch Erkenntnisse über den Gesundheitszustand dieser frühen Populationen gewonnen. Genetische Daten können jedoch nur ein weiteres Stück der Geschichte hinzufügen, wenn man bedenkt, dass Wissenschaftler mit stark abgebauten Proben arbeiten und kein „volles" Bild haben. Nichtsdestotrotz liefern diese Technologien neue Erkenntnisse, die vor 50 Jahren noch nicht möglich waren. Ja, es gibt Spuren von Neandertaler-DNA in uns, und das ist vermutlich auch gut so.

Literatur

Paabo, S. *Neanderthal Man: In Search of Lost Genomes.* Basic Books: New York, 2014.

Qiu, J. How China Is Rewriting the Book on Human Origins. Scientific American. July 2016. Available at https://www.scientificamerican.com/article/how-china-is-rewriting-the-book-on-human-origins/

Callaway E. Evidence mounts for interbreeding bonanza in ancient human species. Nature. February 17, 2016. Available at https://www.nature.com/news/evidence-mounts-for-interbreeding-bonanza-in-ancient-human-species-1.19394

Roebroeks W, Soressi M. Neandertals Revised. Proc Natl Acad Sci USA 2016; 113 (23): 6372–9.

Akst J. Neanderthal DNA in Modern Human Genomes Is Not Silent. The Scientist. Sept 1, 2019. Available at https://www.the-scientist.com/features/neanderthal-dna-in-modern-human-genomes-is-not-silent-66299

Medline Plus. What does it mean to have Neanderthal or Denisovan DNA? Available at https://medlineplus.gov/genetics/understanding/dtcgenetictesting/neanderthaldna/

16

(Neu-)Schaffung neuen Lebens

Erinnern Sie sich an den Blockbuster *Jurassic Park,* der auf einem gleichnamigen Roman von Michael Crichton basiert? Im Film wird Dinosaurier-DNA aus einer Mücke extrahiert, die sich von einem Dinosaurier ernährt hatte. Nach ihrer Dinosauriermahlzeit gerät die Mücke in Baumharz und stirbt leider kurz darauf. Innerhalb des gehärteten Baumsafts wurden das Insekt und seine Körperflüssigkeiten, einschließlich des Dinosaurierbluts, geschützt und für Millionen von Jahren von der Umwelt abgeschottet. Die Entdeckung des versteinerten Baumharzes, auch bekannt als Bernstein, mit der perfekt erhaltenen Mücke liefert eine Quelle für relativ intakte Dinosaurier-DNA, während zuvor die einzigen verbleibenden Artefakte, aus denen DNA extrahiert werden konnte, obwohl stark degradiert, Dinosaurierfossilien waren. Im Roman nutzen Wissenschaftler die gut erhaltene Dinosaurier-DNA, die aus den in Bernstein eingeschlossenen Mücken extrahiert wurde, um das Dinosauriergenom zu rekonstruieren und letztendlich Dinosaurier neu zu erschaffen. Lücken aus den zerfallenen Teilen des Dinosauriergenoms wurden durch Frosch-DNA ersetzt, einem vermutlich nahen Verwandten. Aber von da an gerät das Experiment außer Kontrolle, da die Dinosaurier wild und außerhalb der menschlichen Kontrolle herumlaufen.

Obwohl der Film auf einigen Fakten basiert, wurde in der Realität noch nie ein Dinosaurier neu erschaffen. Bis vor kurzem war die Idee, tatsächlich einen ganzen Organismus von Grund auf neu zu erschaffen oder zu synthetisieren, nur in der Vorstellungskraft von Science-Fiction-Autoren möglich. Fiktion ist nun Realität geworden, da die Fähigkeit, den

S. B. Haga, *Das Buch der Gene und Genome,* https://doi.org/10.1007/978-1-0716-3531-5_16

DNA-Code von Grund auf neu zu erschaffen (oder neu zu erstellen), heute möglich ist.

Alles beginnt mit DNA

Obwohl die Idee eines Dinosaurier-Parks vielleicht nicht glaubwürdig erscheint, ist die Prämisse des Films nicht so abwegig, wie Sie vielleicht denken. In den 1970er-Jahren haben Wissenschaftler herausgefunden, wie man genetische Sequenzen manipulieren kann, indem man sie schneidet und wieder aneinanderfügt und Sequenzen von einer Art zu einer anderen transferiert. Obwohl diese Experimente mit sehr kleinen Segmenten von DNA und hauptsächlich in Bakterien oder anderen einfachen Organismen durchgeführt wird, war die Macht dieser Technologie schon damals beängstigend. Wissenschaftler reagierten schnell auf öffentliche Ängste, wenn das Feld unkontrolliert voranschritt, und richteten ein Kontrollsystem ein, um so weit wie möglich potenziell schädliche Folgen des Feldes zu verhindern, ohne seinen Fortschritt zu stoppen.

Wie Sie sich vorstellen können, sind rekombinante DNA-Technologien, wie sie ursprünglich genannt wurden, in den vergangenen 40 Jahren erheblich fortgeschritten. Fortschritte in Technologien zur Manipulation von Gensequenzen in Kombination mit Informationen, die aus der Sequenzierung von Hunderten von Genomen gewonnen wurden, haben zur Schaffung eines neuen Feldes geführt, das als synthetische Biologie oder synthetische Genomik bezeichnet wird. Einfach ausgedrückt, konzentriert sich das neue Feld auf die Synthese oder Konstruktion von Genen, Wegen oder ganzen Genomen. Wissenschaftler können verschiedene Teile von Genen modifizieren, ein oder mehrere Gene potenziell unterschiedlicher Arten zusammenfügen und Gene im DNA-Code oder Genom – analog zu den Hauptfunktionen jeder Schreibsoftware heute schneiden, einfügen, kopieren und löschen. Aber im Vergleich zu den rekombinanten DNA-Technologien der 1970er-Jahre sind die heutigen Werkzeuge viel präziser und Wissenschaftler arbeiten mit viel längeren Sequenzen als je zuvor. Während die meisten dieser Technologien hauptsächlich an Organismen getestet und verwendet werden, die im Labor leicht manipuliert werden können, wie Bakterien, Viren und Hefen, können sie auch an komplexeren Organismen wie Mäusen und sogar menschlichen Zellen verwendet werden.

Heute ist es möglich, eine DNA-Sequenz von Grund auf neu zu erstellen (anstatt ein vorhandenes Stück DNA zu nehmen und es zu bewegen oder zu schneiden). Was meinen wir also mit „von Grund auf"? Wie beim Kochen würde ein Wissenschaftler mit den Hauptzutaten eines Genoms – DNA – beginnen. Wie wir bereits wissen, besteht DNA aus vier chemischen Basen (A, T, C und G), die in einer sehr präzisen Reihenfolge oder Sequenz angeordnet sind. Verschiedene Teile des Genoms (verschiedene Sequenzen) entsprechen verschiedenen Funktionen – die bekanntesten sind die Gene, die für Proteine codieren. Aber andere Sequenzen steuern, wann diese Gene eingeschaltet (aktiviert) werden, durch welche Signale sie aktiviert werden können, wie viel Genprodukt (Protein) hergestellt wird usw. In einigen Fällen wissen Wissenschaftler über jede dieser Teile Bescheid, in vielen Fällen jedoch nicht. Potenziell können Teile gegen andere Teile ausgetauscht werden, um eine leicht abweichende Funktion zu erreichen. Man kann es sich vorstellen wie bei diesen Salatselbstbedienungsrestaurants – Sie würden ein Element aus jeder der folgenden Kategorien auswählen, um sich Ihren Salat zusammenzustellen: Grünzeug, Protein, zusätzliches Gemüse und Dressing. Jedes Mal, wenn Sie das Restaurant besuchen, variieren Sie vielleicht Ihre Auswahl basierend auf Ihrer Stimmung, den verfügbaren Zutaten, Specials usw. Manchmal schmeckte die Kombination der ausgewählten Zutaten nicht so gut, wie Sie es sich vorgestellt hatten. Das Gleiche könnte für ein Gen gelten – die Kombination der ausgewählten Teile könnte kein voll funktionsfähiges Gen ergeben.

Synthese

Zur Erstellung einer exakten Kopie eines vorhandenen Gens in irgendeiner Spezies nutzen Wissenschaftler Laborprotokolle, um dies schnell und genau zu tun. Aber wenn man Änderungen an einem vorhandenen Gen vornehmen wollte, müssen die neuen „Teile" möglicherweise synthetisiert und dann verknüpft werden, abhängig davon, wie umfangreich die Änderung ist. Um dies zu tun, würden Wissenschaftler eine spezifische DNA-Sequenz bestellen, die hergestellt werden soll – Unternehmen, die DNA synthetisieren, würden die Sequenz in der genauen Reihenfolge von A, T, C und G wie angefordert konstruieren. Für kleine Änderungen kann es auch möglich sein, dies im Labor mit Geneditierungstechnologien (stell en Sie sich vor, Sie „bearbeiten" die Buchstaben der DNA, wie Sie es tun würden, wenn Sie ein Dokument bearbeiten) direkt im Genom zu tun.

Wenn man das Genom einer Spezies, die nicht mehr lebt, neu erschaffen wollte, müsste man es Stück für Stück (bzw. Sequenz für Sequenz) wieder aufbauen. Das Rezept für das Genom oder der genaue DNA-Code könnte durch die Analyse von versteinerten Überresten bestimmt worden sein.

Daher kennt man bereits die genaue Reihenfolge der DNA-Buchstaben – die Herausforderung besteht darin, sie von Grund auf neu zu konstruieren.

Als dieses Buch geschrieben wurde, war es nur möglich, ein gesamtes Genom für kleine Organismen (Bakterien und Viren) zu synthetisieren. Wissenschaftler beginnen mit kleinen Fragmenten von DNA-Fragmenten (zwischen 50 und 100 Basenpaaren) und verbinden sie in der richtigen Reihenfolge, um größere Stücke zu erstellen, und dann werden diese größeren Stücke verknüpft, um noch größere Stücke zu erstellen. Schließlich kann ein vollständiges und intaktes Genom im Labor erstellt werden (Abb. 16.1). Dies kann ein sehr langer und mühsamer Prozess sein, da jedes Mal, wenn ein weiteres Stück angehängt wird, die Wissenschaftler die Sequenz des neu verlängerten DNA-Stücks bestätigen müssen, bevor sie das nächste DNA-Fragment anhängen.

Diese Technologien für synthetische Genomik gehen über das hinaus, was in Kap. 15 mit genetisch veränderten Organismen (GVO) beschrieben wurde. Während für GVO in der Regel weniger komplexe Laborprozesse verwendet werden, profitieren zukünftige GVO vermutlich von ausgefeilteren Werkzeugen. Neuere Projekte zur synthetischen Genomik integrieren nun auch Geneditierungstechnologien, wie sie später in diesem Kapitel beschrieben werden.

An diesem Punkt könnten Sie sich fragen, wie genau diese Technologie genutzt werden kann, um unsere Gesundheit und/oder Umwelt zu verbessern oder unser Verständnis von grundlegenden biologischen Prozessen zu erweitern. Einige Beispiele werden im nächsten Abschnitt beschrieben. Alternativ könnten Sie sich fragen, ob dies der Traum eines verrückten Wissenschaftlers (oder Hollywoods) ist, die Technologien zu nutzen, um die DNA eines Wesens zu bauen, das nur in der Vorstellung existiert? Wenn Angst oder schwarzseherische Gedanken in Ihrem Kopf aufsteigen: Sie sind nicht allein. Die Diskussion über den potenziellen Missbrauch dieser Technologien wurde häufig von erheblichen Bedenken beherrscht. Während Gutes daraus entstehen kann, kann auch Schaden entstehen. Die potenzielle Synthese eines tödlichen Pathogens könnte viel eher größere Probleme für die Gesellschaft verursachen als die Neuerschaffung eines außer Kontrolle geratenen *Tyrannosaurus rex.*

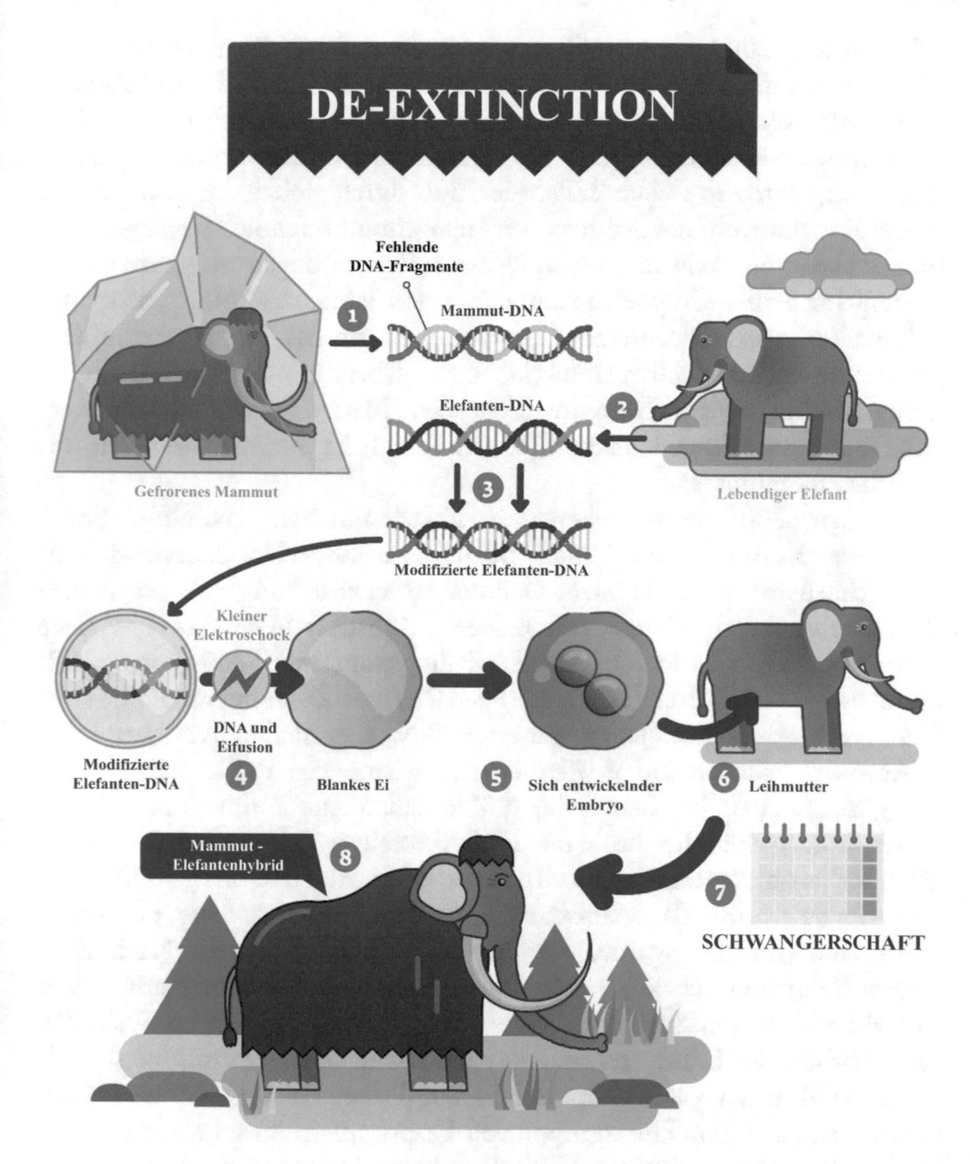

Abb. 16.1 Synthese eines Genoms durch Aufnahme kleinerer DNA-Fragmente und Zusammenfügen dieser zu längeren Stücken, bis ein einziges langes Stück erreicht ist, das das Genom eines Organismus darstellt

Neuerschaffung tödlicher Mikroorganismen

Die Geschichte des Feldes der synthetischen Genomik ist relativ kurz, aber wie wir aus der Vergangenheit wissen, ist eine schnelle Beschleunigung möglich. Im Jahr 2002 war die Gruppe von Dr. Eckard Wimmer und seine Kollegen von der State University of New York die erste, die ein lebendes, infektiöses Poliovirus aus maßgeschneiderten DNA-Fragmenten per Post zusammensetzte. Polio, einst eine zerstörerische und letztlich tödliche Krankheit, wurde in weiten Teilen der Welt durch globale Impfkampagnen ausgerottet. Obwohl die Sequenz des Poliogenoms öffentlich zugänglich ist, sind Proben von Polio in einigen sicheren Einrichtungen im ganzen Land eingesperrt. Seiner Gruppe brauchte etwa drei Jahre, das 7500 Basen lange Poliogenom zusammenzusetzen. Um zu testen, ob das, was sie zusammengesetzt hatten, tatsächlich infektiös und „lebendig" war, infizierten sie Zellen, die im Labor gezüchtet wurden, sowie Mäuse, um zu demonstrieren, dass ihre synthetische Version des Virus ähnliche Eigenschaften wie die natürlichen Stämme hat.

Im Jahr 2003 entwickelten der Nobelpreisträger Hamilton Smith und seine Kollegen vom Venter Institute in Rockville, Maryland, eine viel schnellere Methode der Genomzusammenstellung, als sie einen Bakteriophagen (eine Virus, das Bakterien infiziert) in nur zwei Wochen konstruierten (etwas kleiner als das Poliogenom mit 5389 Basen). Die dramatische Reduzierung der benötigten Zeit zur Zusammenstellung eines Genoms innerhalb eines Jahres war erstaunlich, aber nicht überraschend.

Aber vielleicht hat die Wiederherstellung eines der tödlichsten Grippeviren aller Zeiten bis heute die größte öffentliche Aufmerksamkeit auf dieses Feld gelenkt. Im Frühjahr 1918 verbreitete sich ein relativ mildes, aber hochansteckendes Grippevirus von Stadt zu Stadt in ganz Europa. Die Grippe wurde als Spanische Grippe bezeichnet, da eine der ersten Städte, die getroffen wurde, San Sebastian in Spanien war. Nach einer kurzen Remission kehrte sie mit Wucht zurück und traf im Herbst 1918 mit viel tödlicheren Symptomen die Menschen auf der ganzen Welt. Für die Mehrheit der Infizierten schienen die anfänglichen Symptome wie die typische Grippe zu sein – Körperschmerzen, Fieber, Schüttelfrost und Kopfschmerzen. Aber eine Untergruppe von Grippeopfern erlag in nur wenigen Tagen einer Ansammlung von blutiger Flüssigkeit in ihren Lungen – sie ertranken buchstäblich.

Im Gegensatz zu anderen Grippeepidemien erkrankten an diesem Stamm besonders junge und gesunde Menschen.

Am Ende waren mehr als 25 % der US-Bevölkerung betroffen, und die Zahl der Todesopfer wird weltweit auf 20 bis 50 Millionen geschätzt. Die Epidemie verwüstete nicht nur Familien, sondern auch ganze Dörfer und einen beträchtlichen Teil der Bevölkerung kleinerer Länder sowie die zahlreichen Militärs, die im Ersten Weltkrieg kämpften, darunter auch die USA.

In den 1990er-Jahren suchten Wissenschaftler vom US Armed Forces Institute of Pathology (AFIP) in ihren Archiven nach Gewebeproben, die von US-Soldaten aufbewahrt worden waren, die angeblich 1918 an der Grippe gestorben waren. Da die meisten der mit der Grippe Infizierten tatsächlich an einer Sekundärinfektion (bakterielle Lungenentzündung) starben, waren in den meisten der gelagerten Proben keine Viruspartikel vorhanden. Von 78 vom Forschungsteam untersuchten Proben wurden zwei gefunden, die einige Überreste des Virus enthielten. Darüber hinaus reisten die Wissenschaftler nach Alaska, wo sie vier Körper aus einem Massengrab exhumierten, von denen angenommen wurde, dass sie an der Spanischen Grippe gestorben waren. Lungengewebe von einem der Opfer, einer Inuit-Frau, wurde positiv auf das Grippevirus getestet, das jahrzehntelang durch die Permafrostbedingungen konserviert worden war.

Zwischen 1997 und 2005 wurden durch sorgfältige Analyse sehr kleiner Abschnitte des viralen Genoms die acht Gene des Virus eines nach dem anderen sequenziert, wenn auch mit einigen Lücken aufgrund von degradierter DNA, insgesamt etwa 13.000 DNA-Basen. Dann kündigte im Jahr 2005 ein Team von Wissenschaftlern vom AFIP, dem CDC, der Mt. Sinai School of Medicine und dem USDA an, dass sie das Spanische-Grippe-Virus mithilfe von synthetischer Genomik rekonstruiert hatten. Da ein vollständiges virales Genom nicht von den Opfern entnommen werden konnte, verwendeten die Wissenschaftler Teile eines eng verwandten Grippevirus, um die Lücken zu füllen (klingt das bekannt?).

Nachdem das Virus wiederhergestellt war, testeten die Wissenschaftler seine Virulenz in Mäusen. Mit anderen Worten, konnte das, was sie im Labor hergestellt hatten, tatsächlich wieder zum „Leben" erweckt werden? Experimente mit Mäusen, die mit der vom Menschen hergestellten Spanischen Grippe infiziert wurden, starben innerhalb von 3 bis 5 Tagen und zeigten eine schwere Lungenentzündung, ähnlich wie sie bei menschlichen Opfern berichtet wurde.

Die Wiederherstellung des Spanischen-Grippe-Virus löste eine Reihe öffentlicher Reaktionen aus, wie die großen Zeitungsüberschriften auf der ganzen Welt belegen. Während einige Zeitungen sich dafür entschieden, die wissenschaftliche Errungenschaft zu feiern (die *New York Times* verkündete „Experten entschlüsseln Hinweise auf die Verbreitung des Grippevirus von 1918"), konzentrierten sich andere auf Sicherheitsfragen (die Londoner Zeitung, *The Guardian*, verkündete „Sicherheitsängste, da das Grippevirus, das 50 Mio. Menschen tötete, wiederhergestellt wurde"). Die *San Antonio Express-News* fragte ihre Leser offen: „Wollen wir wirklich mit dem Virus von 1918, das 50 Mio. Menschen tötete, herumspielen?" Im Gegensatz zu den anderen früheren Synthetische-Genomik-Experimenten existierte das Spanische-Grippe-Virus derzeit nirgendwo in seinem natürlichen Zustand. Das Papier war daher ein Rezept dafür, wie man im Grunde ein tödliches Virus aus einer skizzenhaften Karte seines Genoms wiederherstellen kann.

Bis heute ist das größte wiederhergestellte Genom das des Bakteriums *Mycoplasma mycoides,* mit etwas über 1000 proteincodierenden Genen (zur Erinnerung, Menschen haben schätzungsweise 20.000 Gene) und einer Genomgröße von 1.077.947 Basen. Es ist für den Menschen nicht schädlich, kann aber Nutztiere, hauptsächlich Rinder und Ziegen, infizieren. Ein Team von Wissenschaftlern zielte darauf ab, dieses große Genom Stück für Stück zu rekonstruieren und tatsächlich zum Leben zu erwecken. Und tatsächlich, sie waren sie erfolgreich damit und legten den Grundstein für das nächste Team, um etwas noch Größeres zu bauen.

Minimales Genom

Im Gegensatz zu Bakterien und Viren haben höhere Organismen viel DNA, die nicht für Gene codiert. Bei vielen dieser nichtgenischen (oder nichtcodierenden) DNA-Abschnitte sind sich Wissenschaftler nicht sicher, ob sie einen Zweck erfüllen. Mit anderen Worten, sind diese langen DNA-Abschnitte, die keine Gene enthalten, lebensnotwendig? Bei Menschen codieren nur etwa 3 % des Genoms für Gene, die Proteine herstellen – da ist also viel nichtcodierende DNA, die wir herumtragen. Eine Zeit lang wurde die nichtcodierende DNA als Müll-DNA („junk DNA") bezeichnet. Aber jüngste Studien deuten darauf hin, dass es vielleicht kein Müll ist; es stellt sich heraus, dass einige dieser DNA-Genwüsten wichtige Rollen bei der Regulierung der Genexpression spielen (sie dienen als Ein-/Ausschalter für Gene).

Auch andere höhere Arten stehen vor einer ähnlichen Situation – ist all diese zusätzliche DNA notwendig für das Überleben? Stellen Sie sich vor, wie viel effizienter und straffer der Prozess des Zellwachstums und der Zellteilung wäre, wenn das gesamte Genom nicht jedes Mal repliziert werden müsste, wenn eine Zelle sich teilt. Wissenschaftler, die sich für dieses Problem interessieren, haben sich gefragt, wie viele Gene tatsächlich für das Überleben notwendig sind (für die Fortpflanzung und die Ausführung grundlegender Funktionen eines Organismus).

Wissenschaftler haben zunächst auf Computermodelle und Kenntnisse grundlegender biochemischer Wege gesetzt, um die minimale Anzahl von Genen – auch minimales Genom genannt – zu schätzen. Aber nur

Laborexperimente können bestimmen, ob die Computermodelle korrekt sind. Zwei Ansätze können verwendet werden, um einen Organismus mit einem minimalen Genom zu erzeugen. Der erste Ansatz werden in einem bestehenden Organismus diejenigen Gene ausgeschaltet (entfernt), die für das Überleben als unnötig erachtet werden – ein Top-down-Ansatz. Nach dem Entfernen der als nicht wesentlich erachteten Gene können eine Reihe von Tests durchgeführt werden, um zu bestimmen, ob die Zellen normal wachsen und sich normal verhalten. Experimente, bei denen Gene zufällig aus dem Bakterium *Mycoplasma genitalium* entfernt wurden, zeigten, dass nur eine Teilmenge der Gene (zwischen 265 und 350) tatsächlich für das Überleben des Bakteriums unter Laborbedingungen erforderlich sind. Im Gegensatz dazu kann das Genom eines Organismus von Grund auf neu erstellt werden, indem eine DNA-Sequenz mit nur den Genen erstellt wird, von denen angenommen wird, dass sie für das Leben notwendig sind – ein Bottom-up-Ansatz. Da bisher kein Genom größer als 13.000 Basen (das spanische Grippevirus) synthetisiert wurde, wurde diese Art von Experiment noch nicht durchgeführt, obwohl es wahrscheinlich möglich ist.

Das Erschaffen einer „verschlankten" Zelle könnte einer Reihe von industriellen Zwecken dienen, wie zum Beispiel Lebensmittelverarbeitung (denken Sie an Bier, Käse etc.), Umweltanwendungen (Beseitigung von chemischen Kontaminationen im Boden), oder Medizin. Potenziell könnte eine Hülle einer Zelle konstruiert und dann spezifische genetische Funktionen hinzugefügt werden, um die gewünschte Anwendung oder Nutzung zu erreichen. Derzeit sind dies noch futuristische Szenarien, aber sie werden in Betracht gezogen.

Wiederherstellung ausgestorbener Arten: Schritt 1 – Beschaffung von DNA-Sequenzen

Eine der Möglichkeiten zur Wiederherstellung von Genomen ist das Potenzial, ausgestorbene Arten wieder aufleben zu lassen. De-Extinction, wie dies genannt wird, erfordert die Synthese eines Genoms und dessen anschließende Übertragung in eine Eizelle, damit sich der Organismus entwickelt (Abb. 16.2). Mit Ausnahme von Arten, die in jüngerer Zeit ausgestorben sind (sagen wir innerhalb der letzten 150 Jahre), wären wahrscheinlich nur partielle Genome von ausgestorbenen Arten verfügbar (extrahiert aus versteinerten Überresten). In diesen Fällen könnte es möglich sein, das Genom einer verwandten Art zu verwenden, um die Lücken im

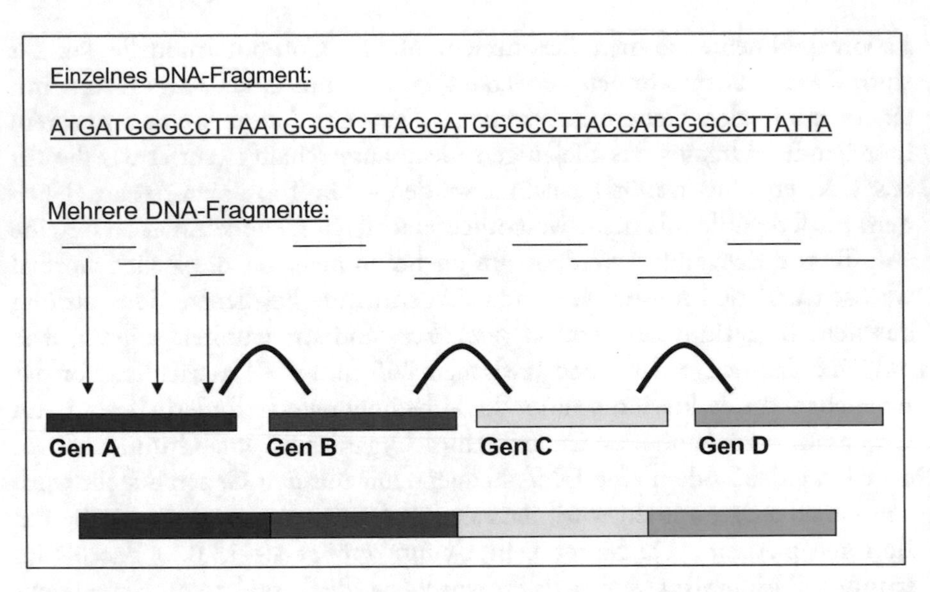

Abb. 16.2 Illustration der Schritte zur Wiederbelebung eines Wollmammuts. (Quelle: Adobe Photo Stock)

Genom der ausgestorbenen Art zu füllen (erinnern Sie sich an *Jurassic Park*). Dies würde jedoch wahrscheinlich keine genaue Wiederherstellung der ausgestorbenen Art ergeben, sondern eher eine Hybridart aus zwei Arten, der ausgestorbenen Art und der anderen Art, deren DNA verwendet wurde, um die Lücken zu füllen. Eine stark vereinfachte Beschreibung der Schritte zur Wiederherstellung einer ausgestorbenen Art wird unten beschrieben, wobei viele Details weggelassen werden (oder sogar zu diesem Zeitpunkt unbekannt sind).

Alte DNA: Dinosaurier

Im Jahr 1962 fand Dr. George Poinar ein Stück Bernstein an einem Strand in Dänemark mit einer darin eingebetteten Fliege. Als Insektenpathologe markierte dies den Beginn von Dr. Poinars umfangreicher Bernsteinsammlung. Zwanzig Jahre nach seinem ersten Fund, 1982, beobachteten er und seine Frau, Dr. Roberta Poinar, eine vollständig intakte Mücke, die in einem ihrer Bernsteinproben eingebettet war. In dem 40 Millionen Jahre alten Exemplar waren nicht nur das Skelett der Mücke, sondern auch echte Zellen zu sehen - eine gelinde gesagt schockierende Entdeckung. Die exquisite Erhaltung des Insekts führte zu der Idee, dass, wenn die Zellen noch intakt waren, vielleicht auch die DNA in den Zellen noch intakt war. Darüber hinaus könnten vielleicht die Zellen (und DNA) der Tiere, von denen die Mücke sich ernährt hatte, in der Mücke erhalten geblieben sein. Die Idee zu *Jurassic Park* war geboren.

Bernstein ist eigentlich versteinertes Baumharz. Die Bildung von Bernstein ist noch immer ein Rätsel, aber dieser Millionen Jahre dauernde Prozess erzeugt eine Reihe von Farben (von weiß bis schwarz) und Transparenzen, wobei die goldene Farbe eine der beliebtesten ist. Obwohl Bernstein auf der ganzen Welt gefunden wird, befindet sich eines der größten Bernsteinvorkommen entlang der Ost- und Nordsee. Bernstein ist seit prähistorischer Zeit eine sehr wertvolle Ware, insbesondere in der griechischen und römischen Kultur mit bekannten Bernsteinhandelsrouten zwischen der Nordsee und Rom und Griechenland. Bernstein wird zur Herstellung von Schmuck, Schmuck und kleinen Skulpturen verwendet, aber man glaubte auch, dass er medizinische Eigenschaften hat und böse Kräfte abwehren kann.

Da Bernstein als hervorragende Schutzbarriere für eingeschlossene Organismen dient, fragten sich Wissenschaftler, ob irgendeine verwertbare DNA extrahiert und tatsächlich sequenziert werden könnte, um sie mit Sequenzen moderner Arten zu vergleichen. Die Möglichkeit, die leistungsstarken Technologien der Genetik auf versteinertes Material anzuwenden und möglicherweise unser Verständnis der Evolutionsgeschichte zu verändern, war endlich gekommen.

Und es stellte sich heraus: Ja, das geht. Allerdings wurde nicht die ursprüngliche Entdeckung der 40 Millionen Jahre alten, in Bernstein eingeschlossenen Mücke verwendet. Vom Poinar-Team wurden erstaunlicherweise kleine DNA-Fragmente von einem in Bernstein eingeschlossenen Rüsselkäfer extrahiert, der auf ein Alter von 120–135 Millionen Jahren geschätzt wurde. Darüber hinaus wurde DNA auch aus einem 20 Millionen Jahre versteinerten Magnolienblatt, einer Biene, Termiten und Holzmücken, die in Bernstein konserviert waren, extrahiert.

Im Jahr 1994 berichteten Forscher von der Brigham Young University von der Extraktion von DNA aus Fossilien, die in einer Kohlenmine in Ost-Utah gefunden worden waren. Die Fossilien waren in einem Gestein eingebettet, in dem auch andere Dinosaurierfossilien entdeckt worden waren; aufgrund ihrer geringen Größe konnten sie jedoch nicht eindeutig als Dinosaurier identifiziert werden. Wegen des starken Abbaus der auf 80 Millionen Jahre alt geschätzten Fossilien konnten nur sehr kleine Segmente sequenziert werden. Ein Vergleich der DNA-Sequenz zeigte keine Ähnlichkeiten mit irgendeiner modernen Tierart, einschließlich Vögeln, die vermutlich die

Nachkommen der Dinosaurier sind. Nach der Veröffentlichung des Berichts entbrannte eine heftige Debatte darüber, ob es sich tatsächlich um Dinosaurier-Fossilien handelt.

Im Jahr 1997 wurde ein bemerkenswerter Bericht veröffentlicht, der verkündete, dass in einem Knochen eines *Tyrannosaurus rex* rote Blutkörperchen beobachtet worden waren. Die Entdeckung war verblüffend, da weiche Gewebe wie Blutgefäße und Muskeln im Lauf der Zeit zerfallen, während harte Gewebe wie Knochen mineralisiert werden und Millionen von Jahren überdauern. Gefunden in der Hell Creek Formation in Montana vom renommierten Paläontologen Jack Horner, wurde das Fossil auf ein Alter von 68 Millionen Jahren geschätzt. Nach allen Erkenntnissen hätten Spuren von biologischem Material in so alten Knochen vollständig abgebaut und nicht nachweisbar sein sollen. Nachdem die Knochenfragmente in Säure eingeweicht wurden, die Knochen auflöst, aber nicht weiches Gewebe, wurde ein Dünnschnitt hergestellt und unter einem Hochleistungsmikroskop untersucht. Außerdem wurden Proteine wie Hämoglobin (das Molekül, das Sauerstoff in roten Blutkörperchen transportiert) und Kollagen nachgewiesen und sequenziert, ähnlich wie eine DNA-Strang sequenziert wird. Ein Vergleich der Proteinsequenz mit einer Vielzahl moderner Arten zeigte, dass die *T.-rex*-Proteinsequenz am ähnlichsten zu der des Huhns war. Diese Daten bestätigten die langjährige Hypothese, dass Vögel Nachkommen der Dinosaurier sind.

Ein großes Problem bei jeder extrahierten DNA aus Überresten, selbst bei relativ jungen Proben, sind Kontaminationen. Abhängig von der Dauer des Zerfalls, der Art des Gewebes und den Umweltbedingungen oder dem Standort, sind Kontaminationen durch andere Arten (zum Beispiel Aasfresser), durch gegenwärtige Menschen (oder Menschen aus der Zeit, als die Fossilien ursprünglich gefunden, weggeworfen und dann wiederentdeckt wurden) und durch Bakterien oder andere Mikroorganismen mehr als wahrscheinlich. Während DNA-Analysen zwischen einigen Arten unterscheiden können, gibt es in einigen Fällen vielleicht keinen verfügbaren Vergleich oder die DNA ist für eine Analyse zu stark zerstört.

Wollmammuts und andere kürzlich ausgestorbene Arten

Kürzlich ausgestorbene Arten können aus mehreren wissenschaftlichen Gründen einfacher wiederbelebt werden, obwohl sie wahrscheinlich nicht das gleiche Maß an Aufregung wie der *T. rex* hervorrufen werden. Erstens könnte gut erhaltenes Gewebe einer kürzlich ausgestorbenen Art in einem Museum oder einer Gefriertruhe verfügbar sein, sodass Wissenschaftler das gesamte intakte Genom extrahieren und sequenzieren können. Somit wäre eine exakte Nachbildung der ausgestorbenen Art möglich.

Quagga

DNA einer ausgestorbenen Art wurde zum ersten Mal im Jahr 1984 extrahiert. Ein Team der University of California unter der Leitung von Dr. Allan Wilson extrahierte und klonierte DNA eines ausgestorbenen Tiers, bekannt als das Quagga. Ein Quagga sieht aus wie eine Kreuzung zwischen einem Zebra und einem Pferd, aber die genaue Abstammung der Art war unklar. Ursprünglich in Südafrika beheimatet und durch Bauern, die ihre Ernten schützen wollten, auf nicht nachhaltige Zahlen reduziert, starb das letzte lebende Quagga 1883 im Amsterdamer Zoo in Gefangenschaft. Gewebe wurde konserviert und in einem gefrorenen Depot im San Diego Zoo gelagert.

Das Team extrahierte DNA aus Muskel- und Bindegewebe, das aus einem Hautabschnitt herausgeschnitten wurde. Obwohl die DNA erheblich abgebaut war, war eine molekulare Analyse kurzer DNA-Fragmente möglich. Nach dem Vergleich der Sequenz der Quagga-DNA mit der von modernen Zebras und Pferden stellte das Team fest, dass das Quagga näher mit dem Zebra als mit dem Pferd verwandt war. Die molekulare Analyse wurde 1988 mit neuen, genaueren Techniken wie PCR wiederholt. Die Ergebnisse des zweiten Experiments bestätigten die ursprünglichen Resultate.

Beutelwolf

Im Jahr 1989 wurde DNA einer weiteren ausgestorbenen Art, dem Beutelwolf aus Australien, extrahiert. Die DNA-Analyse dieses hundeähnlichen Tieres ergab, dass es mit anderen australischen Beuteltieren verwandt ist, aber nicht mit südamerikanischen Beuteltieren. Die Analyse von Quagga- und Beutelwolf-DNA zeigte, dass die DNA-Extraktion und -Analyse von kürzlich ausgestorbenen Arten, die in Museen oder Biorepositorien konserviert sind, möglich ist. Die nächste offensichtliche Frage war, ob DNA aus fossilisierten Überresten extrahiert werden kann.

Wollhaarmammuts

Wollhaarmammuts waren langhaarige, elefantenähnliche Kreaturen mit langen, kraftvollen Stoßzähnen; die letzten Exemplare starben vor etwa 4000 Jahren aus. Die Mehrheit der Wollhaarmammuts starb vermutlich vor etwa 12.000 Jahren am Ende des Pleistozäns. Mehrere Kadaver wurden in Sibirien und Nordeuropa gefunden. Obwohl viele stark degradiert waren, wurden einige relativ intakte Exemplare gefunden, da die Bedingungen der gefrorenen Tundra konservierend wirkten und die Zersetzung minimierten. Aber selbst unter diesen Bedingungen können nur sehr kleine Teile des Genoms des Wollhaarmammuts sequenziert werden, weshalb es sehr unwahrscheinlich ist, dass die Art aus ihrem genetischen Code zum Leben erweckt werden kann.

In den frühen 1990er-Jahren wurde DNA aus einem 40.000 Jahre alten Wollhaarmammut namens Dima extrahiert. Das Fossil wurde 1977 in der gefrorenen Tundra in Sibirien entdeckt. Erste Versuche in den frühen 1980er-Jahren, die DNA zu klonieren, scheiterten aufgrund technischer Schwierigkeiten. In den frühen 1990er-Jahren wurde das Experiment mit der neuen Technik der PCR wiederholt und kurze Fragmente der Mammut-DNA von etwa 350 Basenpaaren Länge wurden amplifiziert und sequenziert. Der Vergleich der aus dem Wollhaarmammut extrahierten DNA mit lebenden Elefantenarten bewies, dass das Wollhaarmammut sowohl mit indischen als auch mit afrikanischen Elefanten verwandt war.

Erhaltene Haarproben von Wollhaarmammuts deuten auf eine Reihe von dunkel- und hellhaarigen Tieren hin. Das Gen MC1R wurde beim Menschen mit roten Haaren und bei anderen Säugetieren wie Hunden, Mäusen und Pferden mit roten oder gelben Haaren in Verbindung gebracht. Einige der Haarfarben können aufgrund von Pigmentabbau oder Bleichung ungenau sein. Im Jahr 2006 sequenzierten Wissenschaftler dieses Gen in DNA, die aus mehreren Wollhaarmammutproben extrahiert wurde. Basierend auf der Sequenz und den verschiedenen Farben, die mit verschiedenen Genvarianten assoziiert sind, bestätigten die Forscher, dass die Fellfarbe der Wollhaarmammuts variabel war, höchstwahrscheinlich braun oder schwarz. So kann die DNA-Analyse uns nicht nur etwas über die evolutionäre Geschichte ausgestorbener Arten lehren, sondern auch ein genaueres Bild davon vermitteln, wie diese Kreaturen aussahen.

Wiederherstellung ausgestorbener Arten: Schritt 2 – Genomsynthese

Zweitens, in dem Bestreben, eine ausgestorbene Art wieder zum Leben zu erwecken, muss ein ganzes Genom synthetisiert werden. Bis jetzt wurde noch keine Synthese eines so großen Genoms erreicht, weder für eine ausgestorbene noch für eine lebende Art mit oder ohne vollständiger Genom-Blaupause. Es wurden Experimente durchgeführt, bei denen die DNA bzw. das Genom einer Zelle eines Tieres in eine Eizelle derselben Art (eine Spendereizelle) transferiert und in dieselbe Art eingepflanzt wurde, was zu einer exakten Kopie der DNA-Quelle führte. Dies ist keineswegs ein einfacher Prozess, obwohl er sicherlich viel einfacher ist als das, was zur Synthese eines vollständigen Genoms oder zur Wiederbelebung einer ausgestorbenen Art erforderlich wäre.

Selbst wenn DNA gewonnen werden könnte, wie bereits erwähnt, wird ihre Sequenz viele Lücken enthalten. Wenn die ausgestorbene Art einen lebenden Verwandten hat, ist es möglich, die DNA-Sequenz des lebenden Verwandten zu verwenden, um die Lücken im Genom der ausgestorbenen Art zu füllen (Abb. 16.2). Alternativ könnte das vollständige Genom der lebenden Art bearbeitet werden, um Abschnitte durch Sequenzen der ausgestorbenen Art zu ersetzen. Bei beiden Ansätzen wäre das Endergebnis eine Hybridform von zwei verwandten Arten und das Resultat (das Tier) ungewiss. Zum Beispiel unterscheiden sich Elefanten und Wollmammuts in bestimmten Merkmalen.

Wiederherstellung ausgestorbener Arten: Schritt 3 – Entwicklung

Nachdem ein synthetisiertes Genom erstellt wurde, muss es in eine Eizelle einbracht, um die Entwicklung zu initiieren, und anschließend in eine Leihmutter eingepflanzt werden. Die Identifizierung einer Leihmutter oder einer eng verwandten Art für Eizellenspende und Gestation kann für einige Arten herausfordernd sein. Glücklicherweise könnte für das Wollmammut eine Elefanteneizelle verwendet werden. Allerdings schwinden die Elefantenpopulationen, und für Experimente würden viele Eizellen benötigt, was mehrere weibliche Elefanten mehreren Runden der Eizellensammlung aussetzen würde (wahrscheinlich können nur drei bis vier Eizellen pro Jahr von einem Elefanten gesammelt werden, und es könnten Hunderte benötigt werden). Selbst wenn eine Eizelle mit dem synthetisierten Genom zu wachsen und sich zu teilen beginnt und zur Implantation bereit ist, stellt der Elefant eine Reihe von physischen Herausforderungen für die Übertragung des Embryos in die Gebärmutter dar, die potenziell tödlich sein können. Für andere Arten wie den ausgestorbenen Wolf oder Delfin könnte dieser Prozess jedoch viel günstiger für Implantation und Leihmutterschaft sein. Alternativ könnte es möglich sein, eine künstliches Eizelle (oder eine Umgebung) zu schaffen, in die das synthetische Genom injiziert wird, aber in der reproduktiven Biologie ist noch zu vieles unbekannt, als dass dies bald eine praktikable Option wäre.

Impfstoffentwicklung

Technologien der synthetischen Genomik werden für eine Reihe von medizinischen Anwendungen genutzt. Die Impfstoffentwicklung ist ein Bereich, der in diesem Feld erforscht wird und bei der Entwicklung von COVID-Impfstoffen erfolgreich war. Neue Methoden der Impfstoffentwicklung werden benötigt, da der bisherige Ansatz nicht die Art von Präzision und Flexibilität bietet, um schnell neue Impfstoffe als Reaktion auf eine virale oder bakterielle Bedrohung zu entwickeln. Diese bisherigen Ansätze verwenden typischerweise ein inaktiviertes (oder abgeschwächtes) Virus oder Bakterien, was einige Risiken bergen kann. Und: Ändert sich die Sequenz des Virus oder Bakteriums, wird der Impfstoff möglicherweise unwirksam und ein neuer Impfstoff müsste entwickelt werden. Wissenschaftler haben damit experimentiert, Gene zu verwenden, die bestimmte virale oder bakterielle Proteine produzieren, die DNA (oder das verwandte Molekül RNA) und einige Proteine in eine Blase einzuschließen und sie in einen Organismus zu injizieren, um festzustellen, ob sie eine Immunreaktion auslösen. Im Jahr 2020 verwendeten zwei der zugelassenen Covid-19-Impfstoffe, die von den Unternehmen Pfizer und Moderna entwickelt wurden, eine neue Technologie namens mRNA-Impfstofftechnologie. Im Gegensatz zu herkömmlichen Impfstoffen, die eine abgeschwächte Version des Virus verwenden, um eine Immunreaktion im Körper auszulösen, die eine Infektion bei Exposition bekämpft, arbeiten diese Impfstoffe mit einem Stück RNA (Schwestermolekül der DNA), das für einen Teil eines viralen Proteins codiert, sodass der Körper eine Immunreaktion auslöst. Das Endergebnis ist also das gleiche – ihr Körper ist darauf vorbereitet, eine Infektion zu bekämpfen, wenn er SARS-CoV-2 (dem Virus, das Covid-19 verursacht) ausgesetzt ist. Diese neuen mRNA-Impfstoffe können extrem schnell hergestellt (im Gegensatz zu einem herkömmlichen Impfstoff) und bei Bedarf modifiziert werden, wenn sich das Virus genetisch verändert. Mit diesem Ansatz wird nicht das gesamte Virus oder Bakterium verwendet und daher besteht kein Infektionsrisiko.

Ethische Fragen der synthetischen Genomik

Zusammengefasst, die synthetische Genomik ermöglicht viel mehr kreative Experimente und neue Anwendungen als Geneditierungs- oder Genmodifizierungstechnologien, die typischerweise auf einzelne Gene beschränkt sind. Ob versucht wird, den DNA-Code eines bekannten Organismus zu replizieren oder mit dem Unbekannten mittels Synthese eines neuen Codes zu experimentieren, die Kraft der synthetischen Genomik wird uns auf eine andere Ebene des wissenschaftlichen Experimentierens führen, die viele ethische Fragen aufwirft und aufwerfen wird, ähnlich den öffentlichen Bedenken, die in den 1970er-Jahren mit der Einführung der rekombinanten DNA-Technologie aufkamen.

Im Allgemeinen können die Bedenken in zwei Hauptgruppen unterteilt werden: 1) praktische Bedenken hinsichtlich Sicherheit und Prävention von schädlichen Missbräuchen und 2) angemessene Nutzung der Technologie in Übereinstimmung mit gesellschaftlichen Werten und Bedürfnissen. Mit dem zweiten Anliegen sind philosophische, moralische und religiöse Überzeugungen verknüpft, die erhebliche Herausforderungen darstellen, um einen Konsens über den besten Weg nach vorn zu erreichen.

Zunächst wird die Sicherheit von synthetisch erzeugten Organismen für die Umwelt wahrscheinlich ein andauerndes Anliegen sein. Wie bei GVO, können genetisch synthetisierte Organismen von ihren natürlichen Gegenstücken ununterscheidbar sein und es könnten neue Überwachungstechniken erforderlich sein, um „menschengemachte" Organismen schnell zu erkennen, wenn sie eine Bedrohung in der natürlichen Umwelt oder für die menschliche Gesundheit darstellen. Trotz sorgfältiger Tests im Labor können negative Auswirkungen auf Ökosysteme/Umwelt nicht immer vorhergesehen werden.

Um die Wahrscheinlichkeit eines Ausbruchs synthetischer Organismen in die natürliche Umwelt zu verringern, wie bei GVO, können zwei Arten von Eindämmungsmaßnahmen entwickelt werden: 1) physische Eindämmung und 2) biologische Eindämmung.

Neben direkten Schäden für die Umwelt oder das Ökosystem, die durch die synthetisch erzeugten Organismen verursacht werden, gibt es andere

Schäden oder Bedrohungen zu berücksichtigen. Jede Technologie oder jedes Produkt kann für mehrere Zwecke verwendet werden – gut und böse. Sie werden daher als Dual-use-Technologien bezeichnet. Eine Waffe kann aus alltäglichen Haushaltsmaterialien hergestellt werden. Ein Mobiltelefon kann verwendet werden, um eine Bombe zu zünden. Ähnlich kann, sobald die essenziellen Gene oder die Funktion bestimmter Gene für einen Organismus definiert wurden, eine biologische Waffe konstruiert werden, indem die destruktivsten genetischen Komponenten, die bekannt sind oder, noch schlimmer, neu geschaffen werden, kombiniert werden. Stellen Sie sich ein genetisches Rezept für eine biologische Waffe vor – ein Teil Anthrax-Gene, zwei Teile Spanische Grippe, ein Teil Botulismus usw. Gene können gemischt und abgestimmt, verstärkt und zufällig verändert werden, solange die Lebensfähigkeit des Organismus nicht beeinträchtigt wird. Ein Gentechniker wird genauso gefährlich wie ein Kern- oder chemischer Sprengstoffingenieur.

Nach der Pandemie der Spanischen Grippe im letzten Jahrhundert gab es eine Reihe von Theorien, dass das spanische Grippevirus in Wirklichkeit eine Massenvernichtungswaffe war - dass die Deutschen Aspirin, das der Pharmakonzern Bayer in die USA verkauft hatte, mit dem Virus verseucht hatten oder dass es von einem deutschen Schiff, das im Hafen von Boston anlegte, über die Luft in die Stadt gebracht wurde (man erinnere sich, dass dies zur Zeit des Ersten Weltkriegs war). Diese Szenarien klingen unheimlich vertraut für unsere Gesellschaft heute, 100 Jahre später. Im Jahr 2003, bevor die Neuerschaffung der Spanischen Grippe angekündigt wurde, versammelte die US-amerikanische Central Intelligence Agency eine Gruppe von Experten, um die Anwendung neuer wissenschaftlicher Techniken in der Genetik und Genomik zur Erstellung biologischer Massenvernichtungswaffen zu ermitteln. In ihrem Bericht kamen sie zu dem Schluss, dass „die gleiche Wissenschaft, die einige unserer schlimmsten Krankheiten heilen könnte, verwendet werden könnte, um die furchterregendsten Waffen der Welt zu schaffen". Die Ankündigung der Neuerschaffung der Spanischen Grippe und anderer Genome liefert im Grunde die Anleitung, wie man ein Genom synthetisiert, unabhängig von den spezifischen Genen oder Arten.

Dies bringt uns zu der zweiten Sorge über den angemessenen Gebrauch dieser Technologien und wer diese überwacht oder diese Entscheidungen trifft. Zum Beispiel, sollte privaten Laboren erlaubt sein, an der Wiederbelebung eines Dinosauriers zu arbeiten? Gibt es irgendwelche Regeln, die ein Unternehmen daran hindern würden, dies zu tun? Sie könnten einen riesigen Gewinn erzielen, entweder indem sie jedes Tier anbieten, für das jemand bereit wäre zu zahlen und/oder sie könnten eine Gebühr erheben, um der Öffentlichkeit die Möglichkeit zu geben, die von ihnen neu geschaffenen Tiere zu betrachten. Abgesehen von den rechtlichen Fragen zu dieser Art von Aktivität gibt es auch Umweltbedenken (wie würde beispielsweise ein großes Tier eingehegt werden, um Schäden für die Umwelt zu begrenzen) und Bedenken hinsichtlich der Gesundheit des Tieres selbst (nichts oder sehr wenig ist bekannt über den Lebensraum, die Ernährung oder das Verhalten eines ausgestorbenen Tieres und die Unsicherheit, ob das Tier überhaupt in der heutigen Umwelt leben könnte) und der Sicherheit seiner Pfleger.

Ist dies ein Unterfangen, für das Bundessteuergelder zur Unterstützung verwendet werden sollten? Wer würde entscheiden, welche Arten wiederhergestellt werden sollen? Was könnten die Vorteile sein? Potenziell könnten Wissenschaftler viel über ausgestorbene Arten lernen, das öffentliche Bewusstsein für Naturschutz und Umwelt fördern oder die aktuelle Umwelt begünstigen. Haben wir überhaupt das Recht, ausgestorbene Arten zurückzubringen, geschweige denn zu entscheiden, welche davon wieder zum Leben erweckt werden sollten? Ist das eine Entscheidung, die höheren Mächten vorbehalten sein sollte?

Die Frage, ob ein Mensch gentechnisch hergestellt werden kann, ist vielleicht nicht ganz aus der Luft gegriffen. Wieder durch die Vorstellungskraft von Science-Fiction-Autoren, könnte man voraussehen, dass die Technologien verwendet werden, um eine elitäre kämpfende menschliche Maschine zu erschaffen (denken Sie an die Ork-Armeen, die geschaffen wurden, um die Menschen in J.R.R. Tolkiens **Der Hobbit** zu besiegen). Genetische Merkmale, die für körperliche und geistige Leistungsfähigkeit und Stärke verantwortlich sind, könnten kombiniert oder verbessert werden, um eine unbesiegbare Armee zu erschaffen. Obwohl die Vorstellungskraft grenzenlos ist, sind unsere wissenschaftlichen und technologischen Fähigkeiten noch weit davon entfernt, die genetischen Kontrollen komplexer Merkmale wie Athletik oder Verhalten zu verstehen.

Kann das Leben, wie wir es kennen, tatsächlich auf eine minimale Menge an Genen reduziert werden? Diese reduktionistische Sicht behauptet, dass das „Leben" ausschließlich auf die physiologischen Eigenschaften eines Organismus zurückzuführen ist, wie sie durch den genetischen Code definiert sind. Sie berücksichtigt keine nichtphysiologischen Erfahrungen wie Spiritualität und eine Verbindung zwischen Mitgliedern einer Gruppe, die nicht physisch definiert oder beeinflusst werden kann. Werden die Anwendungen der synthetischen Genomik unsere Gesellschaft in die Gefahr bringen, das Leben zu eng zu definieren, und uns im Grunde dazu zwingen, neu zu überdenken, was es bedeutet, ein Mensch zu sein?

Schlussfolgerung

Die Zukunft ist aufregend mit dem Aufkommen der synthetischen Biologie und den Fortschritten in der Wissenschaft und dem potenziell breiten Anwendungsspektrum, das dieses Feld erbringen kann. Aber wie bei vielen Technologien gibt es auch eine Kehrseite zu bedenken. Die Entwicklung von Richtlinien und mehr öffentlichem Engagement wird helfen zu definieren, was akzeptabel ist und was nicht, und ermöglicht den Technologien, mit der richtigen Aufsicht und Einschränkungen voranzukommen. Zweifellos werden die Werkzeuge weiter voranschreiten und damit auch die potenziellen Anwendungen dieser Werkzeuge, zum Guten und zum Schlechten. Die Gesellschaft muss Schritt halten, um das größtmögliche Gut zu maximieren und die potenziellen Schäden zu begrenzen.

Literatur

Worrall, S. We could resurrect the Woolly Mammoth. Here's How. National Geographic. Available at https://www.nationalgeographic.com/news/2017/07/woolly-mammoths-extinction-cloning-genetics/

Pickrell J. Ticks That Fed on Dinosaurs Found Trapped in Amber. National Geographic. Available at https://www.nationalgeographic.com/news/2017/12/tick-dinosaur-feather-found-in-amber-blood-parastites-science/.

Wray B. Rise of the Necrofauna: The Science, Ethics, and Risks of De-Extinction. Greystone Books: Vancouver, 2017.

Crichton M. Jurassic Park. Knopf: New York, 1990.

O'Connor MR. Resurrection Science: Conservation, De-Extinction and the Precarious Future of Wild Things. St. Martin's Press: New York, 2015.

Novak BJ. De-extinction. Genes (Basel). 2018 Nov; 9(11): 548. Available at https://www.ncbi.nlm.nih.gov/pmc/articles/PMC6265789/

Roberts WS. The booming call of de-extinction. The Scientist. Oct 19, 2020. Available at https://www.the-scientist.com/news-opinion/the-booming-call-of-de-extinction-68057

17

Heimbasierte genetische Tests: Eine mutige neue Welt

In der Medizin bestellen Patienten normalerweise Tests nicht selbst. Der typische Prozess beinhaltet mehrere Schritte, die für Patienten alleine oft schwierig zu bewältigen wären. Zunächst muss, bevor ein Patient einen klinischen Test erhält, dieser zuerst von einem Gesundheitsversorger autorisiert werden. In den meisten Fällen hat nur ein Gesundheitsversorger die Expertise zu bestimmen, welcher Test für einen bestimmten Patienten angezeigt (oder benötigt) ist. Es gibt normalerweise ein Formular, genannt Testanforderungsformular (oder Bestellformular), auf dem der Gesundheitsversorger angibt, welche Tests das Labor bei einem Patienten durchführen soll, und das eine Unterschrift erfordert. Diese Formulare sind oft voller Abkürzungen von Testbezeichnungen, die Durchschnittspatienten normalerweise nicht verstehen. Sobald ein Testanforderungsformular von einem Gesundheitsversorger mit den durchzuführenden Tests abgezeichnet wurde, erfordern die meisten klinischen Tests eine biologische Probe (zum Beispiel Blut), die der Patient nicht immer selbst entnehmen kann. Während eine Urin- oder Stuhlprobe selbst gesammelt werden kann, werden Blutproben von einer Krankenschwester oder von zertifiziertem Pflegepersonal entnommen. Schließlich werden die ordnungsgemäße Lagerung und der Versand in der Regel vom Gesundheitsversorger oder vom Testlabor durchgeführt.

Die Ergebnisse des Tests werden dann an den bestellenden Gesundheitsversorger zurückgesendet, der wiederum die Ergebnisse mit dem Patienten bespricht. Manchmal werden die Ergebnisse telefonisch an den Patienten übermittelt, während andere Versorger einen Besuch verlangen, um die

S. B. Haga, *Das Buch der Gene und Genome,* https://doi.org/10.1007/978-1-0716-3531-5_17

Ergebnisse zu überprüfen und die nächsten Schritte zu besprechen. Viele Gesundheitssysteme und Testlabore haben mittlerweile Online-Patientenportale, von denen Testberichte und andere medizinische Unterlagen direkt vom Patienten abgerufen werden können. Die Interpretation der Testergebnisse und die Entscheidung, ob weitere Maßnahmen erforderlich sind, sind ein komplexe Schritte.

Es gibt einige Ausnahmen von dieser allgemeinen Praxis. Zum Beispiel können Apotheker einige Tests in Bezug auf Medikamente und Krankheitsüberwachung bestellen. Andere Tests können direkt von Einzelpersonen gekauft werden, wie zum Beispiel Over-the-counter-Tests wie Schwangerschaftstests. Einige Geräte oder Maschinen können gekauft werden (einige benötigen möglicherweise eine Autorisierung eines Gesundheitsversorgers), um zu Hause Blutwerte für Zucker oder andere Substanzen zu überwachen. Und heutzutage sind einige genetische Tests verfügbar, die online gekauft werden können und deren Ergebnisse direkt dem Verbraucher anstelle des Gesundheitsversorgers mitgeteilt werden. Dieses als Direct-to-Consumer(DTC)-Tests bekannte Angebot von Gentests wird sowohl begrüßt als auch mit Sorge betrachtet.

Klinische Gentests

Es gibt viele verschiedene Arten von klinischen Tests und viele Testtechnologien. Standardbluttests analysieren die Konzentrationen von Kalium, Eisen und anderen Substanzen, die für die normale Körperfunktion wichtig sind. Andere Tests untersuchen die Konzentrationen von Glukose (Zucker), Fetten (Cholesterin) oder Hormonen (Testosteron). Und wieder andere Tests suchen nach dem Vorhandensein eines Virus oder Bakteriums.

Ein Gentest ist eine andere Art von klinischem Test. Während viele Gentests die DNA eines oder mehrerer Gene sequenzieren, analysieren andere Gentests die Funktion eines Proteins (funktioniert es auf dem normalen Niveau?) oder messen die Konzentration einer Substanz in einem Stoffwechselweg, von dem angenommen wird, dass er aufgrund einer Genvariante dysfunktional ist. Wird zum Beispiel die Substanz A in die Substanz B umgewandelt, aber das für die chemische Reaktion verantwortliche Protein funktioniert nicht, könnte eine hohe Konzentration von A und/oder eine niedrige Konzentration von B vorhanden sein (die muss nicht immer der Fall sein, manchmal gibt es Backup-Wege, die der Körper nutzt, um chemische Ungleichgewichte zu beheben).

Wie viele andere klinische Tests können Gentests nur von einem Gesundheitsversorger angefordert werden – in vielen Fällen wird ein Gentest von einem klinischen Genetiker oder einem Versorger bestellt, der speziell in Genetik ausgebildet ist. Diese Tests sind in der Regel diagnostisch, das heißt, die Tests werden für Patienten bestellt, die bereits Symptome der Krankheit haben. In anderen Fällen sind Gentests verfügbar, um das Krankheitsrisiko oder die Anfälligkeit vorherzusagen. Diese Tests werden in der Regel für nicht betroffene Familienmitglieder angeordnet, die einen oder mehrere Verwandte haben, bei denen Krebs oder eine andere Erbkankheit diagnostiziert wurde, und die sich über ihr eigenes Risiko informieren möchten. Diese Tests sind nicht für alle Arten von Krebs verfügbar, sondern nur für solche, die hoch erbliche Formen sind und für die das/die Gen(e) identifiziert wurde(n), wie Brustkrebs oder Darmkrebs. Bei einigen Erkrankungen möchte ein Patient vielleicht erfahren, ob er eine erbliche Krankheit entwickeln wird, wie die neurologische Störung Huntington-Krankheit oder zystische Fibrose, wenn bei einem Familienmitglied diese Krankheit diagnostiziert wurde.

Viele der oben beschriebenen Beispiele sind Ein-Gen-Gentests. Da Krankheiten durch ein oder mehrere Gene verursacht werden können und mithilfe neuer Testtechnologien, die eine Mehr-Gen-Genanalyse ermöglichen, werden mittlerweile Tests von mehreren Genen oder sogar des gesamten Genoms angeboten. Gen-Panel-Tests ermöglichen schnellere Ergebnisse, als wenn Tests für ein Gen nach dem anderen durchgeführt werden, bis ein positives Ergebnis zurückgegeben wird. Für einige Patienten ist die Erkrankung oder das potenziell verursachende Gen unbekannt, und daher müsste ein Test durchgeführt werden, mit dem das gesamte Genom sequenziert wird.

Neue genetische Entdeckungen

Mit der Sequenzierung des menschlichen Genoms haben viele Forschungsteams darum gewetteifert, die Genvarianten zu entdecken, die mit einer Vielzahl von Merkmalen, Krankheitsrisiken, Ursachen, Wiederholungen und Reaktionen auf Medikamente in Verbindung stehen. Tausende von Entdeckungen wurden veröffentlicht. Allerdings hielten nicht alle Entdeckungen einer weiteren Überprüfung stand und wurden verworfen. Die Entdeckungen, die von anderen Forschungsteams bestätigt wurden, wurden anschließend von kommerziellen und akademischen Laboren zu klinischen Tests weiterentwickelt. Diese Tests konnten dann bei Bedarf von Gesundheitsversorgern für ihre Patienten angefordert werden. Diese neue Welle von Tests fiel in die Kategorie der Risikobewertung – das Vorhandensein einer spezifischen Genvariante erhöht die Wahrscheinlichkeit oder das Risiko für diese Krankheit, war aber nicht diagnostisch (also sicher bestätigt).

Viele der Merkmale und Erkrankungen, die Wissenschaftler, Gesundheitsversorger und die Öffentlichkeit interessieren, werden als komplexe Krankheiten bezeichnet, die durch mehrere Faktoren, sowohl genetische als auch umweltbedingte (im Gegensatz zu Einzelgenkrankheiten wie zystischer Fibrose), verursacht werden. Und sie betreffen auch einen großen Teil der Bevölkerung – Krankheiten wie Herzkrankheiten, Diabetes, Asthma und Krebs. Merkmale wie Größe, sportliche Fähigkeiten und Intelligenz sind ebenfalls komplex – beeinflusst durch mehrere genetische und umweltbedingte Faktoren. Neue Genomtechnologien und sinkende Kosten ermöglichen eine umfassendere Analyse des genetischen individuellen Erbguts, um nach diesen mit Krankheiten verbundenen Genvarianten zu suchen. Für viele komplexe Merkmale und Krankheiten sind die genetischen und umweltbedingten Beiträge – einschließlich der spezifischen Kombination von Genen und Umweltfaktoren, dem Zeitpunkt der Exposition gegenüber dem(n) Umweltfaktor(en), dem Grad der Exposition, der Dauer der Exposition usw. – noch unbekannt und damit auch das resultierende Risikoniveau. Selbst für gut verstandene Risikofaktoren, wie zum Beispiel Fettleibigkeit, ist nicht völlig klar, welche anderen Faktoren das Risiko mildern können, welche Dauer der Exposition (zum Beispiel wie lange jemand fettleibig gewesen sein muss, um ein erhöhtes Risiko zu verursachen) oder welcher Grad (übergewichtig oder krankhaft fettleibig).

Fortgeschrittene Testtechnologien

Eines der größten Hindernisse bei der Sequenzierung des ersten menschlichen Genoms war, dass die Sequenzierungstechnologie ursprünglich nicht existierte, um ein so großes Projekt abzuschließen. Als die Idee erstmals in Betracht gezogen wurde, war noch nichts auch nur annähernd so großes wie ein Genom (nicht einmal winzige mikrobielle Genome) sequenziert worden. Insgesamt kostete das Human Genome Project etwa 3 Milliarden US$ und es dauerte zehn Jahre, um ein einziges menschliches Genom zu sequenzieren. Bei diesen Kosten und diesem Tempo wäre es sehr unwahrscheinlich, dass die Technologie von Forschern weit verbreitet genutzt wird, geschweige denn als klinische Testplattform. Kurz nachdem das Human Genome Project abgeschlossen war, setzte das US National

Human Genome Research Institute das Ziel eines 1000-Dollar-Genoms, ein Preis vergleichbar mit anderen medizinischen Technologien. Es wurde vorausgesehen, dass in nicht allzu fernen Zukunft die meisten Menschen ihr Genom sequenzieren lassen (zumindest die für die Gesundheit relevanten Teile), dies Teil der medizinischen Akte wird und/oder auf einem tragbaren Speichergerät wie einem kreditkartenähnlichen Magnetstreifen oder einem Speicherstick gespeichert wird.

Private Initiativen wurden ebenfalls angekündigt, um Innovationen zu fördern. Die X Prize Foundation, ein Bildungs-Nonprofit-Institut, schuf einen Zehn-Millionen-Dollar-Genomics-Preis. Um den Archon X PRIZE für Genomics zu gewinnen, müssen Teams erfolgreich 100 menschliche Genome innerhalb von zehn Tagen für weniger als 10.000 Dollar pro Genom sequenzieren. Leider wurde der Preis 2013 abgesagt, da der Wettbewerb von der Innovation überholt wurde.

Das erste Genom einer bekannten Person, das veröffentlicht wurde, war das des Nobelpreisträgers James Watson, dem Mitentdecker der Struktur der DNA. Mit Kosten von etwa einer Millionen US$ (deutlich weniger als das Human Genome Project) wurde die Sequenzierung als gemeinsame Anstrengung zwischen dem Sequenzierungstechnologieunternehmen 454 Life Sciences, dem Rothberg Institute und dem Human Genome Sequencing Center des Baylor College of Medicine durchgeführt. Seitdem wurden Millionen von Genomen sequenziert, hauptsächlich in Forschungslabors zum Zweck der Entdeckung von Krankheitsursachen und anderen Gesundheitszuständen wie der Reaktion auf Medikamente.

Ende der 1990er-Jahre, gegen Ende der Arbeit am Human Genome Project, entwickelten andere Forschungsteams eine andere Art von Testtechnologie namens Mikroarrays. Wie in Kap. 8 beschrieben, ähnelt ein Mikroarray einem Objektträger, der mit Tausenden von kurzen DNA-Sequenzen gesprenkelt ist. Einige der Sequenzen repräsentieren eine Kopie der normalen Sequenz und andere enthalten eine Genvariante. Eine DNA-Probe eines Individuums kann vorbereitet und auf den Objektträger aufgebracht werden; wenn die Sequenz in der Probe mit einem der einzelnen DNA-Spots übereinstimmt, wird sie haften bleiben, was zu einer Farbveränderung führt, die gemessen und aufgezeichnet werden kann. Daher kann ein Mikroarray anstelle der tatsächlichen Sequenzierung aller A, T, C und G Genvarianten schnell und zu erheblich geringeren Kosten identifizieren. Dies ist die Hauptart von Testplattform, die DTC-Unternehmen derzeit verwenden. Sollte jedoch der Preis für die Sequenzierung weiter sinken, könnten die Unternehmen auch umsteigen.

Gentests direkt an die Öffentlichkeit bringen: Kein Arzt erforderlich

Das neue Wissen über den Einfluss von Genvarianten auf Merkmale und Erkrankungen in Kombination mit der Verfügbarkeit von schnelleren, genauen und kostengünstigeren Testtechnologien schuf eine goldene Gelegenheit für die Gründung einer neuen Industrie, um Verbrauchern Online-Zugang zu Gentests zu bieten, ohne eine erforderliche Anordnung durch einen Gesundheitsversorger.

Zu Beginn der 2000er-Jahre wurden Unternehmen gegründet, die Gentests der Öffentlichkeit direkt anboten. Tests konnten online ohne Arzt und per Kreditkarte gekauft werden. Diese Tests waren nicht dazu gedacht, Daten zur Fundierung medizinischer Entscheidungen zu liefern, wie es ein typischer klinischer Test tun würde, der von einem Gesundheitsversorger bestellt wird. Die DTC-Tests umfassten eine breite Palette von Merkmalen und Krankheiten. Sobald ein Test online bestellt wurde, schickte das Unternehmen ein DNA-Sammelkit direkt an den Verbraucher. Die Technologien haben sich so weit entwickelt, dass für den Test keine Blutprobe mehr erforderlich ist. Es kann eine ausreichende Menge an DNA aus einer Probe von Zellen, die von der Wangenschleimhaut abgeschabt wurden, oder aus einer kleinen Menge Speichel, die der Verbraucher ohne Hilfe eines Gesundheitsversorgers leicht sammeln kann, gewonnen werden. Der Verbraucher sendet dann die DNA-Probe zur Analyse an das Labor. Der Laborbericht wird direkt an den Verbraucher zurückgesendet, in der Regel über das Online-Konto, das erstellt wurde, als der Test bestellt wurde. Es liegt am Verbraucher, ob er den Bericht mit seinem regulären Gesundheitsversorger teilen möchte.

Dieser neue Ansatz bei der Durchführung von Gentests hat die Test- und Genetikbranche in Aufruhr versetzt, vor allem aufgrund der Befürchtung, dass die Öffentlichkeit nicht genau weiß, was sie kauft und welche potenziellen Schäden durch die Testergebnisse entstehen können. Als Reaktion darauf begannen die FDA und andere Regierungsbehörden, diese Unternehmen genauer unter die Lupe zu nehmen. Als dann Behörden klinische Beweise zur Unterstützung der Tests forderten und die FDA Überprüfungen begann, machten viele Unternehmen dicht (siehe unten). Einige Unternehmen sind jedoch heute noch im Geschäft, wie zum Beispiel 23andMe, und einige andere Unternehmen ermöglichen es den Verbrauchern, Tests anzufordern, aber eine Genehmigung des Versorgers ist dennoch erforderlich. Da die Testkosten weiter sinken und mehr Beweise über die genetische Grundlage von Erkrankungen gefunden werden, können wir erwarten, dass die Zahl an Unternehmen steigen wird, die ihre Dienste wieder direkt den Verbraucher anbieten.

Freizeit- und Abstammungstests

Neben den gesundheitsbezogenen DTC-Tests sind viele Menschen daran interessiert, die Herkunft ihrer Familie anhand von DNA-Analysen zu ermitteln. Die traditionelle genealogische Forschung basiert auf Archivdaten wie Geburts- und Sterbeurkunden, Volkszählungsdaten und anderen offiziellen Dokumenten. DNA-Analysen bieten jedoch nun ein weiteres Werkzeug zur Ermittlung familiärer Wurzeln. Durch die Analyse von DNA-Proben, die von Menschen auf der ganzen Welt gesammelt wurden, haben Wissenschaftler bestimmte Genvarianten oder Signaturen gefunden, die in einer Bevölkerungsgruppe häufiger vorkommen als in einer anderen. Diese sind wahrscheinlich auf das Alter der Bevölkerung, Migration (Zu- und Abwanderung), Strapazen, die eine hohe Anzahl von Todesfällen verursachen, Isolation (zum Beispiel Inselbevölkerungen), arrangierte Ehen, Kultur und andere Faktoren zurückzuführen. Daher suchen genealogische DNA-Tests nach dem Vorhandensein einiger dieser Genvarianten, die zwischen Bevölkerungsgruppen variieren, um die Abstammung vorherzusagen. Neben der Kenntnis entfernter Vorfahren ist es möglich, lebende Verwandte durch die Menge an geteilten Genvarianten zwischen zwei Proben (mehr als der Zufall erwarten lassen würde) zu identifizieren.

Es wird geschätzt, dass Millionen von Menschen Abstammungstestkits bei Unternehmen wie 23andMe und Ancestry DNA gekauft haben. Wie die gesundheitsbezogenen Kits können Verbraucher eine Probe von Wangenzellen oder Speichel zur Analyse einsenden.

Andere DTC-Firmen bieten so genannte Freizeittests an, um körperliche Merkmale wie die Form von Ohrläppchen oder rote Haarfarbe, Ernährungspräferenzen, Verhaltensweisen, sportliche Statur oder Fähigkeiten und andere nicht krankheitsbezogene Merkmale vorherzusagen (oder zu bestätigen). Angesichts der Komplexität von Merkmalen und Verhaltensweisen ist es jedoch höchst wahrscheinlich, dass die meisten dieser Merkmale auf der Grundlage des heutigen wissenschaftlichen Verständnisses nicht exakt vorhergesagt werden könnten.

Regierungsaufsicht über DTC-Unternehmen

Hersteller von medizinischen Geräten, Vorrichtungen und Medikamenten (entweder verschreibungspflichtig oder rezeptfrei) müssen eine Genehmigung von der FDA einholen, bevor sie ihre Produkte in den USA verkaufen dürfen. Die Zulassung basiert auf einer gründlichen Überprüfung jahrelanger Forschung, um nachzuweisen, dass das Arzneimittel oder klinische Produkt für die spezifische klinische Indikation, für die es verwendet werden soll, sicher und wirksam ist. Im Gegensatz dazu ist die Regierungsaufsicht über klinische Tests komplex und manchmal unklar. Klinische Tests fallen in zwei allgemeine Kategorien: 1) Testkits, die von einem Unternehmen hergestellt werden (alle Komponenten werden hergestellt, verpackt und als Einzelgebrauch an Testlabore verkauft) und 2) ein entwickelter Test von einem einzelnen Testlabor. Hersteller von Testkits müssen eine Genehmigung von der FDA einholen, bevor sie vermarktet werden dürfen; jedoch sind klinische Tests, die innerhalb eines Labors entwickelt wurden, nicht unbedingt verpflichtet, eine FDA-Überprüfung einzuholen, sondern unterliegen der Zuständigkeit und Position der Behörde hinsichtlich des potenziellen Schadens für Patienten (oder Verbraucher).

Alle klinischen Labore, unabhängig davon, ob sie Testkits kaufen oder ihre eigenen in-house entwickelten Tests verwenden, unterliegen Inspektionen der Laborumgebung, des Personals, der Qualitätskontrolle und -sicherung sowie der Testprotokolle. Diese Inspektionen können durch das staatliche Gesundheitsamt oder akkreditierte professionelle Laborangisationen durchgeführt werden. Inspektionsberichte sind öffentlich zugänglich und Labore müssen auf Verstöße, die in der Inspektion angeführt werden, reagieren oder riskieren den Verlust ihrer Laborzertifizierung. Einige kritisieren, dass die Inspektionen nicht jeden Test in der Tiefe prüfen, insbesondere hinsichtlich der klinischen Validität und Nützlichkeit des Tests (zum Beispiel: Gibt es Beweise dafür, dass der Test für die klinische Versorgung nützlich ist?).

Seit 2010 ergreift die FDA Maßnahmen gegen Unternehmen, die DTC-Testdienstleistungen anbieten. Die Bundesbehörde schickte Warnbriefe an fünf DTC-Unternehmen bezüglich ihrer Testdienstleistungen und fehlender FDA-Zulassungen. Im November 2013 schickte die FDA erneut Warnbriefe an mehrere DTC-Unternehmen, in denen sie darauf hinwies, dass ihre Testdienstleistungen nicht zugelassen waren und dass sie zu FDA-Beamten Kontakt aufnehmen sollten. Im Jahr 2015 schickte die FDA eine weitere Runde von Warnbriefen an Testlabore hinsichtlich ihrer

DTC-Angebote (Pathway Genomics, DNA4Life, DNA-CardioCheck, Inc., und Interleukin Genetics, Inc.) und fehlender Zulassungen ihrer Tests. Als Ergebnis entschieden sich mehrere Unternehmen, die DTC-Tests oder sogar die Geschäftstätigkeit einzustellen. Neben der FDA hat die Federal Trade Commission Bedenken hinsichtlich des potenziellen Schadens von DTC-Tests für Verbraucher geäußert. Die Hauptbedenken richten sich vor allem auf die Stärke oder Validität der Behauptungen – verstehen wir wirklich, wie stark eine gegebene Genvariante Einfluss auf ein bestimmtes Merkmal oder eine bestimmte Krankheit nimmt? Mit anderen Worten: Welche Daten verwenden DTC-Unternehmen, um ihre Testberichte zu untermauern und sind diese Daten von hoher Qualität?

Derzeit gibt es nur ein Unternehmen, das zugelassene gesundheitsbezogene DTC-Tests anbietet: 23andMe. Im April 2017 gab die FDA bekannt, dass sie ein kleines Testpanel genehmigt hat, das von dem Unternehmen vermarktet werden soll. Der 23andMe Personal Genome Service Genetic Health Risk (GHR) genannte Test ist auf zehn Erkrankungen ausgerichtet. Im Jahr 2018 genehmigte die US FDA die Vermarktung von zwei weiteren DTC-Tests von 23andMe: ein Test zur Vorhersage der Reaktion auf Arzneimittel und des Risikos von Nebenwirkungen, genannt Personal Genome Service Pharmacogenetic Reports (Kap. 7) und ein Test zur Analyse von Genvarianten, die bei Frauen aschkenasischer (osteuropäischer) jüdischer Abstammung in zwei mit erblichem Brust- und Eierstockkrebs assoziierten Genen häufig sind.

Risiken und Vorteile

Der Markt von DTC-Tests hat sowohl Begeisterung als auch viel Besorgnis hervorgerufen. Keine anderen klinischen Tests sind so leicht verfügbar wie DTC-Tests. Obwohl die Branche drastisch eingeschränkt wurde, bleibt abzuwarten, ob sich neue Unternehmen gründen (oder bestehende Labore einen DTC-Service anbieten), wenn sie die notwendigen Daten sammeln können, um eine FDA-Zulassung zu beantragen und zu erhalten.

Bei gesundheitsbezogenen Daten kann ein positives Testergebnis Angst oder Stress verursachen oder Verbraucher dazu veranlassen, ihr Verhalten zu ändern, was sich negativ auswirken kann. Beispielsweise könnten sich Verbraucher wegen eines positiven Ergebnisses möglicherweise weiteren Tests oder anderen Maßnahmen unterziehen, die medizinisch nicht indiziert sind, wodurch Zeit, Geld und Ressourcen für das Gesundheitswesen verschwendet werden. Auch ein negatives Ergebnis kann sich schädlich auswirken, wenn ein Verbraucher basierend auf seinem Testbericht denkt, dass er kein Risiko für die Entwicklung einer bestimmten Krankheit hat und ein riskantes Gesundheitsverhalten an den Tag legt oder empfohlene präventive Gesundheitsuntersuchungen ignoriert.

Eine zweite Sorge ist, ob Verbraucher wirklich verstehen, was sie angesichts der Komplexität von Genetik und Genomwissenschaften kaufen. Zwar werden die Verbraucher gebeten, die vom Unternehmen vorgelegten Informationen zu lesen und ihr Einverständnis zum Test zu geben, bevor sie den Test kaufen, es gibt jedoch keine Person, die mit ihnen spricht und ihnen die Vorteile und Grenzen des Tests erklärt. Wie viel von diesen Informationen wird wirklich von den Verbrauchern verstanden? In einer klinischen Umgebung wird für einen Patienten, der eine genetische Untersuchung in Betracht zieht, oft eine Sitzung mit einem Berater geplant, um Informationen über den Test und seine Auswirkungen auf die Gesundheit zu überprüfen. Diese Sitzung kann leicht 30 oder 45 Minuten oder länger dauern.

DTC- Tests bieten dennoch der allgemeinen Öffentlichkeit die Möglichkeit, Dinge über sich selbst zu erfahren, die vorher nicht erschließbar waren. Sowohl Patienten als auch Verbraucher können die Freiheit genießen, Einblicke in ihre genetische Veranlagung hinsichtlich der Wurzeln ihrer Familie, einige lustige Dinge über sich selbst (zum Beispiel eine genetische Erklärung, warum sie keine scharfen Speisen mögen) und einige gesundheitsbezogene Dinge zu erfahren. Und trotz der Besorgnis, die von Regierungsstellen, Gesundheitsversorgern und Ethikern geäußert wurde, wurden bisher keine erheblichen Schäden gemeldet. Vielleicht nehmen die Verbraucher die Testberichte nicht so ernst wie befürchtet und verstehen, dass sie einen Gesundheitsversorger über ihre Krankheitsrisiken und Prävention konsultieren sollten. Obwohl der Preis von rund 99 US$ für viele Menschen immer noch sehr hoch ist, wird erwartet, dass die Kosten für DTC-Tests mit der Entwicklung günstigerer Testtechnologien weiter sinken werden, was die Erschwinglichkeit erhöht.

Schlussfolgerung

DTC-Tests und das öffentlichen Interesse an DNA profitierten von der Welle neuer genetischer Informationen und Testtechnologien. Der Markt hat sich seit den frühen 2000er-Jahren stark verändert, aber wir können eine zweite Welle beobachten, da das Verständnis für genetische und umweltbedingte Faktoren im Zusammenhang mit Erkrankungen weiter wächst und die Testkosten sinken. Die Entwicklung öffentlicher Bildungsressourcen durch Institutionen und die Regierung kann dazu beitragen, das Verständnis der Öffentlichkeit für die Vorteile und die Grenzen von DTC-Tests zu erhöhen und eine fundiertere Entscheidungsfindung zu fördern.

Literatur

U.S. Food and Drug Administration. FDA allows marketing of first direct-to-consumer tests that provide genetic risk information for certain conditions. Available at https://www.fda.gov/news-events/press-announcements/fda-allows-marketing-first-direct-consumer-tests-provide-genetic-risk-information-certain-conditions (April 2018)

U.S. Food and Drug Administration. Direct to Consumer Tests. Available at https://www.fda.gov/medical-devices/vitro-diagnostics/direct-consumer-tests (Dec 20, 2019a).

U.S. Food and Drug Administration. Lists of Direct-To-Consumer Tests with Marketing Authorization. Available at https://www.fda.gov/medical-devices/vitro-diagnostics/direct-consumer-tests#list (Dec 20, 2019b).

Regalado A. More than 26 million people have taken an at-home ancestry test. MIT Technology Review 2019. Available at https://www.technologyreview.com/2019/02/11/103446/more-than-26-million-people-have-taken-an-at-home-ancestry-test/

23andMe. Available at 23andme.com

Ancestry DNA. Available at ancestrydna.com

Printed in the United States
by Baker & Taylor Publisher Services